过程装备课程设计指导

主编　陈英华　李海生　沈利民

中国矿业大学出版社
· 徐州 ·

图书在版编目(CIP)数据

过程装备课程设计指导 / 陈英华,李海生,沈利民主编. — 徐州 : 中国矿业大学出版社, 2024.5

ISBN 978-7-5646-6265-3

Ⅰ. ①过… Ⅱ. ①陈… ②李… ③沈… Ⅲ. ①机械设计—课程设计—高等学校—教材 Ⅳ. ①TH122-41

中国国家版本馆 CIP 数据核字(2024)第 108636 号

书　　名 过程装备课程设计指导
主　　编 陈英华　李海生　沈利民
责任编辑 陈红梅
出版发行 中国矿业大学出版社有限责任公司
(江苏省徐州市解放南路　邮编 221008)
营销热线 (0516)83885370　83884103
出版服务 (0516)83995789　83884920
网　　址 http://www.cumtp.com　**E-mail**:cumtpvip@cumtp.com
印　　刷 江苏凤凰数码印务有限公司
开　　本 787 mm×1092 mm　1/16　**印张** 13　**字数** 324 千字
版次印次 2024 年 5 月第 1 版　2024 年 5 月第 1 次印刷
定　　价 45.00 元

前　言

过程工业是国民经济的支柱产业，也是发展国民经济、提高国际竞争力的重要基础。其中，过程装备是实现过程工业生产的关键。“过程装备课程设计”课程是过程装备专业学生十分重要的教学环节之一。在过程装备课程设计教学过程中，应使学生理解国家标准与行业技术规范的具体要求，掌握过程装备常规设计技术思路和工作流程，明确过程装备结构设计、强度计算的方法，能够以计算设计说明书、图纸等方式表达设计结果，并开展环保、安全与经济性评价，使学生恪守工程设计中的职业道德，形成过程装备的完整设计方案。

《过程装备课程设计指导》一书是面向过程装备与控制工程等相关专业学生的教学用书，可以为专业课程设计和综合设计提供帮助，并且为设计全过程提供详细的设计思路指引和技术方案指导，有利于提高课程设计质量。

本书是编者在多年教学经验的总结和集体智慧的结晶。书中参照了部分最新的国家标准、行业技术规范，从实用出发，严格精选案例，以供学生在课程设计时学习参考。

本书中所涉及的卧式储罐、球罐均属于压力容器(特种设备之一)的范畴，重点介绍了两种装备的设计步骤及方法，设计过程遵循现行国家标准与行业技术规范，融入了能源资源特色的案例，并且在特定的工程实践背景下开展过程装备的设计，将过程、装备进行有机结合并融为一体，以期在专业人才培养中发挥重要作用。

本书的出版得到了中国矿业大学的资助，在此深表谢意。本书由中国矿业大学陈英华、李海生、沈利民担任主编，王艳飞、陈聚凯老师参与了本教材的校对工作，在此表示诚挚的谢意。

限于时间和编者水平，恳切希望广大师生不吝指正，以便我们及时修改完善，更好地满足教学的需要。

著　者

2024 年 3 月

目　录

第1章 绪 论

“过程装备课程设计”是针对高等院校过程装备与控制工程专业学习过程设备设计、过程装备成套技术等课程而设置的专业实践环节，是为了配合学生在学习了专业基本理论和基本知识后，对过程装备设计的基本设计技能的训练。通过课程设计，培养学生的设计能力和解决实际工程问题的重要环节，使学生了解过程装备的设计流程，熟悉相应行业技术标准规范和现代工程工具，掌握过程装备的结构设计、强度计算的基本思路，为今后开展过程装备设计工作奠定基础。

1.1 课程设计的目的

过程装备课程设计应达到以下目的：

(1) 通过课程设计，实现学生对所学知识和能力的综合锻炼，巩固、加深、扩大所学的基础理论和专业知识，使学生具备文献检索与综合分析能力，通过收集资料、查阅中外文文献，获取专业领域技术新进展，正确表达过程装备设计相关领域的复杂工程问题，培养和锻炼学生的工程设计能力，为后续毕业设计综合训练奠定基础。

(2) 使学生理解并正确使用专业领域的法律法规和技术标准，掌握过程设备设计全局考虑的基本方法及设计过程，明确工程师的职业道德和行为准则，综合考虑工程实践中诸多现实约束条件，运用基础理论和过程设备、装备成套技术等专业知识，获得复杂工程问题的解决方案，能够正确评价方案对环境和社会的影响。

(3) 接受过程装备设计的工程训练，熟练掌握专业文献资料的综合分析与表达能力，能够利用计算机工具获得图纸、图表、计算书或报告等，表达工程问题的设计理念与创新思想，在此基础上具备与公众或同行开展沟通与交流的能力。

(4) 通过工程设计基本方法、基本技能和基本操作的训练，培养学生具备工程实践中的创新意识，综合考虑经济、管理等多学科知识及可持续发展理念，能够将新技术融入过程装备设计相关的复杂工程问题解决方案，培养学生树立创新的设计思想、严谨的科学态度和良好的工作作风。

1.2 课程设计的要求

依据过程装备课程设计的教学质量标准，学生在规定时间内，在给定的工艺背景和参数条件下，完成题目要求的装备设计全过程，获得设备的总装配图和零部件图以及详细的设计计算说明书。设计在满足功能、强度要求的基础上，还应考虑环境、安全、经济性要求。

1.2.1 设计内容

(1) 根据工艺要求，确定基本设计参数。

(2) 根据给定设计参数，完成设备结构设计和计算，主要内容包括：设计计算参数的确定；设备各零件材质的选择；罐体、封头结构设计及计算；设备焊接结构的结构尺寸设计；支座的结构设计及计算；人孔以及开孔补强情况；设备零件的强度计算。

(3) 根据控制仪表及工艺要求，完成设备管口的设计，主要内容包括：管法兰的选择；管口的结构尺寸设计；接管补强设计；接管的支撑结构设计。

(4) 管路设计：包括管径的计算及选择，工艺图中阀门型号的选择。

(5) 完成设备图纸及设计计算说明书。

1.2.2 环境可持续发展要求

过程工业对环境的污染主要是有机废物以及无机废物的污染，这些物质可以通过设备泄漏污染大气，通过风向四周传播；还可以通过污水排放污染河流和地下水，长时间不能得到净化，被动植物吸收利用或者直接被人饮用，直接毒害人体，危及健康。同时，这些污染还可以通过渗透作用长期浸润土壤，造成土壤吸附有毒物质，在降水及植物生长作用下扩散传播。因此，在过程设备设计过程中，需要从以下方面考虑环境可持续发展的问题。

(1) 过程设备的生产工艺背景

熟悉工程设计的工艺背景，对涉及的工艺流程进行深入分析，理解工艺流程的物料对环境的影响，明确工艺流程的废液、废气、粉尘等物质排放形成环境污染的可能性。

(2) 潜在污染物的防治方法

针对可能存在的污染风险进行分析，依据污染物的不同特性和危害程度，提出具体的防治方案。例如，冷却过程产生的冷却废水，管道和设备的介质泄漏，燃烧所排放的废气，发生副反应的生成物，不完全反应导致出现的废料等。因此，必须妥善处理好这些物质，对其可以进行回收再利用或进行环保处理，避免造成环境污染。

1.2.3 安全稳定要求

过程行业具有较高的危险性。当工厂发生问题时，轻者会导致设备故障，生产停工，影响工厂生产效率，重者会导致化工原料泄漏或爆炸燃烧，给附近居民以及员工造成生命安全的威胁。在过程设备设计过程中，可以从以下几方面考虑安全稳定的问题。

(1) 设计过程中需要注意安全问题，明确使用物料和设计条件

化工生产所需原材料大多都具有易燃、易爆、易挥发、有毒等特性，这是生产中无法避免的安全问题隐患。同时，过程设备的设计条件，可能是高压、高温、低温、真空等特殊条件，存在较高的安全隐患，需要格外重视。

(2) 设计过程中，需要考虑设备安全运行管理的问题

针对过程设备存在的安全风险进行分析，在结构设计方面综合考虑维修管理的便利，为设备安全管理提供技术参考。例如，长周期运行的压力容器承压能力减弱，可以从设计角度，对极易存在承压安全风险的薄弱结构提出补强设计方案；过程设备管道内介质具有强腐蚀性，可以从选材、厚度计算、防腐内衬等方面进行考虑；进、出口管路和仪表接口的密封性能至关重要，在接管结构、管法兰密封形式及仪表安装与检修等方面进行考虑。

1.2.4 经济性要求

过程设备经济性是一个涉及诸多方面的复杂问题。在设计过程中，主要从以下几个方面进行考虑。

(1) 设计参数

设计压力和设计温度是设计过程中的重要参数。在确定设计压力时，安全系数的选择至关重要，在相应的经验参考范围内选择，既能安全可靠，又能经济合理。同样，设计温度的过高或过低都会造成材料的浪费及成本的增加，应该在合理范围之内选取。

(2) 材料选择

材料费用一般占设备总造价的40%～60%，选用的材料对设备成本有着重大影响。选材必须考虑设备的操作压力、操作温度、介质特性、材料的焊接及冷热加工性能、设备的结构及制造工艺、材料的来源及经济合理性等因素。选用的材料满足技术要求即可，提升材料档次将影响设计的经济性。

(3) 结构设计

过程设备的设计是否安全、经济合理，其结构设计十分关键，正确、合理的结构可节省主体材料，降低制造成本。如容器法兰的选用，需要依据介质的最高工作压力，按照相关标准进行选用，相互匹配的螺柱、垫片也应参考相应技术标准。同时，螺柱材料所允许的工作压力应满足法兰的要求。

1.3 课程设计的步骤

1.3.1 准备阶段

(1) 课程设计开始阶段，需要先了解课程设计的全部工作流程，分析设计过程的重点和难点，对课程设计应具有全局意识，制订详细的工作计划，循序渐进完成各项工作。

(2) 有关设计资料的选择，应根据教师相应指导和建议，预先准备好设计标准规范、设计手册、图册、计算机绘图工具等资料。

(3) 根据指导老师下达的设计任务书，通过认真研究，分析设计题目的工程背景、工艺条件和原始数据，明确设计要求和设计内容。

(4) 设计前应该熟悉有关参考资料，了解设计步骤和最终成果要求。可以通过过程装备结构模型的现场观摩等方法，熟悉设备的结构特征，为后续设计过程提供参考。

1.3.2 设计阶段

设计阶段应在充分准备的情况下进行，在设计的过程中应严谨、细致，确保设计的合理。提倡在设计过程中进行多方面的交流，与指导教师、同学讨论设计问题，这有助于扩宽设计思路，提高设计质量。

设计阶段主要包括以下内容：

(1) 明确参数

根据工艺要求，确定设计参数。压力和温度是选择材料的重要考量指标，如有腐蚀、污染等因素时，需要综合考虑安全性和经济性的要求。

(2) 结构设计

结合工艺条件，开展设备的结构设计工作，如罐体结构设计及计算，容器法兰、封头、支座、人孔等零件的结构选型设计。

(3) 强度校核

开展设备零部件的强度校核计算。依据结构形式、受力条件和材料力学性能等方面进行强度、刚度和稳定性校核，最后确定合理的材质和结构尺寸。某些设备还需要在热载、风载、地震载荷等外部作用下校核设计设备的强度及变形是否满足要求。

(4) 附件设计

根据控制仪表及工艺要求，完成设备管口的设计，如管法兰的选择、管口的结构尺寸设计、接管补强计算及其支撑结构设计等；对所需的管路阀门进行选型设计。

(5) 绘制图纸

依据设计获得的设备结构尺寸，分配图纸幅面，绘制总装配图，再通过拆图，绘制具有独立结构的零部件图，以便于加工制造；对于标准零部件，按照国家标准或行业技术规范要求，有专门厂家生产的，可以不用绘制零件图纸。

(6) 技术要求

对设备制造、装配、检验和试车等工序提出合理的技术要求，采用文字形式标记在相应图纸上。

1.3.3 总结阶段

总结阶段主要完成设计的最后资料整理与完善，包括以下两方面工作：

(1) 设计计算说明书

设计计算说明书是工程设计必备的技术文件，是表达设计思想的主要资料，用于说明设计过程的技术思路和计算依据，可以包含如下几部分内容。

① 目录：设计说明书目录和图纸目录。

② 设计任务书：包括设计的工程背景及技术条件，明确任务书中的特殊技术要求。

③ 分析设计方案：了解课程设计的全部工作流程；依据设计任务书的基本信息，经过分析绘制设计过程的思维导图；分析设计过程的重点、难点问题，提出可行的技术方案；制订符合实际的工作计划。

④ 结构设计与强度校核：依据相关技术标准和规范，开展设备的结构设计与强度校核。列出详细的计算步骤，对于重要的技术参数或计算结论，需要单独列出并汇总。

⑤ 附件选型设计：开展安全附件及附属设施的选型设计，并对其合理性进行评价。

⑥ 评价与总结：从环境可持续发展、安全稳定性、经济性等方面，开展设计作品的综合评价，理解工程实践中诸多现实约束条件，正确评价设计对环境和社会的影响；对设计全过程进行总结，完成个人心得体会。

⑦ 参考文献：列出文献检索和资料查新的资料清单，整理设计过程使用的技术标准或行业技术规范。

(2) 图纸复核

依据设计说明书，对图纸进行反复检查，确保设计说明书和图纸信息对应；提高图纸的质量，注重图纸细节的修改和完善，按照要求装订成册。

1.3.4 考核阶段

在完成课程设计的图纸和设计计算说明书后，进入考核阶段。

(1) 评议阶段

学生随机分组，每组 3～5 人，在指导老师的参与下，召开小组评议会。由设计者介绍完成的作品，师生共同参与讨论，集思广益，提高作品质量。对于存在的问题，设计者应进行修改和完善。

(2) 答辩阶段

经指导教师审阅后，方可参加课程设计答辩。在答辩过程中，指导老师将依据设计作品质量和答辩情况进行综合评价。

第2章 过程设备制图要求

2.1 过程设备的结构特点

过程设备种类繁多，具有不同的分类方法。例如，按结构材质不同，可分为碳钢设备、合金钢设备、非金属设备；按承受压力不同，可分为高压设备、中压设备和真空设备、常压设备等；按使用场合及其功能，可将其分为容器、换热器、塔器和反应器等4种设备。虽然过程设备的结构、大小、形状各不相同，但具有以下的共同特点。

(1) 回转体结构特征

过程设备多为典型板壳结构的壳体容器，主体结构常采用圆柱体、球形、圆锥体等回转体。例如，卧式容器的筒体呈圆柱体特征，外部接管也是圆柱形回转体。

(2) 尺寸相差悬殊

过程设备的总体尺寸和局部尺寸相比，往往差异较大。特别是塔器，塔高几十米，塔径约几米，因承受的介质压力较低，其壁厚仅为几毫米或几十毫米。

(3) 设备的开孔和接管口较多

为满足工艺流程的要求，在设备壳体和封头上，往往设有较多的开孔和管口，安装各种零部件和连接接管，主要用于物料进出口输送和仪表传感器接口。

(4) 大量采用焊接结构

绝大多数过程设备都是承压设备(内压或外压)，除力学上有严格要求外，还有严格的气密性要求，焊接结构是满足这两者最理想的结构。因此，大量采用焊接是过程设备一个突出特点。

(5) 广泛采用标准化、通用化、系列化的零部件

过程设备一些零部件具有通用性，相关部门已按照具体要求制定了标准化尺寸系列，可以在设计中直接选用，这为设计带来了诸多便利。这些标准件包括法兰、封头、人孔、支座等。

(6) 选材的特殊性

过程设备工作条件特殊，选材范围极为广泛，需要具有耐高温、高压的极端条件，还需要耐受强酸、强碱等腐蚀性极强的物质。因此，选材除考虑强度、刚度外，还要考虑耐腐蚀、耐高温、耐高压、耐高真空、耐深冷等。有特殊要求的，还要考虑使用衬里等方法，以满足各种设备的特殊要求。

(7) 结构安全性高

对处理有毒、易燃、易爆介质的过程设备，要求密封结构好，安全装置可靠。因此，除对焊缝进行严格的检查外，对各连接面的密封结构提出了较高要求。

2.2　过程设备图的主要内容

(1) 结构视图

结构视图表达设备的主要结构形状和零部件之间的装配关系，应该符合《机械制图 图样画法 视图》(GB/T 4458.1—2002)的规定。视图数量与结构体特征紧密相关，以能够清晰表达和准确说明为目标。

(2) 尺寸标注

为设备制造、装配、安装检验提供的尺寸数据，主要包括：表示设备总体大小的总体尺寸；表示规格大小的特性尺寸，如筒体内径 ϕ2 000；表示零部件之间装配关系的装配尺寸；表示设备与外界安装关系的安装尺寸；其他尺寸，如筒体壁厚，焊缝结构尺寸等。

(3) 管口符号与管口

需要注明设备上的管口用途，常用拼音字母顺序编号。图中需要专门列出管口表，记录管口的有关特性数据和用途。

(4) 零部件编号及明细栏

把组成设备的所有零部件依次编号，并且将每个编号的零部件名称、规格、材料、数量、单重及有关图号或标准号等内容填写在主标题栏上方的明细栏内。

(5) 设计数据表

设计数据表用表格形式列出设备的主要工艺特性，如操作压力、温度、物料名称、设备容积等内容，还可以列出焊接工艺参数、热处理要求、压力试验条件和无损检测技术规范等。

(6) 技术要求

技术要求常用文字说明的形式，提出设备在制造、检验、安装、材料、表面处理、包装和运输等方面的要求。

(7) 标题栏

标题栏常放在图样的右下角，有规定的格式，用以填写设备的名称、主要规格、制图比例、设计单位、图样编号以及设计、制图、校审人员的签字等。

(8) 其他

包括其他需要说明的问题，如图样目录、附录、修改表等内容。

2.3　过程设备图的基本规定

过程设备施工图图样的一般规定除应符合《技术制图 图纸幅面和格式》(GB/T 14689—2008)等有关国家标准的规定外，还应参照《化工设备文件编制规定》(HG/T 20668—2000)。

2.3.1　图纸幅面及格式

施工图的幅面及格式规定，见表 2-1。

表 2-1　图纸幅面尺寸

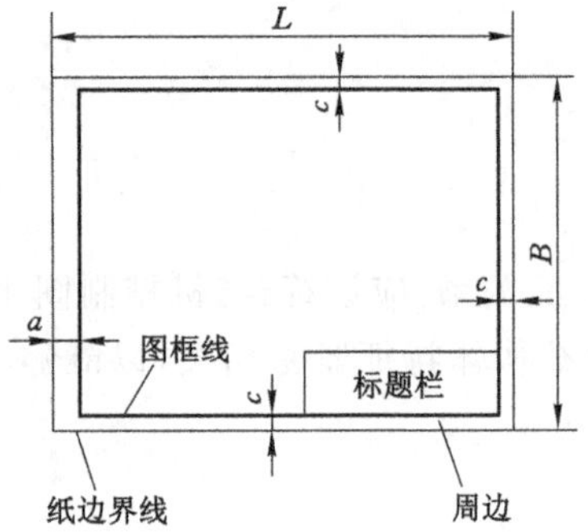

基本幅面				加长幅面	
第一选择				第二、三选择	
幅面代号	$B\times L$	c	a	幅面代号	$B\times L$
A0	841×1 189	10	25	A1×3	841×1 783
A1	594×841			A1×4	841×2 378
A2	420×594			A2×3	594×1 261
A3	297×420	5		A2×4	594×1 682
A4	210×297			A2×5	594×2 102

2.3.2　图样的比例

施工图图样的比例按表 2-2 进行选择。

表 2-2　图样比例

种类	优先选用比例	必要时选用比例
原值比例	1∶1	
放大比例	5∶1　2∶1　5×10^n∶1 2×10^n∶1　1×10^n∶1	4∶1　2.5∶1 4×10^n∶1　2.5×10^n∶1
缩小比例	1∶2　1∶5　1∶10	1∶1.5　1∶2.5　1∶3　1∶4　1∶6
	1∶2×10^n　1∶5×10^n	1∶1.5×10^n　1∶2.5×10^n　1∶3×10^n
	1∶1×10^n	1∶4×10^n　1∶6×10^n

注：n 为正整数。

2.3.3　文字、符号、代号及其尺寸

图样中文字应优先采用下列字体。

(1) 汉字为仿宋体，拉丁字母(英文字母)为 B 型直体。

(2) 阿拉伯数字用 B 型直体 1,2,3,…表示。

(3) 放大图序号用罗马数字Ⅰ,Ⅱ,Ⅲ,…表示。

(4) 标题放大图用汉字表示。

(5) 剖视图、向视图符号以大写英文字母表示，如 *A* 向，*A*—*A* 等。

(6) 焊缝序号为阿拉伯数字。

(7) 焊缝符号及代号按国标或行业标准。

(8) 管口符号以大写英文字母 A,B,C,…表示，常用管口符号推荐按表 2-3 标注。规格、用途及连接面形式不同的管口，均应单独编写管口符号；完全相同的管口，则应编写同一符号，但应在符号的右下角按数量加阿拉伯数字角标，以示区别，如 $TI_{1\sim2}$、LG_1、LG_2 等。

表 2-3　常用管口符号的表示

管口名称或用途	管口符号	管口名称或用途	管口符号	管口名称或用途	管口符号
手孔	H	人孔	M	安全阀接口	SV
液位计口(现场)	LG	压力计口	PI	温度计口	TE
液位开关口	LS	压力变送器口	PT	温度计口(现场)	TI
液位变送器口	LT	在线分析口	QE	裙座排气口	VS

施工图样中常用文字、符号、代号的字体规定如表 2-4 所示。

表 2-4　施工图图样中字体的尺寸

项目		字体尺寸	项目	字体尺寸
文字		3.5	视图代号(大写英文字母)	5
数字	件号数字	5	焊缝代号、符号、数字	3
	其他数字	3	管口符号	5
放大图序号		5	计算书文字、数字	3.5
焊缝放大图序号	在装配图中	5	图纸目录文字及数字	3.5
	在视图中	3	说明书的文字及数字	3.5
放大图标题汉字		5	标题栏、签署栏和明细栏中文字数字	3

表 2-4 中的尺寸均为字体的高度(mm),字宽按相应字体的宽度。施工图中公差、指数、注脚等上、下标数字及字母,一般应采用小一号的字体。计算机绘图打印出的字体大小与标准尺寸不完全一致时,可取与标准规定最相近的规格尺寸。

2.3.4　过程设备图样的安排格式

一张过程设备的装配图,通常包含有以下内容:装配图、主标题栏、明细表、管口表、技术特性表、选用表、修改表、图纸目录、技术要求、“注”、描图签字栏及其他等。它们在图幅中的位置安排格式如图 2-1 所示。

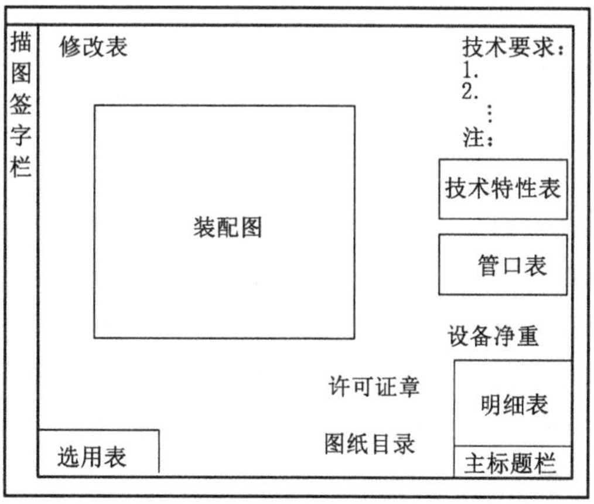

图 2-1　过程设备装配图图样安排格式

2.3.5 标题栏及明细栏

(1) 标题栏

图标题栏的内容和格式类型较多，为方便课程设计使用，现推荐图 2-2 所示的一种。

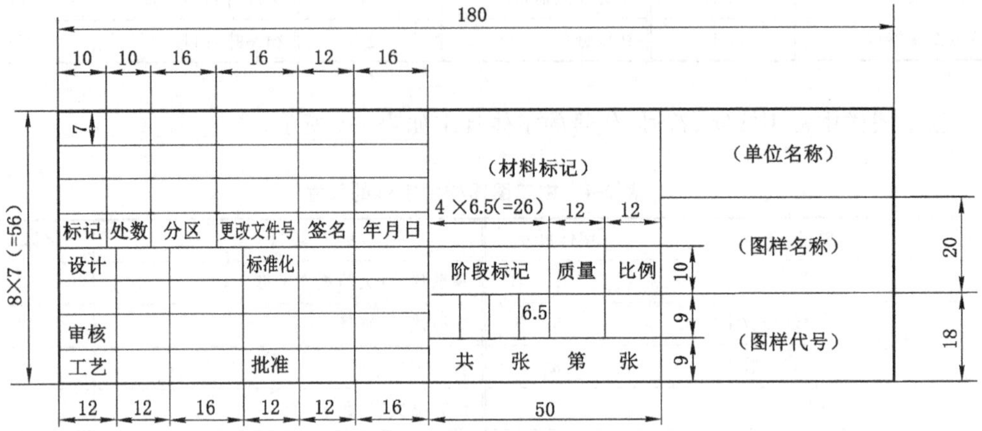

图 2-2　标题栏

(2) 明细栏

明细栏是过程设备组成部分(零部件)的详细目录。过程设备图中明细栏的内容及格式推荐按图 2-3 格式布置。

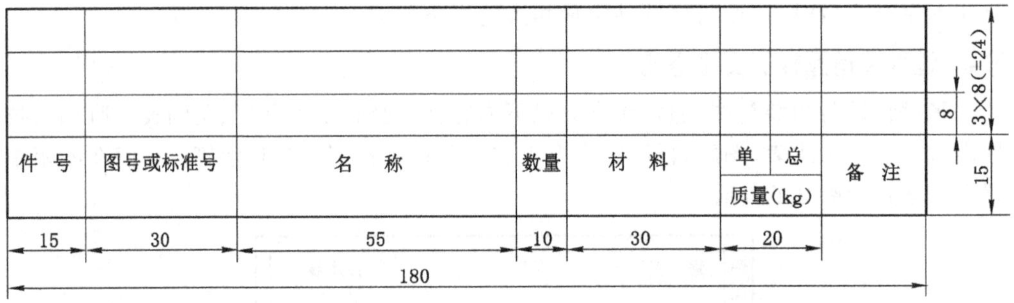

图 2-3　明细栏尺寸

填写明细栏时，“名称栏”应采用公认和简明的提法填写零部件的名称和规格，不绘图的零件在名称后列出规格或实际尺寸(如筒体 ϕ2 000×10 mm，H=2 000 mm)；“图号或标准号栏”中标准零部件填写标准号，非标零部件填写图号(不绘图样的不填)；“数量栏”中应填写同一件号零部件的全部数量；填写大量木材、填充物数量以 m^3 为单位；“备注栏”中填写必要的参考数据和说明，如接管长度的 L=150 mm，外购件的“外购”等。

2.3.6 管口表、技术特性表

(1) 管口表格式

推荐的管口表格式见图 2-4，n 表示按需使用。管口表一般画在明细栏上方。不对外连接的管口，在连接尺寸标准和连接面类型两栏内用“斜细实线”表示。

管口表							
符号	公称尺寸	公称压力	连接标准	法兰	连接面型类型	用途或名称	设备中心线至法兰面距离
A	250	2	HG20615	WN	平面	气体进口	660
B	600	2	HG20615	/	/	人孔	见图
C	150	2	HG20615	WN	平面	液体进口	660
D	50×50	/	/	/	平面	加料口	见图
E	椭300×200	/	/	/	/	手孔	见图
F_{1-3}	15	2	HG20615	WN	平面	取样口	见图
G	20		M20		内螺纹	放净口	见图
H	20/50	2	HG20615	WN	平面	回流口	见图
10(15)	10(15)	10(15)	15(25)	8(20)	8(20)	20(40)	

总宽 95(180)；标题行高 5，表头行高 8(10)，各行高 4(8)，总高 n×4(8)+8(10)

图 2-4　管口表格式

(2) 技术特性表

技术特性表用来表示设备基本性能，是技术说明资料的一部分。内容包括工作压力、工作温度、容积、物料名称及其他能表示设备主要性能的资料。上述内容按设备的种类、性能不同而异。列成表格后，常编写在管口表的上方。设计数据表格式见图 2-5(a)，表中虚线、n 表示按需设置。图 2-5(b)为储罐技术特性表。

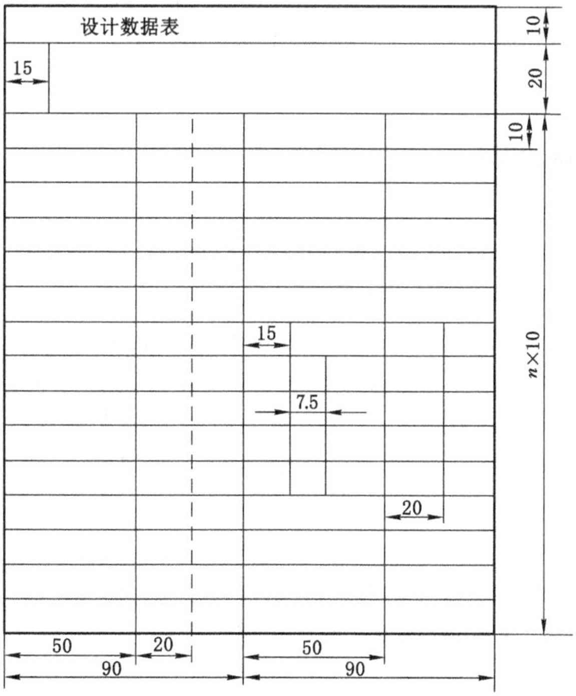

(a) 设计数据

图 2-5　设计数据表格式

技术特性						
规范	（注写规范的标准号或代号，当规范、标准无代号时标全名）					
		压力容器类型				
介质		焊条型号			按NB/T47015-2011规定	
介质特性		焊接规程			按NB/T47015-2011规定	
工作温度/℃		焊接结构			除注明外采用全焊透结构	
工作压力/MPa		除注明外角焊缝腰高				
设计温度/℃		管法兰与接管焊接标准			按相应法兰标准	
设计压力/MPa		无损探伤	焊接接头类型		方法—检测率	标准—级别
腐蚀裕量/mm			A,B	容器		
焊接接头系数			C,D	容器		
热处理		全容积				
水压试验压力(卧式/立式)/MPa		安装环境				
气密性试验压力/MPa		无图零件切割表面粗糙度				
保温层厚度/防火层厚度/mm						
表面防腐要求		管口方位				

（尺寸标注：15，10，20，10，n×10，15，7.5，20，50，50，90，90）

(b) 储罐技术特性表

图 2-5 （续）

2.4 过程设备的绘制

2.4.1 表达方式

(1) 视图配置

由于过程设备的主体结构多为回转体，基本视图常采用两个视图。立式设备一般为主、俯视图，卧式设备一般为主、左(右)视图，用以表达设备的主体结构。当设备的高(长)较高(长)时，出于图幅有限，俯、左(右)视图难于安排在基本视图位置，可以将其配置在图面的空白处，注明其视图名称，也允许画在另一张图纸上，并分别在两张图纸上注明视图关系即可。

(2) 细部结构的表达方法

由于过程设备的各部分结构尺寸相差悬殊，按缩小比例画出的基本视图中，很难兼顾到把细部结构也表达清楚。因此，过程设备图中较多的使用了局部放大图和夸大画法来表达这些细部结构并标注尺寸。

① 局部放大图(又称为节点详图)：用局部放大的方法来表达细部结构时，画成局部视图、剖视或剖面等形式。可按规定比例，也可不按比例做适当放大，但都要标注。

② 夸大画法：对于过程设备中的折流板、管板、壳体壁厚，垫片及各种管壁厚，在按总体

比例缩小后，难以表达其厚度，可做适当的夸大画出。其余细小结构或较小的零部件，在基本视图中也允许做适当的夸大画出。

③ 断开画法、分层画法及整体图：对于过高或过长的过程设备，如塔、换热器及储槽等，为了采用较大的比例清楚地表达设备结构和合理地使用图幅，常使用断开画法，即用双点划线将设备中重复出现的结构或相同结构断开，使图形缩短，简化作图。

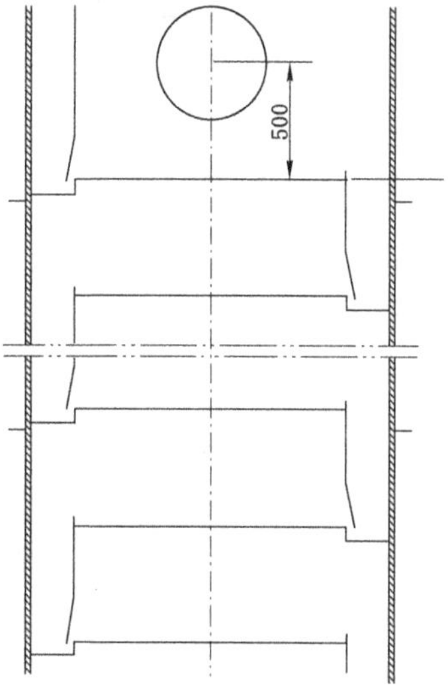

图 2-6　断开画法

④ 多次旋转的表达方法：过程设备筒体上分布有众多的管口、开口及其他附件，为了在主视图上表达它们的结构形状及位置高度，可使用多次旋转的表达方法。多次旋转即假想将设备周向分布的接管及其他附件，按机械制图国家标准中规定的旋转法，分别按不同方向旋转到与正投影面平行的位置，得到反映它们实形的视图。为了避免混乱，在不同的视图中同一接管或附件应用相间的小写英文字母编号。图中规格、用途相同的接管或附件可共用同一字母，用阿拉伯字母作为脚标，以示个数。注意，被旋转的接管及其他附件在主视图上不应相互重叠。

在图 2-7 中，若 c 旋转将会与 A 重叠，此时可用 A—A 斜剖视的局部放大图单独表达。

(3) 焊接结构

容器的焊缝表示可用图示、焊缝符号和序列代号 3 种方法表示。

容器的焊缝选用图示方法表示时，推荐采用局部放大的剖视图或剖面图形式，并应标注出焊缝尺寸。

当焊缝宽度或焊脚高度经缩小比例后，图形线间距离大于或等于 3 mm 时，焊缝轮廓线（粗线）应按实际焊缝形状画出，剖面线用交叉的细实线或涂色表示，如图 2-8 所示。

当焊缝宽度或焊脚高度经缩小比例后，图形线间距离小于或等于 3 mm 时，对接焊缝图形线用一条粗线表示；对于角焊缝，因一般已有母体金属轮廓线，故焊缝可不画出。焊缝剖面用涂色表示，如图 2-9 所示。

2.4.2　简化画法

(1) 外购部件在过程设备图中，可以只画出外形轮廓简图（图 2-10），但要求在明细表中注写出名称、规格、主要性能参数和“外购”字样等。

(2) 一些标准化零部件已有标准图，它们在过程设备图中不必详细画出，可按比例画出反映其特征外形的简图（图 2-11），在明细表中注写其名称、规格、标准号等。

(3) 螺纹连接件组，可不画出这组零件的投影，只用点画线表示其连接位置，但在明细表中应注写出名称、标准号、数量及材料。

(4) 多孔板孔眼的画法。按规则排列的管板，折流板或塔板上的孔眼表示方法如图 2-13 所示。

(5) 填料箱填料（金属填料或非金属填料）的画法：填料的表示方法如图 2-14 所示。

图 2-13 中，n_1～n_8 为每排根数。“＋”为粗实线，表示管板上定距杆螺孔的位置。

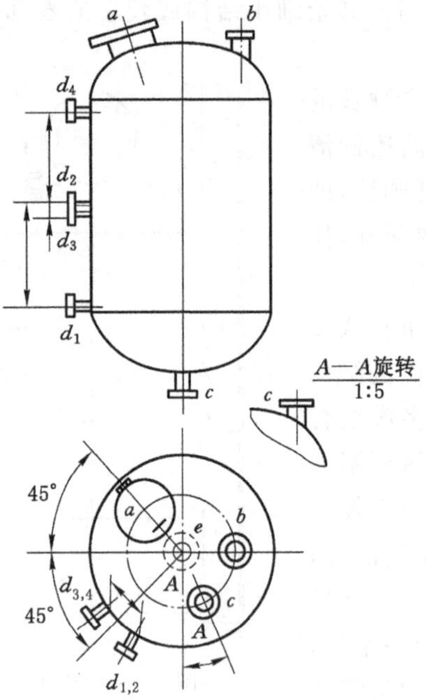

图 2-7　旋转画法

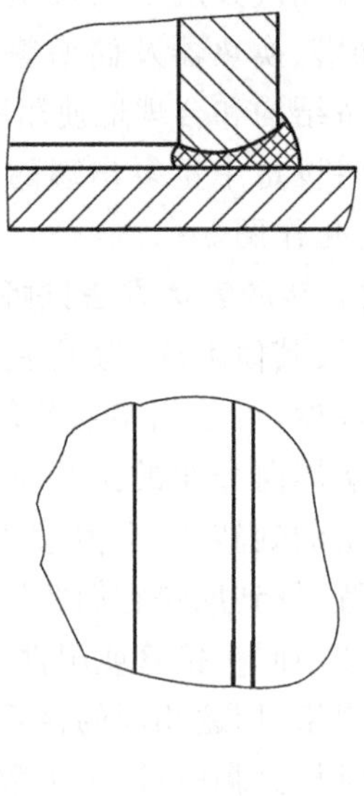

图 2-8　焊缝画法(1)

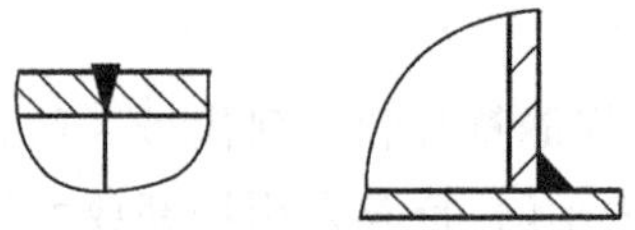

图 2-9　焊缝画法(2)

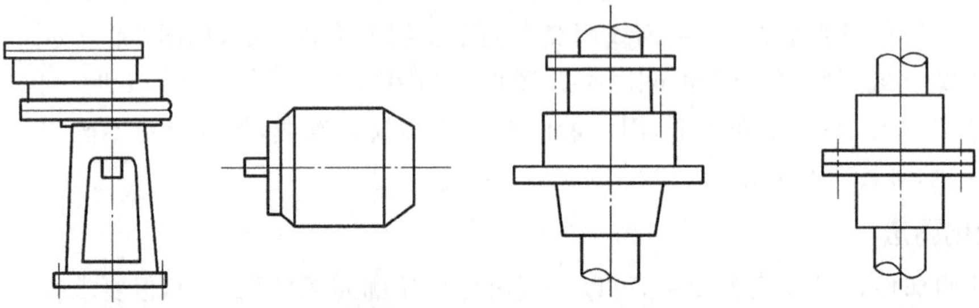

(a) 减速器　(b) 电动机　(c) 填料箱　(d) 联轴器

图 2-10　外购部件的简化画法

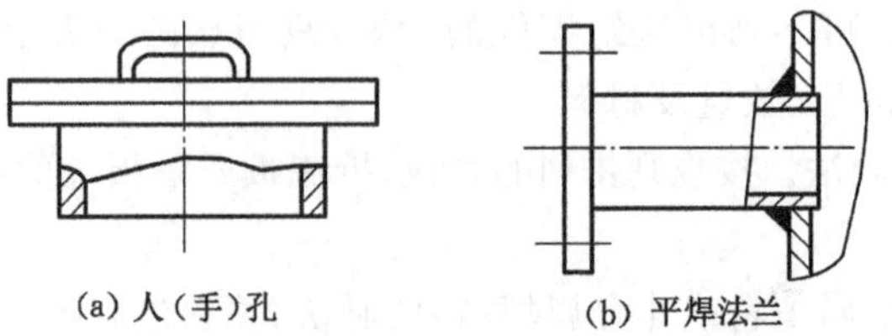

(a) 人(手)孔　(b) 平焊法兰

图 2-11　标准化零部件的简化画法

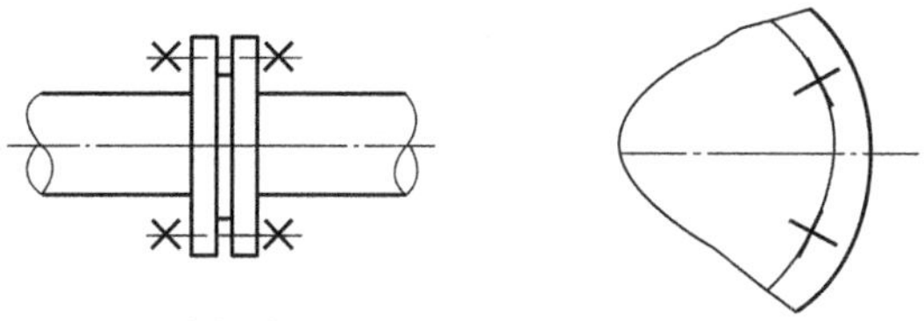

图 2-12　法兰的螺栓连接件组

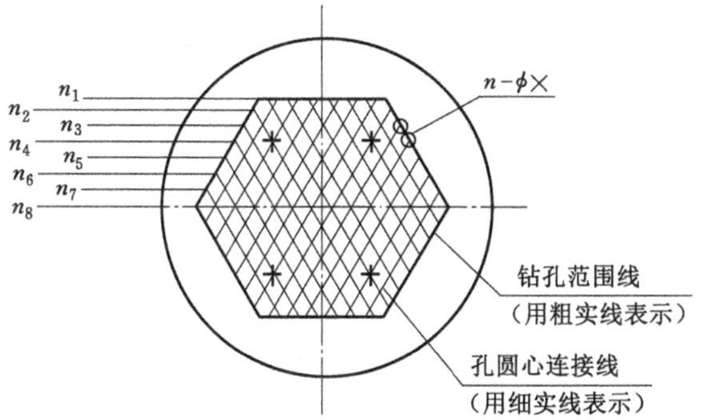

图 2-13　多孔板孔眼的画法

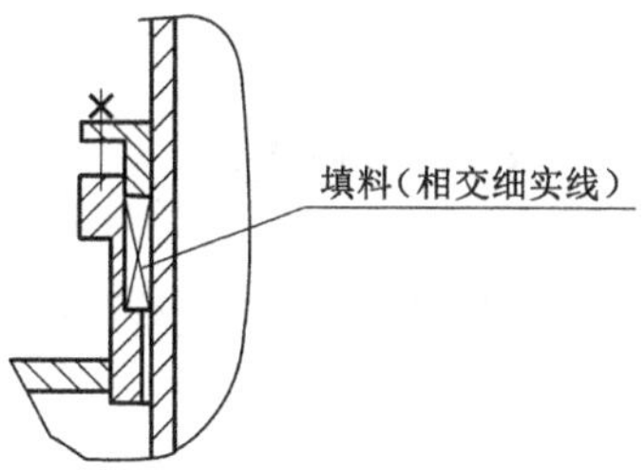

图 2-14　填料箱填料画法

第3章　通用设计参数

3.1　材料的选用

压力容器用钢材应符合《压力容器[合订本]》(GB/T 150.1～GB/T 150.4—2011)等标准的要求。

选择化工容器用钢材应考虑设备的操作条件(如设计压力、设计温度、介质的特性)、材料的焊接性能、冷热加工性能、热处理及容器的结构等。

在满足容器基本要求下,还应考虑容器用钢的经济合理性。选材一般按如下规则考虑:

(1) 所需钢板厚度小于 8 mm 时,在碳素钢和低合金钢之间,应尽量采用碳素钢。

(2) 碳素钢用于介质腐蚀性不强的常压、低压容器,壁厚不大的中压容器,锻件,承压钢管,非受压元件以及其他由刚性或结构因素决定壁厚的场合。在刚度或结构设计为主场合,选用普通碳素钢;在强度设计为主场合,按选用压力、温度、介质等使用限制,非受压元件依次选用 Q235A、Q235B、Q235C、Q245R、Q345R 等钢板,受压元件依次选用 Q235B、Q235C、Q245R、Q345R 等钢板。

(3)低合金高强度钢用于介质腐蚀性不强、壁厚较大($\delta>8$ mm)的容器。

(4) 不锈钢用于介质腐蚀性较强环境、防铁离子污染或设计温度大于 500 ℃设计温度小于−70 ℃的耐热(低温)的容器。不锈钢应尽量不用作设计温度小于或等于 500 ℃的耐热用钢。

(5) 所需不锈钢钢板厚度大于 12 mm 时,宜采用衬里、复合、堆焊等结构形式。

(6) 珠光体耐热钢用作抗高温氢或硫化氢腐蚀,或者设计温度为 350～575 ℃的压力容器用耐热钢,尽量不用作设计温度小于或等于 350 ℃的耐热用钢。在应使用珠光体耐热钢作耐热或抗氢用途时,应尽量减少、合并钢材的品种、规格。

(7) 不含钛、铌稳定化元素,且含碳量大于 0.03%的奥氏体不锈钢需经焊接或 400 ℃以上热加工时,不应使用于可能引起不锈钢晶间腐蚀的环境。

3.2　设计压力

设计压力为容器顶部的最高压力,与相应的设计温度一起作为容器的基本设计载荷条件,其值不低于工作压力。

设计压力的确定符合以下原则:

（1）当工艺系统专业或工程设计文件对容器的设计压力有专门规定时，其设计压力应按规定确定，但不应低于表 3-1 的规定。

表 3-1　设计压力确定原则

<table>
<tr><th colspan="3">类型</th><th>原则</th></tr>
<tr><td rowspan="8">内压容器</td><td colspan="2">无安全泄放装置</td><td>不低于 1.0～1.1 倍工作压力</td></tr>
<tr><td colspan="2">装有安全阀</td><td>不低于（等于或稍大于）安全阀开启压力（开启压力取 1.05～1.10 倍工作压力）</td></tr>
<tr><td colspan="2">装有爆破片</td><td>不低于爆破片设计爆破压力加制造范围上限</td></tr>
<tr><td colspan="2">出口管线上装有安全阀</td><td>不低于安全阀的开启压力加上流体从容器流至安全阀处的压力降</td></tr>
<tr><td colspan="2">容器位于泵进口侧，且无安全泄放装置时</td><td>不低于 1.0～1.1 倍工作压力，且以－0.1 MPa 外压进行校核</td></tr>
<tr><td colspan="2">容器位于泵出口侧，且无安全泄放装置时</td><td>不低于下面三者中的大值：
（1）泵的正常入口压力加 1.2 倍泵的正常工作扬程；
（2）泵的最大入口压力加泵的正常工作扬程；
（3）泵的正常入口压力加关闭扬程（即泵出口全关闭时的扬程）</td></tr>
<tr><td colspan="2">容器位于压缩机进口侧，且无安全泄放装置时</td><td>不低于 1.0～1.1 倍工作压力，且以－0.1 MPa 外压进行校核</td></tr>
<tr><td colspan="2">容器位于压缩机出口侧，且无安全泄放装置时</td><td>不低于压缩机出口压力</td></tr>
<tr><td rowspan="4">真空容器</td><td rowspan="2">无夹套的真空容器</td><td>有安全泄放装置</td><td>设计外压取 1.25 倍最大内外压力差或－0.1 MPa 两者中的小值</td></tr>
<tr><td>无安全泄放装置</td><td>设计外压取－0.1 MPa</td></tr>
<tr><td rowspan="2">带夹套的真空容器</td><td>容器（真空）</td><td>设计外压按无夹套真空容器选；其计算外压力按 HG/T 20580—2020 的规定</td></tr>
<tr><td>夹套（真空）</td><td>设计内压按内压容器选取</td></tr>
<tr><td colspan="3">由两个或两个以上压力室组成的容器</td><td>根据各自的工作压力确定各自腔的设计压力</td></tr>
</table>

（2）设计压力必须以相应的设计温度作为设计载荷条件；且应注意到容器在运行中可能出现的各种工况，并以最苛刻的工作压力与相应温度的组合工况，确定容器的设计压力。

3.3　设计温度

设计温度是容器在正常工作情况下，设定的元件的金属温度。设计温度与设计压力一起作为设计载荷条件。设计温度按如下规则选取：

（1）当工艺系统专业或工程设计文件对容器的设计温度有专门规定时，设计温度按规定执行。

（2）设计温度不得低于元件金属在工作状态下可能达到的最高温度。

（3）对于 0 ℃以下的金属温度，设计温度不得高于元件金属所能达到的最低温度。

（4）当容器各部分在工作情况下的金属温度不同时，可分别设定各部分的设计温度。

(5) 对具有不同工况的容器，应按对应的设计压力和设计温度的组合工况分别设计，并应在设计文件或设计图样中注明各工况下的设计压力和设计温度值。

3.4 厚度及其附加量

设备的厚度有计算厚度(δ)、设计厚度(δ_d)、名义厚度(δ_n)、有效厚度(δ_e)和钢材厚度(δ_s)，它们之间关系如图 3-1 所示。

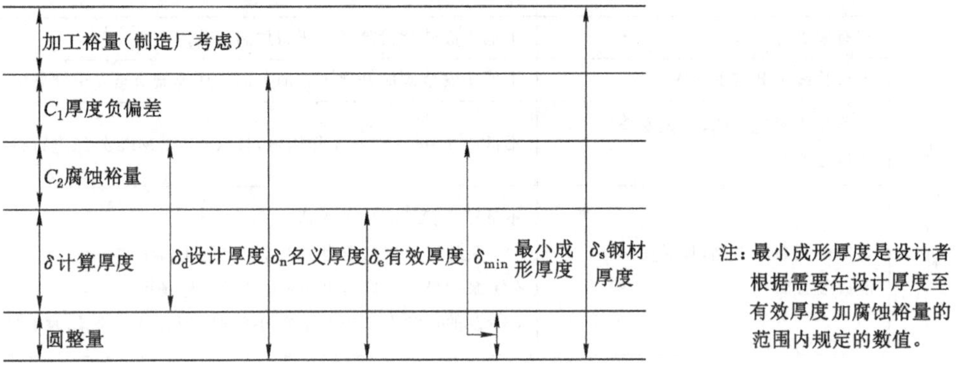

图 3-1　厚度关系示意图

其中，厚度附加值为：

$$C = C_1 + C_2$$

式中　C——厚度附加量，mm；

C_1——钢材厚度负偏差，mm；

C_2——腐蚀裕量，mm。

3.4.1 钢材厚度负偏差

钢材厚度负偏差 C_1 应按有关钢材标准确定。常用钢材的厚度负偏差见表 3-2 和表 3-3。在钢管厚度负偏差值符合相应标准规定的前提下，可不考虑换热管厚度负偏差。

表 3-2　压力容器用碳钢和低合金钢板厚度负偏差　　单位：mm

钢板标准	《承压设备用钢板和钢带》(GB 713—2023)
钢板厚度	全部厚度
负偏差 C_1	0.30

表 3-3　承压设备用不锈钢钢板厚度负偏差　　单位：mm

钢板标准	《承压设备用钢板和钢带》(GB 713—2023)		
产品类别	热轧厚钢板	热轧钢板及钢带	冷轧钢板和钢带
钢板厚度	6.0～80.0	2.0～14.0	1.5～8.0
负偏差 C_1	0.3	按附录 A.5	按附录 A.5

3.4.2　腐蚀裕量

为防止容器受压元件由于腐蚀、机械磨损而导致厚度削弱减薄，应考虑腐蚀裕量。

3.4.2.1　下列情况一般不考虑腐蚀裕量

(1) 介质对不锈钢无腐蚀作用时(不锈钢、不锈钢复合板或不锈钢堆焊层的元件)。

(2) 有可靠耐腐蚀衬里(如衬铅、衬橡胶、衬塑料等)的基体材料。

(3) 法兰的密封表面。

(4) 管壳式换热器的换热管、拉杆、定距管、折流板。

(5) 用涂漆可以有效防止环境腐蚀的容器外表面及其外部构件(如支座、支腿、基础环板、托架、塔吊柱等，但不包括裙座)。

(6) 塔盘板、填料等。

3.4.2.2　考虑容器腐蚀裕量的原则

(1) 除 3.3.2.1 节中规定外，与工作介质接触的筒体、封头、接管、人(手)孔及内部元件等均应考虑腐蚀裕量。

(2) 工艺系统专业或工程设计文件中对容器的腐蚀裕量有专门规定或已有实际使用经验时，其腐蚀裕量按规定或经验选取。

(3) 对有均匀腐蚀的容器，应根据预期的容器设计寿命和介质对金属材料的腐蚀速率的乘积确定腐蚀裕量。

(4) 设计时，应考虑介质对容器壳体或元件的冲蚀、磨损及局部腐蚀的影响。

(5) 两侧同时与介质接触的元件，应根据两侧不同的操作介质选取不同的腐蚀裕量，两者叠加后作为该元件的总腐蚀裕量。

3.4.2.3　腐蚀裕量的确定

除工艺系统专业或工程设计文件中另有规定外，容器的筒体、封头的腐蚀裕量按下列考虑：

(1) 介质为压缩空气、水蒸气或水的碳钢或低合金钢制容器，其腐蚀裕量不小于 1.0 mm。

(2) 除第(1)项以外的其他情况，容器的腐蚀裕量见表 3-4。

表 3-4　炼油设备的腐蚀裕量 C_2　　单位：mm

腐蚀速率 /(mm·a^{-1})	腐蚀裕量 C_2		
	铬钼钢或名义厚度≥50 mm 的高合金钢厚壁加氢反应器	其他反应器，直径≥4 m 或质量≥100 t 或总高度≥60 m 的塔器、高压热交换器壳体、名义厚度≥50 mm 容器、球形储罐	其他塔器、容器、热交换器壳体及管箱
≤0.05	0～1.5	0～1	0～1
>0.05～0.1	1.5～3	1～2	1～1.5
>0.1～0.2	3～6	2～4	1.5～3
>0.2～0.3	改用更耐腐蚀的材料	4～6	3～4.5

其他元件腐蚀裕量 C_2 见表 3-5。

表 3-5 其他元件腐蚀裕量 C_2

元件类型	腐蚀裕量 C_2	
接管 (包括人、手孔等)	除工程设计另有规定外,应取筒体的腐蚀裕量	
不可拆卸或无法从人孔取出的内件	受力	内件单面取筒体的腐蚀裕量
	不受力	内件单面取筒体腐蚀裕量的 1/2
可拆卸并可从人孔取出的内件	受力	内件单面取筒体腐蚀裕量的 1/4
	不受力	内件单面腐蚀裕量可取零
不同部位的元件	当容器内各部分介质的腐蚀速率不同时,不同部位的元件可取不同的腐蚀速率	
裙座筒体	碳钢或低合金钢的裙座壳体取不小于 2 mm	
地脚螺栓	不小于 3 mm	
地脚螺栓座的基础环、筋板、盖板	除工程设计另有要求外,一般可不考虑腐蚀裕量	

3.5 最小厚度

容器壳体加工成形后,不包括腐蚀裕量的最小厚度(不包括现场制作的大型储罐)应符合以下规定:

(1) 碳钢和低合金钢制容器,其最小厚度不小于 3 mm。

(2) 高合金钢制容器,其最小厚度不小于 2 mm。

(3) 碳素钢和低合金钢制塔式容器,其最小厚度为 2/1000 的塔器内直径,且不小于 3 mm;对不锈钢制塔式容器,其最小厚度不小于 2 mm。

(4) 管壳式换热器壳体的最小厚度应符合《管壳式换热器》(GB 151—2014)的相应规定。

3.6 许用应力

(1) 作为受压元件用的钢板、钢管、锻件和螺栓材料在不同温度下的许用应力,按附录 A.1 选取。

(2) 容器设计温度低于 20 ℃时,取材料 20 ℃的许用应力。

(3) 耐磨蚀或耐磨损衬里层厚度不应包括在压力容器的计算壁厚中,基层材料的许用应力按附录 A.1 选取。

(4) 当需要校核接管、补强圈与壳体的焊缝强度时,其焊接接头的许用应力可按表 3-6 选取。

表 3-6　接管、补强圈焊缝的许用应力　　单位：MPa

位置		焊接接头形式	许用应力类型	许用应力
点 *A*	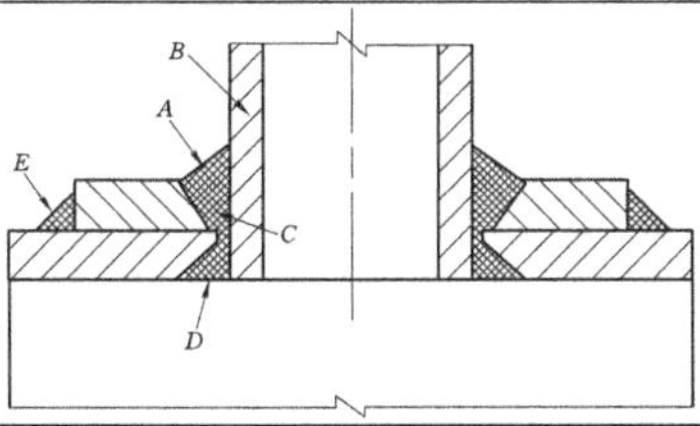	填角焊缝（剪切）	许用剪应力	$0.49[\sigma]_v$
点 *B*		接管	许用剪应力	$0.70[\sigma]_p$
点 *C*		坡口焊缝（拉伸）	许用拉应力	$0.74[\sigma]_v$
点 *D*		坡口焊缝（拉伸）	许用拉应力	$0.74[\sigma]_v$
点 *E*		填角焊缝（剪切）	许用剪应力	$0.49[\sigma]_v$

注：1. $[\sigma]_v$ 为焊接接头计算截面处母材的许用应力。

2. $[\sigma]_p$ 为接管本身的许用应力。

3.7　焊接接头系数

焊接接头系数应根据受压元件的焊接接头的焊接工艺特点（单面焊或双面焊；有或无垫板）以及无损检测的长度比例确定。

焊接接头系数规定如下：

（1）双面焊对接接头和相当于双面焊的全焊透对接接头：100％无损检测＝1.00；局部无损检测＝0.85。

（2）单面焊对接接头（沿焊缝根部全长有紧贴基体金属的垫板）：100％无损检测＝0.9；局部无损检测＝0.8。

3.8　耐压试验和泄漏试验

容器制成后需要进行试验，包括耐压试验、泄漏试验和气液组合试验。耐压试验是指超工作压力下进行液压（气压）试验，目的是检查容器在超工作压力下的宏观强度，包括检查材料的缺陷、容器各部分的变形、焊接接管的强度和容器法兰连接的泄漏检查等；而泄漏试验是对介质的毒性程度为极度或高度危害的容器及对密封性有特殊要求的容器，在强度试验合格后进行的致密性检查。对于不适宜进行液压试验的容器，可采用气压试验或气液组合试验。

3.8.1　耐压试验

耐压试验是容器在使用之前的第一次承压，而且试验压力要比容器最高工作压力高，容器发生爆破的可能性比使用时大。由于在相同压力和容积下，试验介质的压缩系数越大，容器所储存的能量也越大，爆炸也就越危险，故应选用压缩系数小的流体作为试验介质。试验液体按 GB/T 150.1～GB/T 150.4—2011 的相应规定。对于不适合进行液压试验的卧式容器，可采用气压试验。压力容器在进行气压试验时应满足 GB/T 150.1～GB/T 150.4—2011 的相应规定。

压力容器制成后应经压力试验。压力试验的种类、要求和试验压力值应在图样上注明。

（1）内压容器耐压试验压力

内压容器的液压试验压力值按下式确定：

$$P_T=1.25P\frac{[\sigma]}{[\sigma]^t} \tag{3-1}$$

气压试验或气液组合试验：

$$P_T=1.1P\frac{[\sigma]}{[\sigma]^t} \tag{3-2}$$

式中　P_T——试验压力，MPa；

P——设计压力，MPa；

$[\sigma]$——元件材料在常温下的许用应力，MPa；

$[\sigma]^t$——元件材料在设计温度下的许用应力，MPa。

注：1. 容器铭牌上规定有最大允许工作压力时，式中应以最大允许工作压力代替设计压力。

注：2. 容器各受压元件所用材料不同时，应取各元件材料的 $[\sigma]/[\sigma]^t$ 比值中的最小者。

(2) 外压容器耐压试验压力

① 液压试验：

$$P_T=1.25P \tag{3-3}$$

② 气压试验或气液组合试验：

$$P_T=1.1P \tag{3-4}$$

3.8.2 耐压试验压力校核

在耐压试验前，应校核各受压元件在试验条件下的应力水平，例如对壳体元件应校核最大总体薄膜应力。

试验压力下筒体的应力 σ_T：

$$\sigma_T=\frac{P_T(D_i+\delta_e)}{2\delta_e} \tag{3-5}$$

式中　σ_T——试验压力下圆筒的应力，MPa；

δ_e——圆筒的有效厚度，mm。

试验压力下椭圆封头的应力 σ_T：

$$\sigma_T=\frac{P_T(KD_i+0.5\delta_{eh})}{2\phi\delta_{eh}} \tag{3-6}$$

式中　ϕ——焊接接头系数；

σ_T——试验压力下封头的应力，MPa；

δ_{eh}——凸形封头有效厚度，mm。

(1) 液压试验时，σ_T 应满足：$\sigma_T\leqslant 0.9\phi R_{eL}(R_{P0.2})$。

(2) 气压试验或气液组合试验时，σ_T 应满足：$\sigma_T b\leqslant 0.8\phi R_{eL}(R_{P0.2})$。其中，$R_{eL}(R_{P0.2})$ 为壳体材料在试验温度条件下的屈服强度（0.2%非比例延伸强度），MPa。

3.8.3 泄漏试验

泄漏试验的目的是考察焊接接头的致密性和密封结构的密封性能，检查的重点是可拆的密封装置和焊接接头部位。

(1) 泄漏试验包括气密性试验以及氨检漏试验、卤素检漏试验和氦检漏试验等。

（2）介质毒性程度为极度、高度危害或不允许有微量泄漏的容器，应在耐压试验合格后进行泄漏试验。

（3）介质毒性程度按《固定式压力容器安全技术监察规程》（TSG 21—2016）的相关规定确定。设计单位应当提出容器泄漏试验的方法和技术要求。

（4）当需要进行泄漏试验时，试验压力、试验介质和相应的检验要求应在图样上和设计文件中注明。

（5）气密性试验压力等于设计压力。

第 4 章　卧式储罐设计计算

过程装备都是由若干零部件组成的。其中，很多零部件虽用在不同的设备上，但结构形式是一样的，为了提高设计效率，有关部门制定了许多标准，将通用的零部件标准化。本章通过介绍卧式容器中常用零部件，如筒体、封头、法兰、密封元件、开孔和接管、支座等的结构尺寸及强度设计方法，供设计时查阅。过程装备的设计要涉及大量规范标准，部分标准可以参考本书附录。

4.1　筒体

4.1.1　筒体结构

容器及其元件的公称直径(DN)应符合《压力容器公称直径》(GB/T 9019—2015)的规定。筒体采用钢板卷压焊接制作时，公称直径应以内径为准，300～1 000 mm 以 50 mm 为一个规格单位，1 000 mm 以上以 100 mm 为一个规格单位；筒体采用公制钢管制作时，公称直径以外径为准。公称直径最小规格为 DN150，最大规格为 DN13 200，不考虑与标准封头等匹配时，可不受此限制。压力容器公称直径系列参见附录 B.1。

4.1.2　内压圆筒设计

(1) 本节公式的适用范围为 $P_c \leqslant 0.4[\sigma]^t\phi$。设计温度下圆筒的计算壁厚按下式计算：

$$\delta = \frac{P_c D_i}{2[\sigma]^t\phi - P_c} \tag{4-1}$$

式中　δ——圆筒的计算厚度，mm；

P_c——计算压力，MPa；

D_i——圆筒的内直径，mm；

$[\sigma]^t$——设计温度下圆筒材料的许用应力(按 GB 150.2—2011)，MPa；

ϕ——焊接接头系数。

(2) 圆筒的计算应力为：

$$\sigma^t = \frac{P_c(D_i + \delta_e)}{2\delta_e} \tag{4-2}$$

式中　σ^t——圆筒的计算应力，MPa，值应小于或等于 $[\sigma]^t\phi$；

δ_e——圆筒的有效厚度，mm。

(3) 设计温度下圆筒的最大允许工作压力按下式计算：

$$[P_w]=\frac{2\delta_e[\sigma]^t\phi}{D_i+\delta_e} \tag{4-3}$$

式中　$[P_w]$——圆筒的最大允许工作压力，MPa。

4.2　封头

4.2.1　封头的结构

压力容器的封头的种类较多，分为凸形封头、锥形封头、平盖封头等，其中凸形封头包括半球封头、椭圆形封头、碟形封头和球冠形封头。采用什么样的封头要根据工艺条件的要求、制造的难易程度和材料的消耗等情况来决定。

中、低压压力容器的封头型式宜优先采用标准型椭圆形封头，必要时也可采用碟形封头、折边锥形封头和球冠形封头，标准型封头可按标准选用。表 4-1 为椭圆型封头的结构参数，椭圆形封头一般采用长短轴比值为 2 的标准型。

表 4-1　椭圆型封头的断面形状、类型及形式参数表

椭圆形封头	以内径为基准	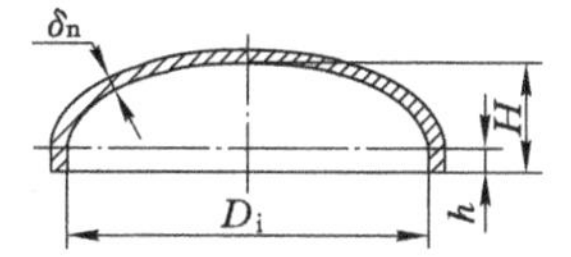	EHA 型封头	$\frac{D_i}{2(H-h)}=2$， DN$=D_i$
	以外径为基准	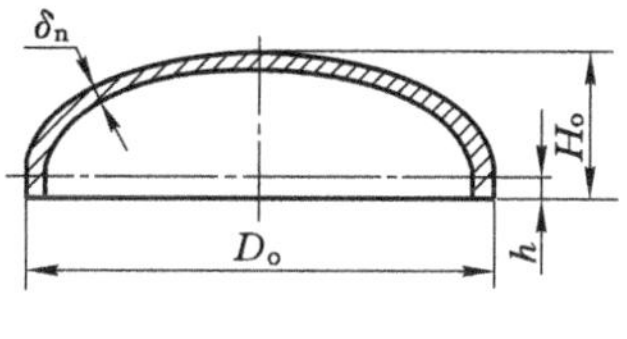	EHB 型封头	$\frac{D_o}{2(H_o-h)}=2$， DN$=D_o$

4.2.2　椭圆形封头设计

(1) 受内压(凹面受压)椭圆形封头计算厚度按下式计算：

$$\delta_h=\frac{KP_cD_i}{2[\sigma]^t\phi-0.5P_c} \tag{4-4}$$

式中　δ_h——凸形封头计算厚度，mm；

K——椭圆形封头形状系数，按表 4-2 选取；

D_i——封头内径或与其相连的圆筒内直径，mm；

$[\sigma]^t$——设计温度下封头材料的许用应力，MPa。

表 4-2 系数 K 值

$\frac{D_i}{2h_i}$	2.6	2.5	2.4	2.3	2.2	2.1	2.0	1.9	1.8
K	1.46	1.37	1.29	1.21	1.14	1.07	1.00	0.93	0.87
$\frac{D_i}{2h_i}$	1.7	1.6	1.5	1.4	1.3	1.2	1.1	1.0	
K	0.81	0.76	0.71	0.66	0.61	0.57	0.53	0.50	

$\frac{D_i}{2h_i}\leqslant 2$ 的椭圆形封头的有效厚度应不小于封头内直径的 0.15%，$\frac{D_i}{2h_i}>2$ 的椭圆形封头的有效厚度应不小于封头内直径的 0.30%。但当确定封头厚度时，已考虑了内压下的弹性失稳问题，可不受此限制。

(2) 椭圆形封头的最大允许工作压力按下式计算：

$$[P_w]=\frac{2[\sigma]^t\phi\delta_{eh}}{KD_i+0.5\delta_{eh}} \tag{4-5}$$

式中 $[P_w]$——封头的最大允许工作压力，MPa；

δ_{eh}——凸形封头的有效厚度，mm。

(3) 受外压（凸面受压）椭圆形封头计算厚度；凸面受压椭圆形封头计算厚度参照 GB/T 150.1～GB/T 150.4—2011 外压球壳设计方法计算。

(4) 椭圆形封头内表面积、容积、质量的计算略，标准椭圆封头的表面积、容积、质量参见附录 B.2。

4.3 法兰、垫片、螺栓或螺母

4.3.1 容器法兰

(1) 系列参数

压力容器法兰宜优先采用《压力容器垫片、坚固件[合体]》(NB/T 47020～47027—2012)中法兰，选用的法兰可免除有关强度计算。

常用的法兰类型有甲型平焊法兰、乙型平焊法兰和长颈对焊法兰，其参数见表 4-3。

(2) 法兰最大允许工作压力

选用标准法兰时，所选取法兰工作温度应不低于该法兰在使用条件下的设计温度；法兰最大允许工作压力应不小于该法兰在使用条件下的计算压力。各类法兰最大允许工作压力可按表 4-4、表 4-5 选取。

表 4-3　法兰分类及参数表

类型	平焊法兰										对焊法兰					
	甲型				乙型						长颈					
标准	NB/T 47021				NB/T 47022						NB/T 47023					
简图	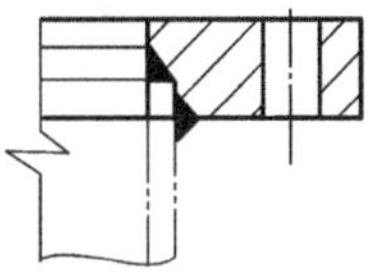				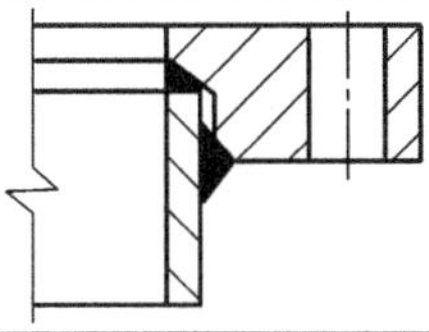						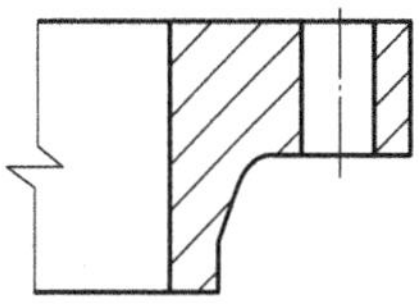					
公称直径 DN /mm	公称压力 PN/MPa															
	0.25	0.60	1.00	1.60	0.25	0.60	1.00	1.60	2.50	4.00	0.60	1.00	1.60	2.50	4.00	6.40
300	按 PN=1.00															
350																
400																
450	按 PN = 1.00							—								
500							—									
550																
600						—					—					
650																
700																
800																
900					—											
1 000																
1 100																
1 200																
1 300				—												
1 400																
1 500			—													
1 600		—								—						—
1 700									—							
1 800																
1 900																
2 000								—								
2 200					按 PN=0.6											
2 400	—						—								—	
2 600																
2 800											—	—	—	—		
3 000																

表 4-4 甲型、乙型法兰适用材料及最大允许工作压力

公称压力/MPa	法兰材料		工作温度/℃			
			>−20～200	250	300	350
PN0.25	板材	Q235B	0.16	0.15	0.14	0.13
		Q235C	0.18	0.17	0.15	0.14
		Q245R	0.19	0.17	0.15	0.14
		Q345R	0.25	0.24	0.21	0.20
	锻件	20	0.19	0.17	0.15	0.14
		16Mn	0.26	0.24	0.22	0.21
		20MnMo	0.27	0.27	0.26	0.25
PN0.60	板材	Q235B	0.40	0.36	0.33	0.30
		Q235C	0.44	0.40	0.37	0.33
		Q245R	0.45	0.40	0.36	0.34
		Q345R	0.60	0.57	0.51	0.49
	锻件	20	0.45	0.40	0.36	0.34
		16Mn	0.61	0.59	0.53	0.50
		20MnMo	0.65	0.64	0.63	0.60
PN1.00	板材	Q235B	0.66	0.61	0.55	0.50
		Q235C	0.73	0.67	0.61	0.55
		Q245R	0.74	0.67	0.60	0.56
		Q345R	1.00	0.95	0.86	0.82
	锻件	20	0.74	0.67	0.60	0.56
		16Mn	1.02	0.98	0.88	0.83
		20MnMo	1.09	1.07	1.05	1.00
PN1.60	板材	Q235B	1.06	0.97	0.89	0.80
		Q235C	1.17	1.08	0.98	0.89
		Q245R	1.19	1.08	0.96	0.90
		Q345R	1.60	1.53	1.37	1.31
	锻件	20	1.19	1.08	0.96	0.90
		16Mn	1.64	1.56	1.41	1.33
		20MnMo	1.74	1.72	1.68	1.60

表 4-4(续)

公称压力/MPa	法兰材料		工作温度/℃			
			>−20～200	250	300	350
PN2.50	板材	Q235C	1.83	1.68	1.53	1.38
		Q245R	1.86	1.69	1.50	1.40
		Q345R	2.50	2.39	2.14	2.05
	锻件	20	1.86	1.69	1.50	1.40
		16Mn	2.56	2.44	2.20	2.08
		20MnMo	2.92	2.86	2.82	2.73
		20MnMo	2.67	2.63	2.59	2.50
PN4.00	板材	Q245R	2.97	2.70	2.39	2.24
		Q345R	4.00	3.82	3.42	3.27
	锻件	20	2.97	2.70	2.39	2.24
		16Mn	4.09	3.91	3.52	3.33
		20MnMo	4.64	4.56	4.51	4.36
		20MnMo	4.27	4.20	4.14	4.00

表 4-5　长颈法兰适用材料及最大允许工作压力

公称压力/MPa	法兰材料（锻件）	工作温度/℃							
		−70～<−40	−40～−20	>−20～200	250	300	350	400	450
PN0.60	20			0.44	0.40	0.35	0.33	0.30	0.27
	16Mn			0.60	0.57	0.52	0.49	0.46	0.29
	20MnMo			0.65	0.64	0.63	0.60	0.57	0.50
	15CrMo			0.61	0.59	0.55	0.52	0.49	0.46
	14Cr1Mo			0.61	0.59	0.55	0.52	0.49	0.46
	12Cr2Mol			0.65	0.63	0.60	0.56	0.53	0.50
	16MnD		0.60	0.60	0.57	0.52	0.49		
	09MnNiD	0.60	0.60	0.60	0.60	0.57	0.53		
PN1.00	20			0.73	0.66	0.59	0.55	0.50	0.45
	16Mn			1.00	0.96	0.86	0.81	0.77	0.49
	20MnMo			1.09	1.07	1.05	1.00	0.94	0.83
	15CrMo			1.02	0.98	0.91	0.86	0.81	0.77
	14Cr1Mo			1.02	0.98	0.91	0.86	0.81	0.77
	12Cr2Mol			1.09	1.04	1.00	0.93	0.88	0.83
	16MnD		1.00	1.00	0.96	0.86	0.81		
	09MnNiD	1.00	1.00	1.00	1.00	0.95	0.88		

表 4-5(续)

公称压力/MPa	法兰材料(锻件)	工作温度/℃							
		−70～<−40	−40～−20	>−20～200	250	300	350	400	450
PN1.60	20			1.16	1.05	0.94	0.88	0.81	0.72
	16Mn			1.60	1.53	1.37	1.30	1.23	0.78
	20MnMo			1.74	1.72	1.68	1.60	1.51	1.33
	15CrMo			1.64	1.56	1.46	1.37	1.30	1.23
	14Cr1Mo			1.64	1.56	1.46	1.37	1.30	1.23
	12Cr2Mol			1.74	1.67	1.60	1.49	1.41	1.33
	16MnD		1.60	1.60	1.53	1.37	1.30		
	09MnNiD	1.60	1.60	1.60	1.60	1.51	1.41		
PN2.50	20			1.81	1.65	1.46	1.37	1.26	1.13
	16Mn			2.50	2.39	2.15	2.04	1.93	1.22
	20MnMo			2.92	2.86	2.82	2.73	2.58	2.45
	20MnMo			2.67	2.63	2.59	2.50	2.37	2.24
	15CrMo			2.56	2.44	2.28	2.15	2.04	1.93
	14Cr1Mo			2.56	2.44	2.28	2.15	2.04	1.93
	12Cr2Mol			2.67	2.61	2.50	2.33	2.20	2.09
	16MnD		2.50	2.50	2.39	2.15	2.04		
	09MnNiD	2.50	2.50	2.50	2.50	2.37	2.20		
PN4.00	20			2.90	2.64	2.34	2.19	2.01	1.81
	16Mn			4.00	3.82	3.44	3.26	3.08	1.96
	20MnMo			4.64	4.56	4.51	4.36	4.13	3.92
	20MnMo			4.27	4.20	4.14	4.00	3.80	3.59
	15CrMo			4.09	3.91	3.64	3.44	3.26	3.08
	14Cr1Mo			4.09	3.91	3.64	3.44	3.26	3.08
	12Cr2Mol			4.26	4.18	4.00	3.73	3.53	3.35
	16MnD		4.00	4.00	3.82	3.44	3.26		
	09MnNiD	4.00	4.00	4.00	4.00	3.79	3.52		
PN6.40	20			4.65	4.22	3.75	3.51	3.22	2.89
	16Mn			6.40	6.12	5.50	5.21	4.93	3.13
	20MnMo			7.42	7.30	7.22	6.98	6.61	6.27
	20MnMo			6.82	6.73	6.63	6.40	6.07	5.75
	15CrMo			6.54	6.26	5.83	5.50	5.21	4.93
	14Cr1Mo			6.54	6.26	5.83	5.50	5.21	4.93
	12Cr2Mol			6.82	6.68	6.40	5.97	5.64	5.36
	16MnD		6.40	6.40	6.12	5.50	5.21		
	09MnNiD	6.40	6.40	6.40	6.40	6.06	5.64		

（3）法兰标记

法兰标记由 7 部分组成，如图 4-1 所示。

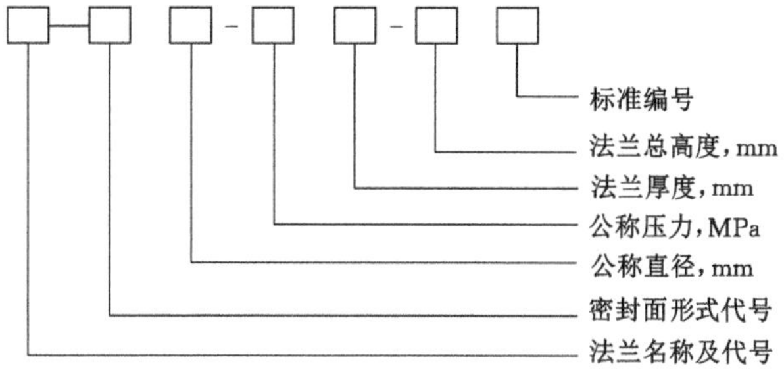

图 4-1　法兰标记

标准法兰标记示例：压力 1.6 MPa、DN800 的衬环榫槽密封面乙型平焊法兰的榫面法兰。

标记：法兰 C-T800-1.60/48-200 NB/T 47022—2012。其中，法兰密封面代号如表 4-6 所列。

表 4-6　法兰密封面代号

密封面类型		代号
平面密封面	平密封面	RF
凹凸密封面	凹密封面	FM
	凸密封面	M
榫槽密封面	榫密封面	T
	槽密封面	G

法兰密封面选用凹凸面或榫槽面类型：法兰密封面为上下设置时，凹面或槽面应向上；法兰密封面为左右设置时，凹面或槽面应位于筒体上或固定的零部件上。

4.3.2　接管法兰

容器的接管法兰及其垫片和紧固件应优先选用《钢制管法兰、垫片、紧固件》（HG/T 20592～20614—2009）中的 PN 系列和《钢制管法兰、垫片、紧固件》（HG/T 20615～20635—2009）中的 Class 系列标准。

《钢制管法兰》（HG/T 20592—2009）的 PN 系列连接尺寸（含密封面）与公制的其他国外和国内标准法兰是否匹配，可参考《钢制管法兰》（HG/T 20592—2009）中 PN 系列标准附录 C；《钢制管法兰》（HG/T 20615—2009）中 Class 系列连接尺寸（含密封面）与英制的其他国外和国内标准法兰是否匹配，可参考《钢制管法兰》（HG/T 20615—2009）中 Class 系列标准附录 D。

（1）法兰材料的选取按表 4-7 进行选取。

表 4-7　钢制管法兰用材料

<table>
<tr><th rowspan="2">类别号</th><th rowspan="2">类别</th><th>钢板</th><th>锻件</th><th>铸件</th></tr>
<tr><th>材料牌号</th><th>材料牌号</th><th>材料牌号</th></tr>
<tr><td>1C1</td><td>碳素钢</td><td>—</td><td>A105、
16Mn、
16MnD</td><td>WCB</td></tr>
<tr><td>1C2</td><td>碳素钢</td><td>Q345R</td><td>—</td><td>WCC、
LC3、LCC</td></tr>
<tr><td>1C3</td><td>碳素钢</td><td>16MnDR</td><td>08Ni3D25</td><td>LCB</td></tr>
<tr><td>1C4</td><td>碳素钢</td><td>Q235A. Q235B. 20、
Q245R、
09MnNiDR</td><td>20、
09MnNiD</td><td>WCA</td></tr>
<tr><td>2C1</td><td>304</td><td>0Cr18Ni9</td><td>0Cr18Ni9</td><td>CF3、
CF8</td></tr>
<tr><td>2C2</td><td>316</td><td>0Cr17Ni12Mo2</td><td>0Cr17Ni12Mo2</td><td>CF3M、
CF8M</td></tr>
</table>

(2) 密封面类型的选择

适用范围及密封面类型参考钢制管管法兰进行选取。容器的接管法兰密封面选用凹凸面或榫槽面类型时，设在容器顶部和侧面的管口应选用凹面或槽面法兰；设在容器底部的管口应选用凸面或榫面法兰。与阀门或机泵直接相连的管口应视阀门或机泵的法兰密封面形式选用。

表 4-8　PN 系列各种类型管法兰的密封面类型及其适用范围

<table>
<tr><th rowspan="2">法兰类型</th><th rowspan="2">密封面类型</th><th colspan="9">公称压力/MPa</th></tr>
<tr><th>PN2.5</th><th>PN6</th><th>PN10</th><th>PN16</th><th>PN25</th><th>PN40</th><th>PN63</th><th>PN100</th><th>PN160</th></tr>
<tr><td rowspan="2">板式平焊法兰(PL)</td><td>突面(RF)</td><td>DN10～DN2 000</td><td colspan="5">DN10～DN600</td><td colspan="3">—</td></tr>
<tr><td>全平面(FF)</td><td>DN10～DN2 000</td><td colspan="5">DN10～DN600</td><td colspan="3">—</td></tr>
<tr><td rowspan="4">带颈平焊法兰(SO)</td><td>突面(RF)</td><td>—</td><td>DN10～DN300</td><td colspan="4">DN10～DN600</td><td colspan="3">—</td></tr>
<tr><td>凹面(FM)
凸面(M)</td><td colspan="2">—</td><td colspan="4">DN10～DN600</td><td colspan="3">—</td></tr>
<tr><td>榫面(T)
槽面(G)</td><td colspan="2">—</td><td colspan="4">DN10～DN600</td><td colspan="3">—</td></tr>
<tr><td>全平面(FF)</td><td>—</td><td>DN10～DN300</td><td colspan="2">DN10～DN600</td><td colspan="5">—</td></tr>
</table>

表 4-8(续)

法兰类型	密封面类型	公称压力/MPa								
		PN2.5	PN6	PN10	PN16	PN25	PN40	PN63	PN100	PN160
带颈对焊法兰(WN)	突面(RF)	—		DN10～DN2 000		DN10～DN600		DN10～DN400	DN10～DN350	DN10～DN300
	凹面(FM) 凸面(M)	—		DN10～DN600				DN10～DN400	DN10～DN350	DN10～DN300
	榫面(T) 槽面(G)	—		DN10～DN600				DN10～DN400	DN10～DN350	DN10～DN300
	全平面(FF)	—		DN10～DN2 000		—				
	环连接面(RJ)	—						DN15～DN400		DN15～DN300
整体法兰(IF)	突面(RF)	—	DN10～DN2 000			DN10～DN1 200	DN10～DN600	DN10～DN400		DN10～DN300
	凹面(FM) 凸面(M)	—		DN10～DN600				DN10～DN400		DN10～DN300
	榫面(T) 槽面(G)	—		DN10～DN600				DN10～DN400		DN10～DN300
	全平面(FF)	—		DN10～DN2 000		—				
	环连接面(RJ)	—						DN15～DN400		DN15～DN300
承插焊法兰(SW)	突面(RF)	—		DN10～DN50						—
	凹面(FM) 凸面(M)	—		DN10～DN50						—
	榫面(T) 槽面(G)	—		DN10～DN50						—

(3) 压力等级的选择

压力等级的确定选用法兰压力等级时要充分考虑介质温度,因为法兰的压力等级是按材料在基准温度下的许用应力确定的。另外,法兰的压力等级不能单单根据管道的压力等级,还要联系所连压力容器和阀门的压力情况,确保取其中的最大值。压力-温度额定值见表 4-9～表 4-12。

需要注意的是:

① 工作温度系指压力作用下法兰金属的温度。工作温度低于 20 ℃时,法兰的最高允许工作压力值与 20 ℃时相同,工作温度高于表 4-9～表 4-12 列温度上限时,最高允许工作压力可根据使用经验或计算,由设计者自行确定。

② 采用表 4-9 以外的材料时，法兰的最高允许工作压力可根据材料机械强度（常温/高温）相当的原则，参照表中的材料予以确定，但不大于表中对应材料的数值。

表 4-9　PN2.5 钢制管法兰用材料最大允许工作压力（表压） 单位：bar

法兰材料类别号	工作温度/℃						
	20	50	100	150	200	250	300
1C1	2.5	2.5	2.5	2.4	2.3	2.2	2.0
1C2	2.5	2.5	2.5	2.5	2.5	2.5	2.3
1C3	2.5	2.5	2.4	2.3	2.3	2.1	2.0
1C4	2.3	2.2	2.0	2.0	1.9	1.8	1.7
2C1	2.3	2.2	1.8	1.7	1.6	1.5	1.4
2C2	2.3	2.2	1.9	1.7	1.6	1.5	1.4
2C3	1.9	1.8	1.6	1.4	1.3	1.2	1.1
2C4	2.3	2.2	2.0	1.9	1.7	1.6	1.5

注：1 bar=10^5 Pa，下同。

表 4-10　PN6 钢制管法兰用材料最大允许工作压力（表压） 单位：bar

法兰材料类别号	工作温度/℃						
	20	50	100	150	200	250	300
1C1	6.0	6.0	6.0	5.8	5.6	5.4	5.0
1C2	6.0	6.0	6.0	6.0	6.0	6.0	5.5
1C3	6.0	6.0	5.8	5.7	5.5	5.2	4.8
1C4	5.5	5.4	5.0	4.8	4.7	4.5	4.1
2C1	5.5	5.3	4.5	4.1	3.8	3.6	3.4
2C2	5.5	5.3	4.6	4.2	3.9	3.7	3.5
2C3	4.6	4.4	3.8	3.4	3.1	2.9	2.8

表 4-11　PN10 钢制管法兰用材料最大允许工作压力（表压） 单位：bar

法兰材料类别号	工作温度/℃						
	20	50	100	150	200	250	300
1C1	10.0	10.0	10.0	9.7	9.4	9.0	8.3
1C2	10.0	10.0	10.0	10.0	10.0	10.0	9.3

表 4-11(续)

法兰材料类别号	工作温度/℃						
	20	50	100	150	200	250	300
1C3	10.0	10.0	9.7	9.4	9.2	8.7	8.1
1C4	9.1	9.0	8.3	8.1	7.9	7.5	6.9
2C1	9.1	8.8	7.5	6.8	6.3	6.0	5.6
2C2	9.1	8.9	7.8	7.1	6.6	6.1	5.8
2C3	7.6	7.4	6.3	5.7	5.3	4.9	4.6

表 4-12　PN16 钢制管法兰用材料最大允许工作压力(表压)　单位:bar

法兰材料类别号	工作温度/℃						
	20	50	100	150	200	250	300
1C1	16.0	16.0	16.0	15.6	15.1	14.4	13.4
1C2	16.0	16.0	16.0	16.0	16.0	16.0	14.9
1C3	16.0	16.0	15.6	15.2	14.7	14.0	13.0
1C4	14.7	14.4	13.4	13.0	12.6	12.0	11.2
2C1	14.7	14.2	12.1	11.0	10.2	9.6	9.0
2C2	14.7	14.3	12.5	11.4	10.6	9.8	9.3
2C3	12.3	11.8	10.2	9.2	8.5	7.9	7.4

注:1. 管法兰材料一般应采用锻件或铸件,不推荐用钢材制造。钢板仅可用于法兰盖、衬里法兰盖、板式平焊法兰、对焊环松套法兰、平焊环松套法兰。

2. 表列铸件仅适用于整体法兰。

3. 管法兰用对焊环可采用锻件或钢管制造(包括焊接)。

(4) 法兰标记

HG/T 20592～20635—2009 法兰(法兰盖):[b] [c]-[d] [e] [f] [g] [h]。

① b 为法兰类型代号,参考表 4-8。螺纹法兰采用按 GB/T 7306.1—2000 规定的锥管螺纹时,标记为“Th(Rc)”或“Th(Rp)”;螺纹法兰采用按 GB/T 12716—2011 规定的锥管螺纹时,标记为“Th(NPT)”。螺纹法兰如未标记螺纹代号,则为 Rp(GB/T 7306.1—2000)。

② c 为法兰公称尺寸(DN)与适用钢管外径系列;整体法兰、法兰盖、衬里法兰盖、螺纹法兰,适用钢管外径系列的标记可省略。适用于标准 HG/T 20592～20635—2009 中 A 系列钢管的法兰,适用钢管外径系列的标记可省略。适用于标准 HG/T 20592～20635—2009 中 B 系列钢管的法兰,标记为“DN×××(B)”。

③ d 为法兰公称压力(PN)等级。

④ e 为密封面类型代号,可参考表 4-8 的规定。

⑤ f 为钢管壁厚,应由用户提供。对于带颈对焊法兰、对焊环(松套法兰)应标注钢管壁厚。

⑥ g 为材料牌号。

⑦ h 表示其他,如附加要求或采用与本标准规定不一致的要求等。

例如,公称尺寸 DN1 200、公称压力 PN6、配用公制管的突面板式平焊钢制管法兰,材料为 Q235A,其标记为:HG/T 20592 法兰 PL1200(B)-6 RF Q235A。

4.3.3 垫片

压力和温度低的场合宜采用非金属软垫片和金属包覆垫片;压力和温度高的场合宜采用金属垫片和金属复合垫片或金属缠绕垫片;压力和温度有波动的场合宜采用回弹性好的和具有一定自紧式作用的垫片。

接管法兰用垫片应优先选用《钢制管法兰用非金属平垫片(PN 系列)》(HG/T 20606—2009)和《钢制管法兰用非金属平垫片(Class 系列)》(HG/T 20627—2009)中的标准垫片。具体规定可参照附录 B.4.5。

压力容器法兰用垫片应优先选用标准垫片《非金属软垫片》(NB/T 47024—2012)、《缠绕垫片》(NB/T 47025—2012)和《金属包垫片》(NB/T 47026—2012)。

4.3.4 螺栓(柱)及螺母

压力容器法兰匹配螺柱应按《压力容器法兰用紧固件》(NB/T 47027—2012)选用。螺柱与螺母材料的匹配参照表 4-13 的规定。

钢制管法兰用螺栓(柱)及螺母应优先按《钢制管法兰用紧固件(PN 系列)》(HG/T 20613—2009)和《钢制管法兰用紧固件(Class 系列)》(HG/T 20634—2009)选用。钢制管法兰、垫片、紧固件的匹配应符合表 4-14 的规定。

表 4-13 容器法兰、垫片、螺柱、螺母材料匹配表

<table>
<tr><th rowspan="2">法兰类型</th><th colspan="3">垫片</th><th rowspan="2">匹配</th><th colspan="2">法兰</th><th rowspan="2">匹配</th><th colspan="3">螺柱与螺母</th></tr>
<tr><th colspan="2">种类</th><th>适用温度范围/℃</th><th>材料</th><th>适用温度范围/℃</th><th>螺柱材料</th><th>螺母材料</th><th>适用温度范围/℃</th></tr>
<tr><td rowspan="5">甲型法兰</td><td rowspan="5">非金属软垫片</td><td>橡胶</td><td>−20～100</td><td rowspan="5">可选配右列法兰材料</td><td rowspan="2">板材
Q235B、C</td><td rowspan="2">Q235B:
20～300;
Q235C:
0～300</td><td rowspan="5">可选配右列螺柱螺母材料</td><td>20</td><td>15</td><td>−20～350</td></tr>
<tr><td>石棉橡胶</td><td>−40～100</td><td rowspan="4">35</td><td rowspan="2">20</td><td rowspan="2">0～350</td></tr>
<tr><td rowspan="2">聚四氟乙烯</td><td rowspan="2">−50～100</td><td rowspan="3">板材
Q245R
Q345R</td><td rowspan="3">−20～450</td></tr>
<tr><td rowspan="2">25</td><td rowspan="2">0～350</td></tr>
<tr><td>柔性石墨</td><td>−240～650</td></tr>
</table>

表 4-13(续)

法兰类型	垫片		适用温度范围/℃	匹配	法兰材料	法兰适用温度范围/℃	匹配	螺柱材料	螺母材料	适用温度范围/℃
		种类								
乙型法兰与长颈法兰	非金属软垫片	橡胶	−20～100	可选配右列法兰材料	板材 Q235B、C	Q235B：20～300；Q235C：0～300	选配右列螺柱、螺母材料	35	20、25	0～350
		石棉橡胶	−40～100							
		聚四氟乙烯	−50～100		板材 Q245R、Q345R	−20～450		40MnB、40Cr、40MnVB	45、40Mn	0～400
		柔性石墨	−240～650		锻件 20、16Mn	−20～450				
	缠绕垫片	石棉或石墨填充带	−196～800	可选配右列法兰材料	板材 Q245R、Q345R	−20～450	选配右列螺柱、螺母材料	40MnB、40Cr、40MnVB		
					锻件 20、16Mn	−20～450		35CrMoA	45、40Mn	−10～400
		聚四氟乙烯填充带	−196～280		15CrMo、14Cr1Mo	0～450			30CrMoA、35CrMoA	−70～500
					锻件 16MnD	−40～350	选配右列螺柱、螺母材料			
		非石棉纤维填充带	−50～300		09MnNiD	−70～350				
	金属包垫片	铜、铝包覆材料	—		锻件 12Cr2Mol	0～450	选配右列螺柱、螺母材料	40MnVB	45、40Mn	0～400
								35CrMoA	45、40Mn	−10～400
									30CrMoA	−70～ 500
									35CrMoA	
								25Cr2MoVA	30CrMoA 35CrMoA	−20～500
									25Cr2MoVA	−20～550
		低碳钢、不锈钢包覆材料			锻件 20MnMo	0～450	PN≥2.5	25Cr2MoVA	30CrMoA	−20～500
									35CrMoA	
									25Cr2MoVA	−20～550
							PN<2.5	35CrMoA	30CrMoA	−70～500

注：1. 乙型法兰材料按表列板材及锻件选用，但不宜采用 Cr-Mo 钢制作。相匹配的螺柱、螺母材料按列表规定。
2. 长颈法兰材料按表列锻件选用，相匹配的螺柱、螺母材料按列表规定。

表 4-14　管法兰、垫片、螺柱、螺母匹配表

垫片类型	橡胶垫片	石棉橡胶板垫片	合成纤维橡胶垫片	聚四氟乙烯垫片	柔性石墨复合垫	聚四氟乙烯包覆垫	缠绕垫
使用压力 PN/MPa	≤1.6	≤2.5	2.0～5.0	≤1.6	2.0～11.0	0.6～4.0	1.6～16.0
密封面类型	突面、全平面	突面、全平面	突面、凹凸面、榫槽面、全平面	突面、凹凸面、榫槽面、全平面	突面、凹凸面、榫槽面	突面	突面、凹面、榫槽面
法兰类型	各种类型	各种类型	各种类型	各种类型	各种类型	各种类型	带颈平焊法兰、带颈对焊法兰 整体法兰、承插焊法兰、对焊环、松套法兰、法兰盖
垫片最高使用温度/℃	200	300	290	100	650(450)	150	按材料选取
紧固件类型	六角螺栓、双头螺柱、全螺纹螺柱	六角螺栓、双头螺柱、全螺纹螺柱	六角螺栓、双头螺柱、全螺纹螺柱	六角螺栓、双头螺柱、全螺纹螺柱	六角螺栓、双头螺柱、全螺纹螺柱	六角螺栓、双头螺柱、全螺纹螺柱	双头螺柱、全螺纹螺柱

4.4　人孔、手孔和检查孔

4.4.1　设置部位

容器需定期进行内部整理或检查时应设置专门的供出入或观察用的人孔、手孔或检查孔。人孔、手孔、检查孔的设置位置应便于进出和检查方便。小直径立式容器的人孔、手孔或检查孔宜设置于顶盖上。大直径立式容器的人孔、手孔允许设置于筒体上。容器设置 2 个或 2 个以上人孔时，建议分别设置于顶盖和筒体上。卧式容器设置 2 个人孔时，宜分别设置于筒体的两端。盛装液态介质的压力容器不推荐将人孔、手孔或检查孔设置于底封头上或长期被液体浸泡的位置。

4.4.2　设置数量

检查孔设置的最少数量如表 4-15 所列。卧式容器和立式容器的筒体的单位长度大于或等于 8 000 mm 时，宜考虑设置 2 个以上的人孔。

表 4-15　检查孔设置的最少数量

容器公称直径/mm	检查孔数量
300＜DN≤500	2 个手孔
500＜DN≤1 000	1 个人孔或 2 个手孔
DN＞1 000	1 个以上人孔

4.4.3　规格尺寸

（1）容器公称直径小于或等于 1 000 mm 时，宜选用 DN450 以下的人孔。

（2）容器公称直径大于 1 000 mm 时，应选用 DN500 以上的人孔。

（3）北方地区或寒冷地区，宜选用 DN500 以上的人孔。

（4）真空容器，储存介质毒性为极度、高度危害或液化石油气的容器，公称压力为中高压的容器宜选用公称直径小的人孔。

（5）手孔的公称直径一般不宜小于 DN150。

（6）检查孔的公称直径一般不宜小于 DN80。

4.4.4　结构类型

（1）人孔、手孔的结构形式应根据于容器上的空间位置、开闭频繁程度、密封性要求以及孔盖的质量等因素选择。

（2）开闭频繁者宜选用快开式人孔、手孔。空间位置狭小场合宜选用回转盖式人孔、手孔。

4.5　接管设计

压力容器的接管应采用无缝钢管制作，钢管由 10、20、Q345、Q390、Q420 和 Q460 牌号的钢制造。接管的公称直径大于 DN300 时也可采用钢板卷制。

4.5.1　接管尺寸

（1）直径的计算

管口有两种类型：工艺管接口和检测控制接口。工艺管接口根据介质流量按式计算；检测控制接口的尺寸按仪表安装图确定。

$$D = 18.81 q_V{}^{0.5} u^{-0.5} \tag{4-6}$$

式中　q_V——物料流量，m^3/s；

D——管子内径，m^3；

u——管内流速，m/s，常见流速范围可参考附录 F。

（2）壁厚计算

$$t_s = \frac{PD_o}{2([\sigma]^t E_i + PY)} \tag{4-7}$$

式中　t_s——直管计算厚度，mm；

P——设计压力，MPa；

D_o——管子外径，mm；

D_i——管子内径，mm；

$[\sigma]^t$——设计温度下材料的许用应力，MPa；

E_i——焊接系数。

式(4-77)中 Y 值的确定，可以查询表 4-16，应符合下列规定：当 $t_s < D_o/6$ 时，按表选取；当 $t_s \gg D_o/6$ 时，$Y=\dfrac{D_i+2C}{D_i+D_o+2C}$。

表 4-16　系数 Y

材料	温度/℃					
	≤482	510	538	566	593	≥621
铁素体钢	0.4	0.5	0.7	0.7	0.7	0.7
奥氏体钢	0.4	0.4	0.4	0.4	0.5	0.7
其他韧性金属	0.4	0.4	0.4	0.4	0.4	0.4

管子的设计厚度为：

$$t_{sd}=t_s+C \tag{4-8}$$

$$C=C_1+C_2 \tag{4-9}$$

式中　t_{sd}——直管设计厚度，mm；

C——厚度附加量之和，MPa；

C_1——材料厚度负偏差，mm；

C_2——腐蚀余量，mm。

(3) 壁厚负偏差

对于无缝钢管，管子计算壁厚中必须计入管子壁厚负偏差的附加值，见表 4-17。

$$C_1=\frac{at_s}{100-a} \tag{4-10}$$

式中　a——管子壁厚负偏差百分数。

表 4-17　管子壁厚负偏差百分数

钢管种类	壁厚/mm	负偏差/%		钢管种类	壁厚/mm	负偏差/%	
		普通	高级			普通	高级
碳素钢和低合金钢	≤20	15	12.5	不锈钢	≤10	15	12.5
	>20	12.5	10		>10	20	15

对于采用钢板或钢带卷制的焊接钢管，其壁厚 S 负偏差就是钢板、钢带的允许负偏差。这时的 C_1 值可按下列数据采用：$S\leqslant 5.5$ mm，$C_1=0.5$ mm；$5.5<S\leqslant 7$ mm，$C_1=0.6$ mm；$7<S\leqslant 25$ mm，$C_1=0.8$ mm。

腐蚀余量腐蚀速度小于 0.05 mm/a 时，单面腐蚀取 $C_2=1\sim1.5$ mm，双面腐蚀取 $C_2=$

2～2.5 mm。当管子外面涂防腐油漆时，可认为是单面腐蚀，当管子内外壁均有较严重腐蚀时，则认为是双面腐蚀。当介质对管子材料腐蚀速率大于 0.05 mm/a 时，则应根据腐蚀速度和使用年限决定 C_2 值。

(4) 管尺寸的确定

按照计算结果，根据标准选取相应的接管尺寸，具体尺寸见附录 D。

4.5.2　接管伸出长度

接管外伸长度也叫作接管伸出长度，是指接管法兰面到壳体外壁的长度。

压力容器接管的最小外伸长度宜不小于 $\sqrt{DN\times\delta_{nt}}$。其中，DN 为容器的公称直径；$\delta_{nt}$ 为接管的名义厚度。

接管及其连接法兰的伸出长度按下列尺寸考虑。

(1) 接管轴线垂直于壳体经线时，接管及其连接法兰的密封面到经线外表面的长度值可按表 4-18 选取。

表 4-18　接管及其连接法兰的伸出长度　　单位：mm

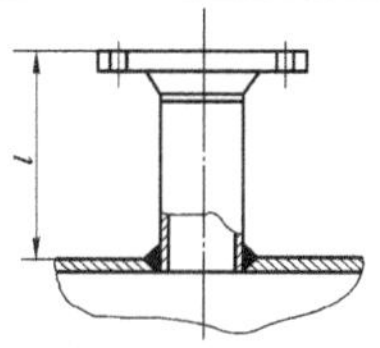

保温层厚度	接管公称直径 DN	最小伸出长度(l)
50～75	DN10～DN100	150
	DN125～DN300	200
	DN350～DN600	250
76～100	DN10～DN50	150
	DN70～DN300	200
	DN350～DN600	250
101～125	DN10～DN150	200
	DN200～DN600	250
126～150	DN10～DN50	200
	DN70～DN300	250
	DN350～DN600	300
151～175	DN10～DN150	250
	DN200～DN600	300
176～200	DN10～DN50	250
	DN70～DN300	300
	DN350～DN600	350
	DN600～DN900	500

注：保温层厚度小于 50 mm，l 值可适当减少。

(2) 接管与带颈对焊法兰连接时，l 值确定还应满足接管上的焊缝与壳体上焊缝之间距离不小于 50 mm，如图 4-2 所示。

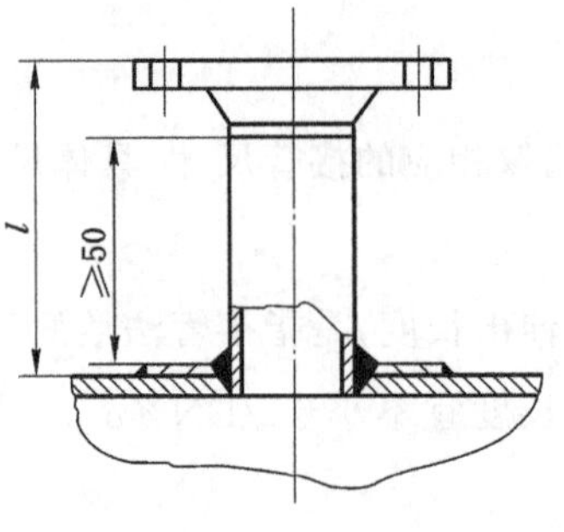

图 4-2 接管安装限制

(3) 接管轴线不垂直于壳体经线时，接管及其连接法兰的外缘与保温层之间的直线距离应不小于 25 mm，如图 4-3 所示。

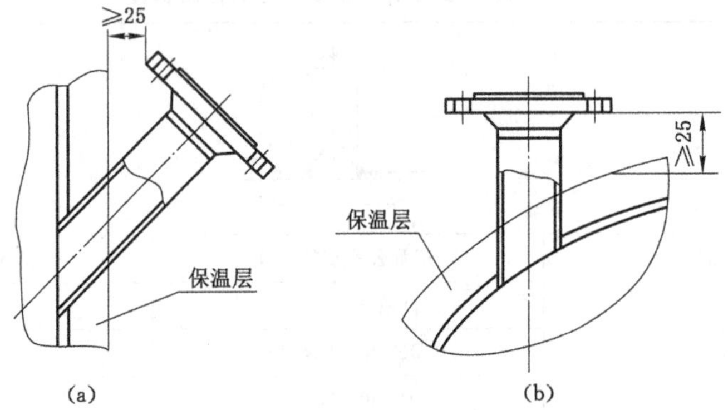

图 4-3 接管安装保温限制

4.5.3 接管与容器壁的连接结构

接管与壳体连接的内壁形式可以采用内伸式也可采用平齐式。采用内伸式结构，插入深度可按图 4-4 要求。用于排气和排液的排净口接管应采用内壁平齐式结构。

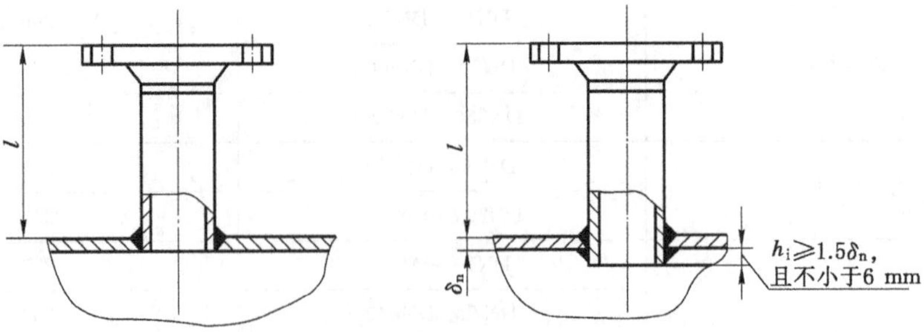

图 4-4 接管与容器壁的连接结构

4.5.4　接管支撑结构

容器上的小直径接管为避免弯曲应予以加强。接管加强可按下列方式和尺寸考虑。

(1) 接管公称尺寸小于或等于 DN25，伸出长度 $l \geqslant 150$ mm，小于或等于 DN45，伸出长度 $l \geqslant 200$ mm 时，可采用设置筋板予以支撑。

(2) 筋板支撑布置按图 4-5 要求，筋板截面尺寸根据筋板长度按表 4-19 选取。

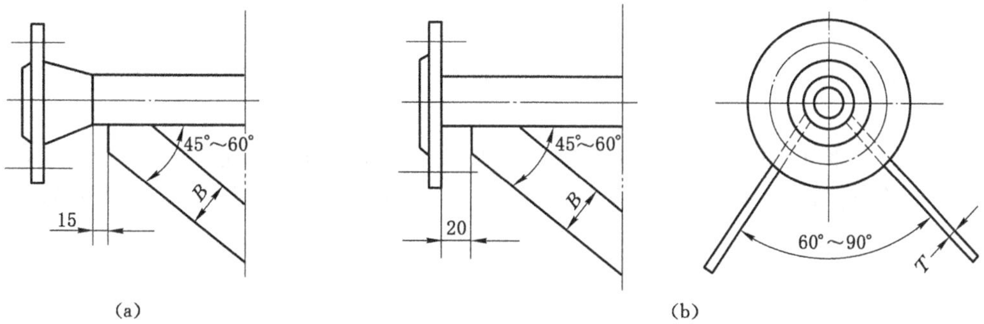

图 4-5　筋板支撑图

表 4-19　筋板支撑尺寸　单位:mm

筋板长度	200～300	301～400
筋板宽(B)×筋板厚(T)	30×3	40×4

注:水平接管筋板一般为 2 个，垂直接管可采用 3 个均布。

4.5.5　进、出料管的结构形式

(1) 液体进料管

液体进料管一般从顶盖进入。进料管应深入罐体内并且下端的开口截成 45°角，开口方向朝着设备中心，以防止冲刷罐体，减少物料对壁面的腐蚀。常见结构如图 4-6 所示。

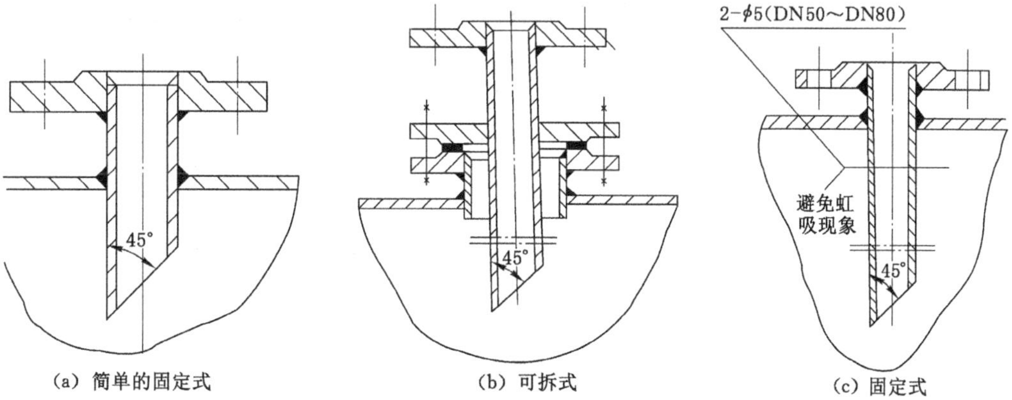

图 4-6　进料管常用结构

在图 4-6(a)和图 4-6(b)中,进料管能够抽出,清洗、检修比较方便,用于易腐蚀、堵塞的物料;在图 4-6(c)中,进料管下端浸没在物料中,可减少进料冲击液面产生气泡,有利于稳定液面。管上开小孔是为了防止虹吸现象。

(2) 液体出料管

出料管结构设计主要从物料易放尽、阻力小和不易堵塞等因素考虑。

4.6 支座

过程装备常用的支座形式有耳式、支承式、腿式、裙式、鞍式。鞍式支座适用于卧置圆筒形容器支承用。

支座的承重支座设计时必须考虑它可能承受的最大载荷。因此,对用于盛装气体或密度比水小的液体的卧式容器支座,由于进行水压试验的需要,应按支承装满水的容器来设计。

4.6.1 支座材料选用原则

(1) 选择鞍座材料时应考虑容器的设计温度(尤其是低温工况下)和环境温度以及经济合理性等。

(2) 鞍座的设计温度应根据容器的设计温度和环境温度综合考虑确定。

(3) 与圆筒相焊接的鞍座垫板应与圆筒材料相匹配。

4.6.2 鞍式支座

(1) 重型鞍座可满足介质密度较大或 L/D 较大卧式容器的要求;轻型鞍座则满足一般卧式容器的使用要求。

(2) 鞍式支座应优先按双支座支承考虑。安装位置鞍座应尽可能靠近封头,鞍座距封头切线距离 A 宜取 $A \leqslant 0.2L$ 且 $A \leqslant R_a/2$。

(3) 鞍式支座分固定式(代号 F)和滑动式(代号 S)两种,因温度变化,固定鞍座一般设在接管较多的一侧。采用 3 个鞍座时,中间鞍座宜选固定鞍座,两侧鞍座可选滑动鞍座。

图 4-7 所示为卧置圆筒形容器的安座布置图。标准鞍座的具体参数参见附录 C。

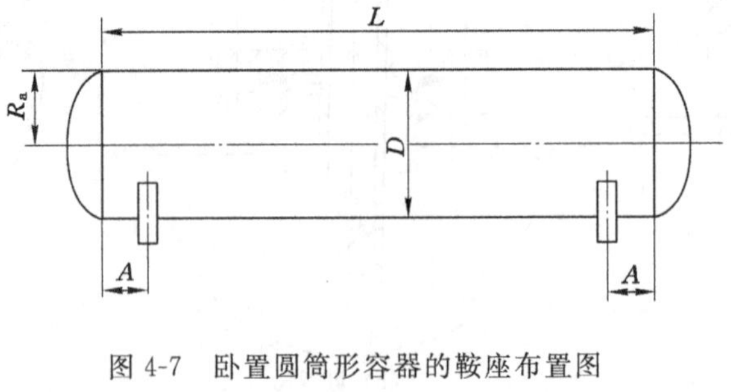

图 4-7 卧置圆筒形容器的鞍座布置图

4.7　卧式容器的强度计算

4.7.1　圆筒轴向应力计算及校核

支座反力计算：

$$F=\frac{mg}{2} \tag{4-11}$$

式中　F——每个支座的反力，N；

m——容器质量(包括容器自身质量、充满水或充满介质的质量、所有附件的质量及隔热层等质量)，kg。

(1) 圆筒轴向弯矩计算

圆筒载荷与支座反力如图 4-8 所示，其剪力、弯矩图见图 4-9，圆筒轴向最大弯矩位于圆筒中间截面或鞍座平面内。

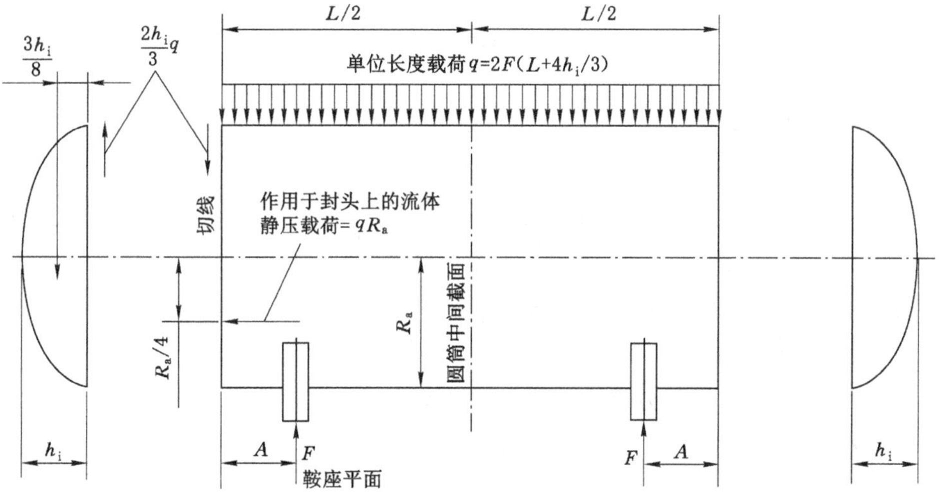

图 4-8　卧式容器载荷与支座反力

圆筒中间横截面内的轴向弯矩：

$$M_1=\frac{FL}{4}\left[\frac{1+\dfrac{2(R_a^2-h_i^2)}{L^2}}{1+\dfrac{4h_i}{3L}}-\frac{4A}{L}\right] \tag{4-12}$$

式中　M_1——圆筒中间处的轴向弯矩，N·mm；

L——封头切线间距离，mm；

R_a——圆筒的平均半径，$R_a=R_i+\delta_n/2$，mm；

R_i——圆筒内半径，mm；

h_i——封头曲面深度，mm；

A——鞍座中心线至封头切线的距离(图 4-8)，mm。

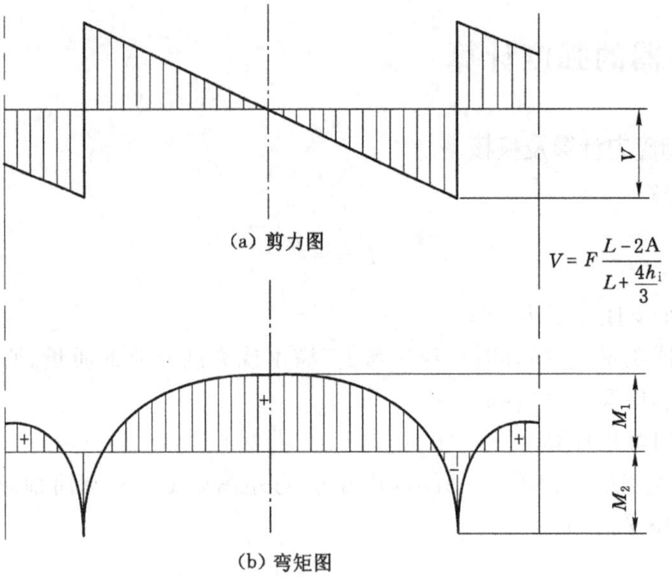

图 4-9　卧式容器剪力图及弯矩图

鞍座平面内的轴向弯矩：

$$M_2=-FA\left(1-\frac{1-\dfrac{A}{L}+\dfrac{R_a^2-h_i^2}{2AL}}{1+\dfrac{4h_i}{3L}}\right) \tag{4-13}$$

式中　M_2——支座处圆筒的轴向弯矩，N·mm。

(2) 圆筒轴向应力计算

圆筒中间横截面上，由压力及轴向弯矩可引起轴向应力。

最高点处：

$$\sigma_1=\frac{P_cR_a}{2\delta_e}-\frac{M_1}{\pi R_a^2\delta_e} \tag{4-14}$$

式中　σ_1——圆筒中间处横截面内最高点处的轴向应力，MPa；

P_c——计算压力，MPa；

δ_e——圆筒有效厚度，mm。

最低点处：

$$\sigma_2=\frac{P_cR_a}{2\delta_e}+\frac{M_1}{\pi R_a^2\delta_e} \tag{4-15}$$

式中　σ_2——圆筒中间处横截面内最低点处的轴向应力，MPa。

鞍座平面上，由压力及轴向弯矩引起的轴向应力计算如下。

① 当圆筒在鞍座平面上或靠近鞍座处有加强圈或被封头加强($A\leqslant R_a/2$)时，轴向应力 σ_3 位于横截面最高点处；当圆筒未被加强时，σ_3 位于靠近水平中心线处：

$$\sigma_3=\frac{P_cR_a}{2\delta_e}-\frac{M_2}{K_1\pi R_a^2\delta_e} \tag{4-16}$$

式中　σ_3——支座处圆筒横截面内最高点处的轴向应力，MPa。

② 在横截面最低点处的轴向应力 σ_4：

$$\sigma_4 = \frac{P_c R_a}{2\delta_e} + \frac{M_2}{K_2 \pi R_a^2 \delta_e} \tag{4-17}$$

式中　σ_4——支座处圆筒横截面内最低点处的轴向应力，MPa；

式(4-16)和式(4-17)中系数 K_1、K_2 值由表 4-20 查得。

表 4-20　系数 K_1、K_2

条件	鞍座包角 θ/(°)	K_1	K_2
$A \leqslant R_a/2$，或在鞍座平面上有加强圈的圆筒	120	1.0	1.0
	135	1.0	1.0
	150	1.0	1.0
$A > R_a/2$，且在鞍座平面上无加强圈的圆筒	120	0.107	0.192
	135	0.132	0.234
	150	0.161	0.279

分别计算操作工况轴向应力 $\sigma_1 \sim \sigma_4$ 和水压试验工况时轴向应力 $\sigma_{T1} \sim \sigma_{T4}$。

(3) 圆筒轴向应力校核

圆筒轴向应力应满足表 4-21 中要求。

表 4-21　圆筒轴向应力的校核条件

工况	内压设计	外压设计	最大应力校核条件
操作工况(盛装物料)	加压	未加压	拉应力：$\max\{\sigma_1, \sigma_2, \sigma_3, \sigma_4,\} \leqslant \varphi[\sigma]^t$
	未加压	加压	压应力：$\lvert\min\{\sigma_1, \sigma_2, \sigma_3, \sigma_4,\}\rvert \leqslant [\sigma]_{ac}^t$；
水压试验工况(充满水)	加压		拉应力：$\max\{\sigma_1, \sigma_2, \sigma_3, \sigma_4,\} \leqslant 0.9\phi R_{eL}$ ($R_{P0.2}$)
	未加压		压应力：$\lvert\min\{\sigma_1, \sigma_2, \sigma_3, \sigma_4,\}\rvert \leqslant [\sigma]_{ac}$

注：1. $[\sigma]^t$ 为设计温度下容器壳体材料的许用应力，MPa。

2. $[\sigma]_{ac}^t$ 为设计温度下容器圆筒材料的轴向许用压缩应力，$[\sigma]_{ac}^t = \min\{[\sigma]^t, B\}$，MPa。

3. $[\sigma]_{ac}$ 为常温下容器圆筒材料的轴向许用压缩应力，取 $[\sigma]_{ac} = \min\{0.9\phi R_{eL}, R_{P0.2}, B^0\}$，MPa。

4. B 为设计温度下，按 GB/T 150.1～GB/T 150.4—2011 确定的外压应力系数，MPa。

4.7.2　圆筒切向剪应力计算及校核

(1) 圆筒切向剪应力计算

① 圆筒未被封头加强($A > R_a/2$)时：当圆筒在鞍座平面内有加强圈时，其最大剪应力 τ 位于截面的水平中心线处 A、B 点[图 4-10(a)]；当在鞍座平面上无加强圈或靠近鞍座截面有加强圈时，其最大剪应力 τ 位于靠近鞍座边角处 C、D 点[图 4-10(b)]。

$$\tau = \frac{K_3 F}{R_a \delta_e}\left(\frac{L - 2A}{L + \frac{4}{3}h_i}\right) \tag{4-18}$$

式中 K_3——由表 4-22 查得。

② 圆筒被封头加强(即 $A \leqslant R_a/2$)时：最大剪应力 τ 位于圆筒上靠近鞍座边角处 C、D 点。

$$\tau = \frac{K_3 F}{R_a \delta_e} \tag{4-19}$$

(2) 圆筒切向剪应力校核

圆筒的切向剪应力应满足：

$$\tau < 0.8[\sigma]^t \tag{4-20}$$

式中 $[\sigma]^t$——设计温度下容器壳体的许用应力，MPa。

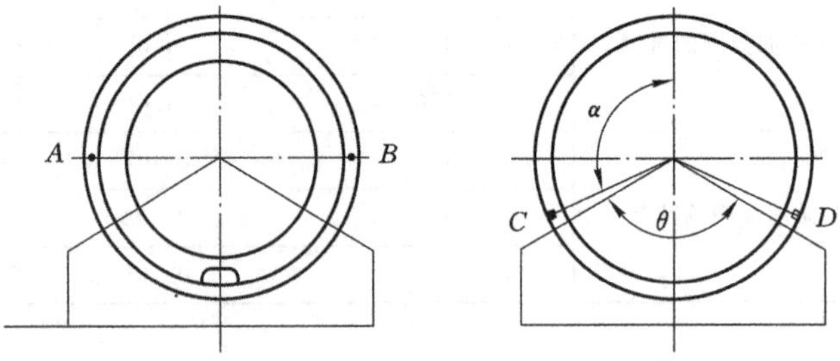

图 4-10 圆筒切向剪应力位置

4.7.3 封头应力计算及校核

(1) 封头应力计算

圆筒被封头加强($A \leqslant R_a/2$)时，封头的最大应力 τ_h 计算：

$$\tau_h = \frac{K_4 F}{R_a \delta_{he}} \tag{4-21}$$

式中 δ_{he}——封头有效厚度，mm；

K_4——系数，由表 4-22 查得。

表 4-22 系数 K_3、K_4

条件		鞍座包角 θ/(°)	K_3	K_4
圆筒在鞍座平面上有加强圈		120	0.319	—
		135	0.319	—
		150	0.319	—
圆筒在鞍座平面上无加强圈	$A > R_a/2$，或靠近鞍座处有加强圈	120	1.171	—
		135	0.958	—
		150	0.799	—
	$A \leqslant R_a/2$，圆筒被封头加强	120	0.880	0.401
		135	0.654	0.344
		150	0.485	0.295

（2）封头应力的校核

封头的应力应满足：

$$\tau_h \leqslant 1.25[\sigma]^t - \sigma_h \tag{4-22}$$

式中　σ_h——内压在封头中引起的应力。

① 椭圆封头：

$$\sigma_h = \frac{KP_c D_i}{2\delta_{he}} \tag{4-23}$$

式中　K——椭圆形封头形状系数，$K=\frac{1}{6}\left[2+\left(\frac{D_i}{2h_i}\right)^2\right]$。

② 其他封头参照 NB/T 47042—2014 卧式容器第 7 章计算。

4.7.4　圆筒周向应力计算及校核

鞍座平面上的圆筒周向弯矩，当无加强圈或加强圈在鞍座平面内时，其最大弯矩点在鞍座边角处。当加强圈靠近鞍座平面时，其最大弯矩点在靠近横截面水平中心线处，如图 4-11 所示。

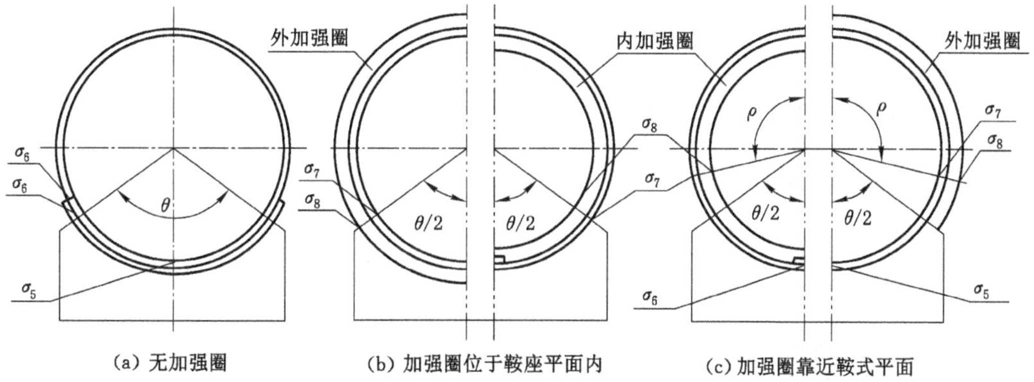

图 4-11　圆筒周向应力位置

4.7.4.1　无加强圈圆筒周向应力计算

（1）无垫板或垫板不起加强作用时周向应力计算

① 横截面的最低点处：

$$\sigma_5 = -\frac{kK_5 F}{\delta_e b_2} \tag{4-24}$$

式中　σ_5——支座处圆筒横截面最低点处的周向应力，MPa；

k——系数，当容器不焊在支座上时，取 $k=1$；当容器焊在支座上时，取 $k=0.1$；

b_2——圆筒的有效宽度，取 $b_2=b+1.56\sqrt{R_a\delta_n}$，mm；

b——支座的轴向宽度，mm；

δ_e——圆筒有效厚度，mm；

K_5——系数，见表 4-23。

② 鞍座边角处：

当 $L/R_a \geqslant 8$ 时：

$$\sigma_6=-\frac{F}{4\delta_e b_2}-\frac{3K_6F}{2\delta_e^2} \quad (4\text{-}25)$$

式中 σ_6——无加强圈时鞍座边缘处的圆筒周向应力，MPa。

当 $L/R_a<8$ 时：

$$\sigma_6=-\frac{F}{4\delta_e b_2}-\frac{12K_6FR_a}{L\delta_e^2} \quad (4\text{-}26)$$

式中 K_5，K_6——系数，由表 4-23 查得。

表 4-23 系数 K_5、K_6

鞍座包角 θ/(°)	K_5	K_6	
		$A/R_a\leqslant 0.5$	$A/R_a\geqslant 1$
120	0.760	0.013	0.053
132	0.720	0.011	0.043
135	0.711	0.010	0.041
147	0.680	0.008	0.034
150	0.673	0.008	0.032
162	0.650	0.006	0.025

注：当 $0.5<A/R_a<1$ 时，K_6 值按表内数值线性内插求取。

(2) 垫板起加强作用时周向应力计算

① 横截面的最低点处：

$$\sigma_5=-\frac{kK_5F}{(\delta_e+\delta_{re})b_2} \quad (4\text{-}27)$$

式中 δ_{re}——鞍座垫板有效厚度，mm。

② 鞍座边角处：

当 $L/R_a\geqslant 8$ 时：

$$\sigma_6=-\frac{F}{4(\delta_e+\delta_{re})b_2}-\frac{3K_6F}{2(\delta_e^2+\delta_{re}^2)} \quad (4\text{-}28)$$

当 $L/R_a<8$ 时：

$$\sigma_6=-\frac{F}{4(\delta_e+\delta_{re})b_2}-\frac{12K_6FR_a}{(\delta_e^2+\delta_{re}^2)L} \quad (4\text{-}29)$$

③ 鞍座垫板边缘处：

当 $L/R_a\geqslant 8$ 时：

$$\sigma_6'=-\frac{F}{4\delta_e b_2}-\frac{3K_6F}{2\delta_e^2} \quad (4\text{-}30)$$

当 $L/R_a<8$ 时：

$$\sigma_6'=-\frac{F}{4\delta_e b_2}-\frac{12K_6FR_a}{L\delta_e^2} \quad (4\text{-}31)$$

4.7.4.2 有加强圈圆筒的周向应力计算

当加强圈位于鞍座平面内，其周向应力计算：

① 鞍座边角处圆筒周向应力：

$$\sigma_7=-\frac{K_8F}{A_0}+\frac{C_4K_7FR_ae}{I_0} \tag{4-32}$$

式中　e——对内加强圈，为加强圈与圆筒组合截面形心距圆筒外表面距离，mm；对外加强圈，为加强圈与圆筒组合截面形心距圆筒内表面距离，mm。

I_0——一个支座的所有加强圈与圆筒起加强作用的有效段的组合截面对该截面形心轴 $X—X$ 的惯性矩之和，mm^4。

② 鞍座边角处加强圈边缘表面周向应力：

$$\sigma_8=-\frac{K_8F}{A_0}+\frac{C_5K_7FR_ad}{I_0} \tag{4-33}$$

式中　d——对内加强圈，为加强圈与圆筒组合截面形心距加强圈内缘表面之距离，mm；对外加强圈，为加强圈与圆筒组合截面形心距加强圈外缘表面之距离，mm。

C_4,C_5,K_7,K_8——系数，由表 4-24 查得。

表 4-24　系数 C_4、C_5、K_7 和 K_8

加强圈位置		位于鞍座平面上						靠近鞍座		
θ/(°)		120	132	135	147	150	162	120	135	150
C_4	内加强圈	−1	−1	−1	−1	−1	−1	+1	+1	+1
	外加强圈	+1	+1	+1	+1	+1	+1	−1	−1	−1
C_5	内加强圈	+1	+1	+1	+1	+1	+1	−1	−1	−1
	外加强圈	−1	−1	−1	−1	−1	−1	+1	+1	+1
K_7		0.053	0.043	0.041	0.034	0.032	0.025	0.058	0.047	0.036
K_8		0.341	0.327	0.323	0.307	0.302	0.283	0.271	0.248	0.219

4.7.4.3　加强圈靠近鞍座平面内圆筒周向应力计算

当加强圈靠近鞍座平面内时：

（1）横截面最低点的圆筒周向应力 σ_5

对无垫板或垫板不起加强作用的：

$$\sigma_5=-\frac{kK_5F}{\delta_e b_2} \tag{4-34}$$

对垫板起加强作用的：

$$\sigma_5=-\frac{kK_5F}{(\delta_e+\delta_{re})b_2} \tag{4-35}$$

（2）横截面上靠近水平中心线处的圆筒周向应力 σ_7

$$\sigma_7=-\frac{K_8F}{A_0}+\frac{C_4K_7FR_ae}{I_0} \tag{4-36}$$

（3）横截面上靠近水平中心线处加强圈边缘表面的周向应力 σ_8

$$\sigma_8=-\frac{K_8F}{A_0}+\frac{C_5K_7FR_ad}{I_0} \tag{4-37}$$

（4）鞍座边角处圆筒周向应力 σ_6

按上述相应公式计算。

4.7.4.4 周向应力校核

周向应力应满足下列条件：

$$|\sigma_5| \leqslant [\sigma]^t \tag{4-38}$$

$$|\sigma_6| \leqslant 1.25[\sigma]^t \tag{4-39}$$

$$|\sigma_6'| \leqslant 1.25[\sigma]^t \tag{4-40}$$

$$|\sigma_7| \leqslant 1.25[\sigma]^t \tag{4-41}$$

$$|\sigma_8| \leqslant 1.25[\sigma]_r^t \tag{4-42}$$

4.7.5 鞍座设计计算及校核

鞍式支座及垫板如图 4-12 所示。

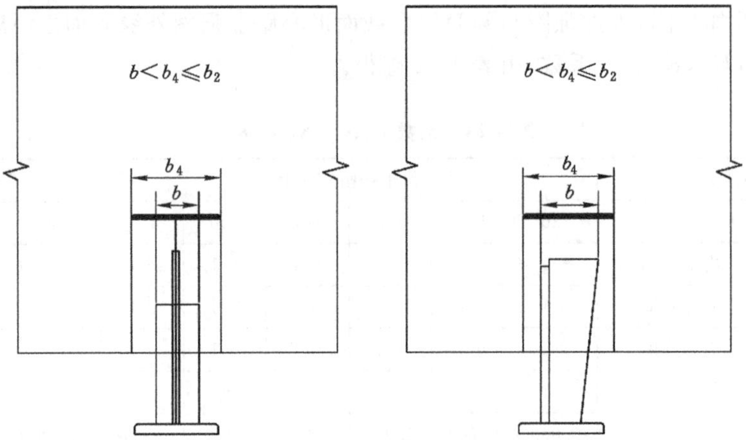

图 4-12 鞍座示意图

鞍座包角一般取 120°～150°。钢制鞍座宽度一般取 $b \geqslant 8\sqrt{R_a}$。

垫板宽度 b_4 取值：垫板宽度 b_4 应大于 b；垫板不作为加强板时，可取 $b_4 \leqslant b_2$；垫板作为加强板时，还应满足 $b_4 > b_2$。

4.7.5.1 腹板水平拉应力计算及校核

支座腹板的水平分力 F_s 计算：

$$F_s = K_9 F \tag{4-43}$$

式中 K_9——系数，由表 4-25 查得。

表 4-25 系数 K_9

鞍座包角 θ/(°)	120	135	150
K_9	0.204	0.231	0.259

鞍座腹板有效截面内的水平方向平均拉应力 σ_9，计算：

① 无垫板或垫板不起加强作用时：

$$\sigma_9=\frac{F_s}{H_s b_0} \tag{4-44}$$

② 垫板起加强作用时：

$$\sigma_9=\frac{F_s}{H_s b_0+b_r\delta_{re}} \tag{4-45}$$

式中 H_s——计算高度，取 $\min\left\{H,\frac{1}{3}R_a\right\}$，mm；

b_0——鞍座腹板厚度，mm；

b_r——鞍座垫板有效宽度，取 $b_r=b_2$，mm。

应力校核：$\sigma_9\leqslant\frac{2}{3}[\sigma]_{sa}$，其中$[\sigma]_{sa}$为鞍座材料的许用应力，MPa。

4.7.5.2 鞍座压缩应力计算及校核

(1) 鞍座压缩应力计算

地震载荷引起的，支座腹板与筋板组合截面内产生的压力计算：

① 水平震力小于或等于鞍座底板与基础间静摩擦力 ($F_{Ev}\leqslant mgf$) 时：

$$\sigma_{sa}=-\frac{F}{A_{sa}}-\frac{F_{Ev}H}{2Z_r}-\frac{F_{Ev}H_V}{A_{sa}(L-2A)} \tag{4-46}$$

② 水平地震力大于底板与基础的静摩擦力($F_{Ev}>mgf$)时：

$$\sigma_{sa}=-\frac{F}{A_{sa}}-\frac{(F_{Ev}-Ff_s)H}{Z_r}-\frac{F_{Ev}H_V}{A_{sa}(L-2A)} \tag{4-47}$$

式中 σ_{sa}——有水平地震力引起的支座腹板与筋板组合截面积的压应力，MPa；

F_{Ev}——考虑地震载荷时，作用在容器上的水平地震力，$F_{Ev}=\alpha_1 mg$，N；

α_1——水平地震影响系数，按表 4-26 选取；

H_V——圆筒中心至基础表面的距离，mm；

H——圆筒最低表面至基础表面的距离，即鞍座高度，mm；

A_{sa}——腹板与筋板(筒体或垫板最低处)组合截面积，mm^2；

Z_r——腹板与筋板(筒体或垫板最低处)组合截面的抗弯截面系数，mm^3。

表 4-26 对应设防地震的水平地震影响系数 α_1

抗震设防烈度/度	7		8		9
设计基本地震加速度(对应设防地震)	0.10 g	0.15 g	0.20 g	0.30 g	0.40 g
α_1(对应多遇地震)	0.08	0.12	0.16	0.24	0.32

注：如有必要，可按国家规定权限批准的设计地震动参数进行地震载荷计算。

另外，当 f_s 为鞍座底板与基础间静摩擦系数时：钢底板对钢基础垫板 $f_s=0.3$；钢底板对水泥基础 $f_s=0.4$；钢底板对特氟隆垫板 $f_s=0.1$。f_s 为鞍座底板对基础垫板的动摩擦系数时：钢底板对钢基础垫板 $f_s=0.15$；钢底板对特氟隆垫板 $f_s=0.05$。

由温度变化引起的支座腹板与筋板组合截面的压应力 σ_{sa}^t 计算：

$$\sigma_{sa}^{t}=-\frac{F}{A_{sa}}-\frac{FfH}{Z_r} \tag{4-48}$$

(2) 应力校核

$$|\sigma_{sa}|\leqslant K_0[\sigma]_{sa} \tag{4-49}$$

$$|\sigma_{sa}^{t}|\leqslant[\sigma]_{sa} \tag{4-50}$$

式中　K_0——载荷组合系数，$K_0=1.2$。

4.7.5.3　地震引起的地脚螺栓应力及校核

倾覆力矩计算：

$$M_{Ev}^{0-0}=F_{Ev}H_V-m_0g\frac{l}{2} \tag{4-51}$$

由倾覆力矩引起的地脚螺栓拉应力计算：

$$\sigma_{bt}=\frac{M_{Ev}^{0-0}}{nlA_{bt}} \tag{4-52}$$

式中　A_{bt}——每个地脚螺栓的横截面面积，mm²；

l——筒体轴线两侧的螺栓间距，mm；

n——承受倾覆力矩的地脚螺栓个数，个；

m_0——容器空质量，kg。

拉应力应满足：

$$\sigma_{bt}\leqslant K_0[\sigma]_{bt} \tag{4-53}$$

当地震载荷引起的水平地震力大于底板与基础的静摩擦力（$F_{Ev}>mgf$）时，由水平地震力引起的地脚螺栓剪应力计算：

$$\tau_{bt}=\frac{F_{Ev}-2Ff_s}{n'A_{bt}} \tag{4-54}$$

式中　n'——承受剪应力的地脚螺栓个数(仅记固定端)，个。

剪应力应满足：

$$\tau_{bt}\leqslant 0.8K_0[\sigma]_{bt} \tag{4-55}$$

4.8　焊接结构

容器的焊缝表示可用图示、焊缝符号和序列代号 3 种方法表示。容器的焊缝选用图示方法表示时，推荐采用局部放大的剖视图或剖面图形式，并应标注出焊缝尺寸，如图 4-13 所示。焊缝余高控制尺寸见表 4-27。

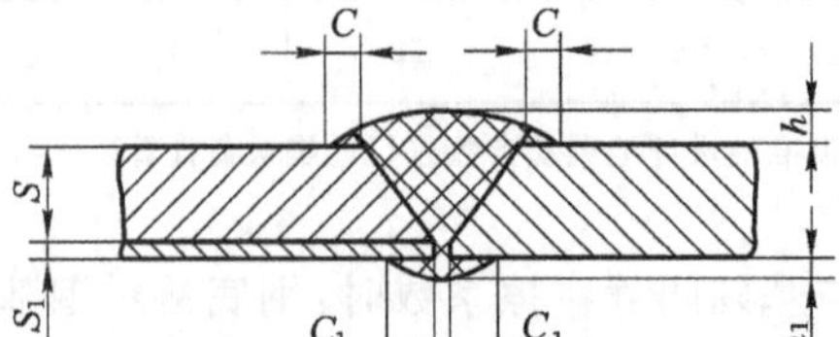

图 4-13　对接焊缝尺寸图

表 4-27　焊缝余高控制尺寸　　单位:mm

焊缝深度	$h(h_1)$	
$S(S_1)$	焊条电弧焊	埋弧焊
$S \leqslant 12$	0～1.5	0～4
$12 < S \leqslant 25$	0～2.5	0～4
$25 < S \leqslant 50$	0～3	0～4
$S > 50$	0～4	0～4

对两不等厚钢板的对接焊缝,当两板的厚度差 $\delta_1 - \delta_2 \geqslant 3$ mm 时,应按图 4-14 对厚板进行削边。

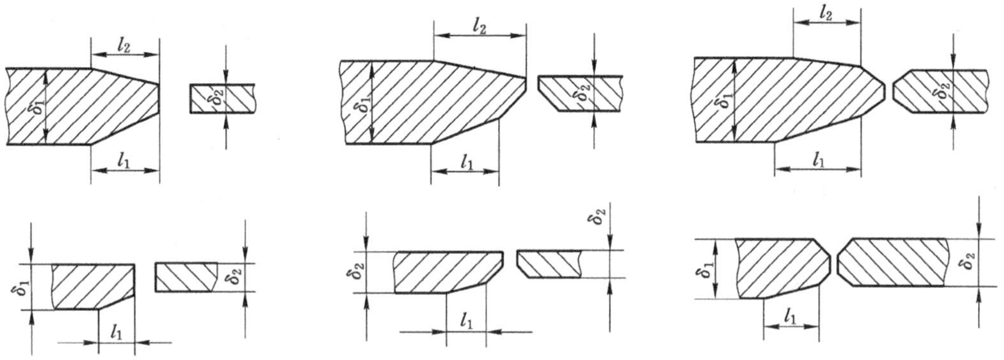

$l_1, l_2 \geqslant 3(\delta_1 - \delta_2)$

图 4-14　对接接头削边图

容器对接焊缝常用图示方法见附录 B.6。

4.9　开孔和开孔补强

由于各种工艺和结构上的要求,不可避免地要在容器上开孔并安装接管。开孔以后,除削弱器壁的强度外,在壳体和接管的连接处,因结构的连续性被破坏,会产生很高的局部应力,给容器的安全操作带来隐患。因此,压力容器设计必须充分考虑开孔的补强问题。

4.9.1　补强结构

压力容器接管补强结构通常采用局部补强结构,主要有补强圈补强、厚壁接管补强和整锻件补强 3 种形式。

(1) 补强圈补强

这是中低压容器应用最多的补强结构,补强圈贴焊在壳体与接管连接处,如图 4-15 所示。它结构简单,制造方便,使用广泛,但补强圈与壳体金属之间不能完全贴合,传热效果差,在中温以上使用时,两者存在较大的热膨胀差,因而使补强局部区域产生较大的热应力;

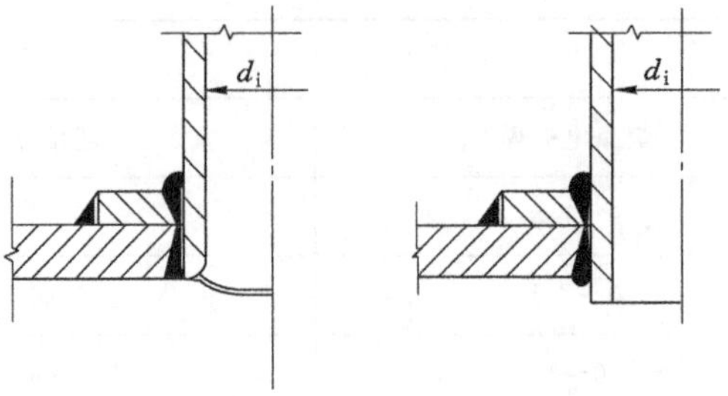

图 4-15　补强圈补强

另外，补强圈与壳体采用搭接连接，难以与壳体形成整体，所以抗疲劳性能差。这种补强结构一般使用在静载、常温（设计温度小于 350 ℃）、中低压（设计压力小于 6.4 MPa）、材料的标准抗拉强度下限值低于 540 MPa、补强圈厚度小于或等于 $1.5\delta_n$、壳体名义厚度 δ_n 不大于 38 mm 的场合。

（2）厚壁接管补强

即在开孔处焊上一段厚壁接管，如图 4-16 所示。由于接管的加厚部分正处于最大应力区域内，故比补强圈更能有效地降低应力集中系数。接管补强结构简单，焊缝少，焊接质量容易检验，因此补强效果较好。高强度低合金钢制压力容器由于材料缺口敏感性较高，一般都采用该结构，但必须保证焊缝全熔透。

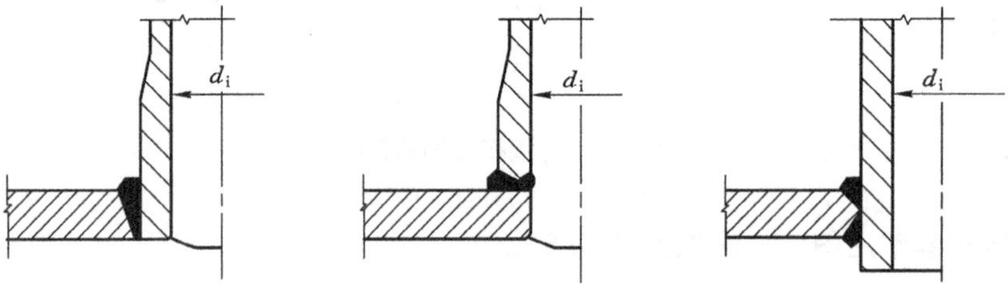

图 4-16　厚壁接管补强

（3）整锻件补强

该补强结构是将接管和部分壳体连同补强部分做成整体锻件，再与壳体和接管焊接，如图 4-17 所示。其优点是补强金属集中于开孔应力最大部位，能最有效地降低应力集中系数；可采用对接焊缝，并使焊缝及其热影响区离开最大应力点，抗疲劳性能好，疲劳寿命只降低 10%～15%。其缺点是锻件供应困难，制造成本较高，所以只在重要压力容器中应用，如核容器，材料屈服强度在 500 MPa 以上的容器开孔及受低温、高温、疲劳载荷容器的大直径开孔等。

4.9.2　开孔补强设计准则

开孔补强设计就是指采取适当增加壳体或接管厚度的方法将应力集中系数减小到某一允许数值。目前，通用的开孔补强设计准则是基于弹性失效设计准则的等面积补强法。但随着各国对开孔补强研究的深入，出现了许多新的设计思想，形成了新的设计准则，如建立

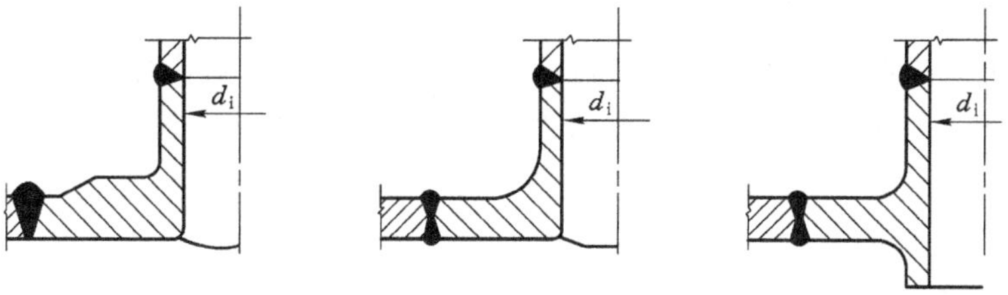

图 4-17 整锻件补强

了以塑性失效准则为基础的极限载荷补强法、基于弹性薄壳理论解的圆柱壳接管开孔补强法等。设计时，对于不同的使用场合和载荷性质可采用不同的设计方法。

（1）等面积补强法

该方法认为壳体因开孔被削弱的承载面积，须有补强材料在离孔边一定距离范围内予以等面积补偿。该方法是以双向受拉伸的无限大平板上开有小孔时孔边的应力集中作为理论基础的，即仅考虑壳体中存在的拉伸薄膜应力，且以补强壳体的一次应力强度作为设计准则，故对小直径的开孔安全可靠。由于该补强法未计及开孔处的应力集中的影响，也没有计入容器直径变化的影响，补强后对不同接管会得到不同的应力集中系数，即安全裕量不同，因此有时显得富裕，有时显得不足。

等面积补强准则的优点是有长期的实践经验，简单易行，当开孔较大时，只要对其开孔尺寸和形状等予以一定的配套限制，在一般压力容器使用条件下能够保证安全。因此，不少国家的容器设计规范主要采用该方法，如 ASMEⅧ-1 和 GB/T 150.3 等。

（2）压力面积补强法

要求壳体的承压投影面积对压力的乘积和壳壁的承载截面积对许用应力的乘积相平衡。该法仅考虑开孔边缘一次总体及局部薄膜应力的静力要求，在本质上与等面积补强法相同，没有考虑弯曲应力的影响。

（3）极限载荷补强法

要求带补强接管的壳体极限压力与无接管的壳体极限压力基本相同。

4.9.3 允许不另行补强的最大开孔直径

压力容器常常存在各种强度裕量。例如，接管和壳体实际厚度往往大于强度需要的厚度；接管根部有填角焊缝；焊接接头系数小于 1 且开孔位置不在焊缝上。这些因素相当于对壳体进行了局部加强，降低了薄膜应力从而也降低了开孔处的最大应力。因此，对于满足一定条件的开孔接管，可以不予补强。不另行补强的接管最小厚度如表 4-28 所列。

表 4-28 不另行补强的接管最小厚度 单位：mm

接管外径	25	32	38	45	48	57	65	76	89
接管壁厚	≥3.5			≥4.0		≥5.0		≥6.0	

当壳体开孔满足下述全部要求时，可不另行补强：

① 设计压力 $P \leqslant 2.5$ MPa。

② 两相邻开孔中心的间距(对曲面间距以弧长计算)不小于两孔直径之和;对于 3 个或以上相邻开孔,任意两孔中心的间距(对曲面间距以弧长计算)不小于该两孔直径之和的 2.5 倍。

③ 接管外径小于或等于 89 mm。

④ 接管壁厚满足表 4-28 中要求。表中接管壁厚的腐蚀裕量为 1 mm,需要加大腐蚀裕量时,应相应增加壁厚。

⑤ 开孔不位于 A、B 类焊接接头上。

4.9.4 单个开孔补强的等面积法

(1) 等面积法适用范围

等面积法适用于压力作用下壳体和平封头上的圆形、椭圆形或长圆形开孔。当在壳体上开椭圆形或长圆形孔时,孔的长径与短径之比应不大于 2.0。本方法的适用范围:

① 当圆筒内径 $D_i \leqslant 1\,500$ mm 时,开孔最大直径 $d_{op} \leqslant D_i/2$,且 $d_{op} \leqslant 520$ mm;当圆筒内径 $D_i > 1\,500$ mm 时,开孔最大直径 $d_{op} \leqslant D_i/3$,且 $d_{op} \leqslant 1\,000$ mm。

② 凸形封头或球壳开孔的最大允许直径 $d_{op} \leqslant D_i/2$。

③ 锥形封头开孔的最大直径 $d_{op} \leqslant D_i/3$,D_i 为开孔中心处的锥壳内直径。

(2) 单个开孔的适用范围

在等面积法的适用范围内,满足下列条件的多个开孔均按单个开孔分别设计:

① 壳体上两个开孔中心间距(对曲面间距以弧长计算)不小于该两孔直径之和。

② 平封头(平板)上有多个开孔,任意两开孔直径之和不超过封头直径的 0.5 倍,任意两相邻开孔中心的间距不小于两孔直径之和。

(3) 补强件材料

补强材料宜与壳体材料相同。若补强材料许用应力小于壳体材料许用应力,则补强面积应按壳体材料与补强材料许用应力之比而增加。若补强材料许用应力大于壳体材料许用应力,则所需补强面积不得减少。

对于接管材料与壳体材料不同时,引入强度削弱系数 $f_r = [\sigma]_t^t/[\sigma]^t$,表示设计温度下接管材料与壳体材料许用应力的比值。当 $f_r > 1.0$ 时,取 $f_r = 1.0$。

(4) 内压容器壳体开孔补强

壳体开孔所需补强面积:

$$A = d_{op}\delta + 2\delta_{et}\delta(1 - f_r) \tag{4-56}$$

式中 A——开孔削弱所需要的补强截面积,mm^2;

d_{op}——开孔直径,圆形孔等于接管内直径加 2 倍厚度附加量,椭圆形或长圆形孔取所考虑截面上的尺寸加 2 倍厚度附加量,mm;

δ——壳体开孔处的计算厚度,mm;

δ_{et}——接管有效厚度,mm;

f_r——强度削弱系数,对安放式接管取 $f_r = 1.0$。

计算厚度 δ 按下述方法确定:

① 对于圆筒或球壳开孔,为开孔处壳体计算厚度。

② 若开孔处于椭圆封头中心 80% 直径范围内，由于中心部位可视为当量半径 $R_i = D_i K_1$ 的球壳，因而计算厚度 δ 的公式为：

$$\delta = \frac{P_c D_i K_1}{2[\sigma]^t \phi - 0.5P_c} \tag{4-57}$$

式中　K_1——椭圆形长短轴比值决定的系数；

P_c——计算压力，MPa；

ϕ——焊接系数；

D_i——内径，mm。

① 有效补强范围。有效补强范围计算，取两者中较大值：

$$B = \begin{cases} 2d_{op} \\ d_{op} + 2\delta_n + 2\delta_{nt} \end{cases} \tag{4-58}$$

式中　B——补强有效宽度，mm；

δ_n——壳体开孔处的名义厚度，mm；

δ_{nt}——接管名义厚度，mm。

有效高度计算，分别取式中较小值：

外伸接管有效补强高度：

$$h_1 = \sqrt{d_{op}\delta_{nt}} \quad \text{(接管实际外伸高度)} \tag{4-59}$$

内伸接管有效补强高度：

$$h_2 = \sqrt{d_{op}\delta_{nt}} \quad \text{(接管实际内伸高度)} \tag{4-60}$$

② 补强面积。在有效补强范围内，可作为补强的截面积计算：

$$A_e = A_1 + A_2 + A_3 \tag{4-61}$$

式中　A_e——补强面积，mm^2；

A_1——壳体有效厚度减去计算厚度之外的多余面积，mm^2；

A_2——接管有效厚度减去计算厚度之外的多余面积，mm^2；

A_3——焊缝金属截面积，mm^2。

$$A_1 = (B - d_{op})(\delta_e - \delta) - 2\delta_{et}(\delta_e - \delta)(1 - f_r) \tag{4-62}$$

$$A_2 = 2h_1(\delta_{et} - \delta_t) f_r + 2h_2(\delta_{et} - C_2) f_r \tag{4-63}$$

注：对于安放式接管取 $f_r = 1.0$。

若 $A_e \geqslant A$，则开孔不需另加补强；若 $A_e < A$，则开孔需另加补强，其另加补强面积计算：

$$A_4 \geqslant A - A_e \tag{4-64}$$

式中　A_4——有效补强范围内另加的补强面积，mm^2。

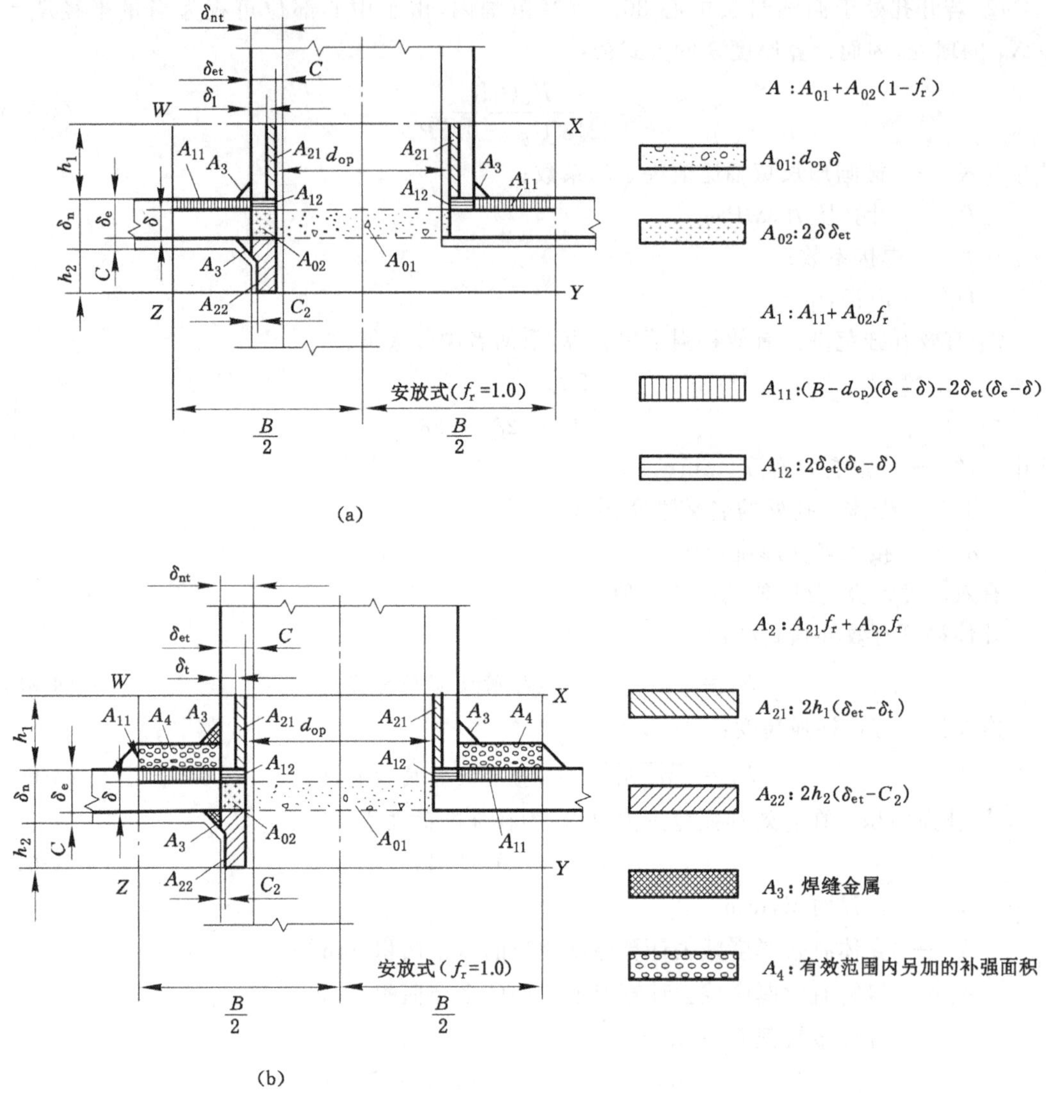

图 4-18　有效补强范围示意图

第 5 章　卧式储罐设计示例

5.1　设计任务

利用表 5-1 给定的参数，完成 80 m^3 卧式储罐设计。

表 5-1　卧式储罐基本参数

最高工作压力/MPa	1.94 MPa
环境温度/℃	－20～40
工作介质	液化石油气
公称容积(V_s)/m^3	80
装量系数	0.90
使用地点(室外)	乌鲁木齐

工艺图如图 5-1 所示，其中泵出口压力为 3 MPa，其余与容器相连的管路工作压力均不大于容器最高工作压力。液位计管口参数为 DN20、PN40。

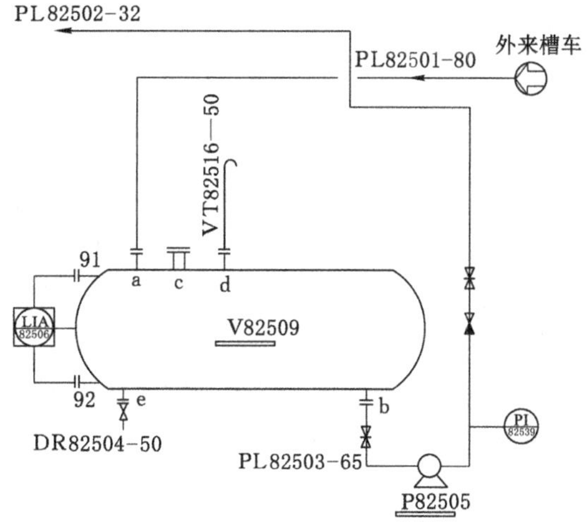

a—进料口；b—出料口；c—人孔(或检查孔)；d—放空口；e—排污口；g—液位计口。

图 5-1　设备及相关管道

(注意：图中 e 排污口直接与阀门相连)

5.2 基本设计参数

(1) 设计压力

由于容器属于位于泵进口侧，且无安全泄放装置类型，所以设计压力(P_d)为：

$P_d=1.94P_{max}=1.94\times1.1$ MPa$=2.134$ MPa

(2) 设计温度

$t=50$ ℃

5.3 筒体

(1) 几何尺寸确定

筒体的内径 D_i 按下式估算：

$$D_i=\sqrt[3]{\frac{4V}{\pi i}} \tag{5-1}$$

式中 V——储罐的全容积，m^3；

i——储罐长(高)径比(2～5 合理)。

$V=80$ m^3，$i=4$。此时，$D_i=\sqrt[3]{\frac{4V}{\pi i}}=\sqrt[3]{\frac{4\times80\times10^9}{3.1416\times4}}$ mm$=2\ 942.52$ mm；取 $D_i=$ 3 000 mm。由附录 B.1 可知，筒体单位长度容器的体积为 $V_1=7.030$ m^3/m。

封头选择 EHA 椭圆形封头，DN3 000；查取附录 B.2，封头的容积为 $V_2=3.8170$ m^3，封头总深度为 790 mm。将式 $V=nV_1+2V_2$ 代入，得：

$$n=\frac{V-2V_2}{V_1}=\frac{80-2\times3.817}{7.030}\text{ m}=10.294\text{ m}$$

式中 n——筒身长度，m。

总长为：

$L=2H+n=(2\times790+10\ 294)$ mm$=11\ 874$ mm

取整，$L=11\ 900$ mm。

由于筒体的长径比值为 2～5 为合适值，所选的长径比$\frac{L_{圆整}}{D_i}=\frac{11\ 900}{3\ 000}=3.97$，位于 2～5 区间内。根据布置要求，储罐长度不超过 12 m，故选用公称直径为 3 000 mm 的筒体合适。

(2) 筒体材料

筒体材料选用 Q345R，则根据碳素钢和低合金钢钢板许用应力表(附录 A.1)知：

试验温度下材料许用应力 $[\sigma]=185$ MPa；

设计温度下材料许用应力 $[\sigma]^t=185$ MPa；

试验温度下材料屈服点 $R_{eL}=325$ MPa；

筒体材料常温弹性模量 $E=201\ 000$ MPa；

设计温度下弹性模量 $E^t=199\ 500$ MPa。

(3) 腐蚀余量

液化石油气对 Q345R 的腐蚀为轻微腐蚀，腐蚀率为 0.05～0.5 mm/a，假设工作年限为 20 a，取腐蚀速率为 0.1 mm/a，则腐蚀裕量（C_2）为：

$C_2 = 20 \times 0.1\ \text{mm} = 2\ \text{mm}$

（4）钢材厚度负偏差

根据表 3-2 列举的压力容器专用钢板的厚度负偏差，Q345R 的负偏差 $C_1 = 0.3\ \text{mm}$。

（5）焊接接头系数

采用双面焊对接接头，100%无损检测，$\phi = 1.00$。

（6）筒体计算压力

液柱静压力 $P_1 = \rho g h = 900 \times 9.8 \times 3 \times 10^{-6}\ \text{MPa} = 0.026\ \text{MPa} < 2.134 \times 5\%\ \text{MPa}$，当元件所承受的液柱静压力小于 5%设计压力时，可忽略不计。故计算压力可不考虑液柱静压力，$P_c = P_d = 2.134\ \text{MPa}$。

（7）筒体计算厚度

$$\delta = \frac{P_c D_i}{2[\sigma]^t \phi - P_c} = \frac{2.134 \times 3\,000}{2 \times 1\,85 \times 1 - 2.134}\ \text{mm} = 17.403\ \text{mm}$$

（8）筒体名义厚度

$\delta_n = \delta + c_1 + c_2 + \text{圆整值} = 20\ \text{mm}$

（9）筒体有效厚度

$\delta_e = \delta_n - c_1 - c_2 = (20 - 2 - 0.3)\ \text{mm} = 17.7\ \text{mm}$

（10）设计温度下圆筒的最大允许工作压力

$$[P_w] = \frac{2\delta_e [\sigma]^t \varphi}{D_i + \delta_e} = \frac{2 \times 17.7 \times 185 \times 1}{3\,000 + 17.7}\ \text{MPa} = 2.17\ \text{MPa}$$

（11）圆筒的计算应力

$$\sigma^t = \frac{P_c (D_i + \delta_e)}{2\delta_e} = \frac{2.134 \times (3\,000 + 17.7)}{2 \times 17.7}\ MPa = 181.91\ \text{MPa} \leqslant [\sigma]^t \phi = 185\ \text{MPa}$$

因此，筒体压力及应力计算校核合格。

（12）筒体耐压试验

本次设计设计采用水压试验类型，试验压力值：

$$P_T = 1.25P\ \frac{[\sigma]}{[\sigma]^t} = 1.25 \times 2.134 \times \frac{185}{185}\ \text{MPa} = 2.67\ \text{MPa}$$

压力试验允许通过的应力水平：

$\sigma_T \leqslant 0.9\phi R_{eL} = 0.9 \times 1 \times 325\ MPa = 292.5\ \text{MPa}$

试验压力下筒体的应力 σ_T：

$$\sigma_T = \frac{P_T (D_i + \delta_e)}{2\delta_e} = \frac{2.67 \times (3\,000 + 17.7)}{2 \times 17.7}\ \text{MPa} = 227.61\ \text{MPa} \leqslant 292.5\ \text{MPa}$$

压力试验校核合格。

5.4　封头

确定几何尺寸。

本次设计采用标准椭圆形封头，查附录 B.2，封头内径 $D_i = 3\,000\ \text{mm}$；封头曲面深度 $h_i = 750\ \text{mm}$；直边段为 $h = 40\ \text{mm}$。

封头计算压力：

$P_c = 2.134$ MPa

封头设计温度：

$t = 50$ ℃

封头材料：

封头材料选用 Q345R；

试验温度下材料许用应力 $[\sigma] = 185$ MPa；

设计温度下材料许用应力 $[\sigma]^t = 185$ MPa；

试验温度下材料屈服点 $R_{eL} = 325$ MPa。

封头计算厚度：

$$\delta_h = \frac{KP_cD_i}{2[\sigma]^t\phi - 0.5P_c} = \frac{1 \times 2.134 \times 3\ 000}{2 \times 185 \times 1 - 0.5 \times 2.134}\ \text{mm} = 17.35\ \text{mm}$$

封头名义厚度：

$$\delta_{nh} = \delta_h + c_1 + c_2 + \text{圆整值} = 20\ \text{mm}$$

封头有效厚度：

$$\delta_{eh} = \delta_{nh} - c_1 - c_2 = (20 - 2 - 0.3)\ \text{mm} = 17.7\ \text{mm}$$

设计温度下圆筒的最大允许工作压力：

$$[P_w] = \frac{2[\sigma]^t\phi\delta_{eh}}{KD_i + 0.5\delta_{eh}} = \frac{2 \times 185 \times 1 \times 17.7}{1 \times 3\ 000 + 0.5 \times 17.7}\ \text{MPa} = 2.18\ \text{MPa}$$

压力校核合格。

封头耐压试验：本次设计采用水压试验类型，试验压力值：

$$P_T = 1.25P\frac{[\sigma]}{[\sigma]^t} = 1.25 \times 2.134 \times \frac{185}{185}\ \text{MPa} = 2.67\ \text{MPa}$$

压力试验允许通过的应力水平：

$$\sigma_T \leqslant 0.9\phi R_{eL} = 0.9 \times 1 \times 325\ \text{MPa} = 292.5\ \text{MPa}$$

试验压力下封头的应力：

$$\sigma_T = \frac{P_T(KD_i + 0.5\delta_{eh})}{2\phi\delta_{eh}} = \frac{2.67 \times (1 \times 3\ 000 + 0.5 \times 17.7)}{2 \times 1 \times 17.7}\ \text{MPa}$$
$$= 226.94\ \text{MPa} \leqslant 292.5\ \text{MPa}$$

压力试验校核合格。

5.5 人孔及补强

选用回转式吊盖人孔。查附录 B.3，人孔的标准按公称压力为 PN40 选取。

人孔数量为 2 个，规格为 $\phi 630 \times 16$ mm，人孔筒节材料为 16MnDR；人孔实际外伸高度 360 mm；人孔实际内伸长度 0 mm；人孔材料许用应力 $[\sigma]^t = 181$ MPa；腐蚀裕量为 2 mm，厚度负偏差按表 3-2 选，取 0.3 mm。

筒节计算厚度：

$$\delta_t = \frac{PD_o}{2([\sigma]^tE_i + PY)} = \frac{4 \times 630}{2(181 \times 1 + 4 \times 0.4)}\ \text{mm} = 6.9\ \text{mm}$$

5.5.1　人孔开孔补强

采用等面积的开孔方法进行补强。

强度削弱系数：

$f_r = [\sigma]_t^t / [\sigma]^t = 181/185 = 0.978\ 4$

开孔直径：

$d_{op} = d + 2C = [598 + 2 \times (2 + 0.3)]\ \text{mm} = 602.6\ \text{mm}$

人孔的有效厚度：

$\delta_{et} = \delta_{nt} - C = (16 - 2 - 0.3)\ \text{mm} = 13.7\ \text{mm}$

壳体开孔所需补强面积：

$$A = d_{op}\delta + 2\delta\delta_{et}(1 - f_r)$$
$$= [602.6 \times 17.403 + 2 \times 17.403 \times 13.7 \times (1 - 0.978\ 4)]\ \text{mm}^2$$
$$= 10\ 497.3\ \text{mm}^2$$

有效补强范围计算，取两者中较大值：

$$B = \begin{cases} 2d_{op} = 2 \times 602.6\ \text{mm} = 1\ 205.2\ \text{mm} \\ d_{op} + 2\delta_n + 2\delta_{nt} = (602.6 + 2 \times 20 + 2 \times 16)\ \text{mm} = 674.6\ \text{mm} \end{cases}$$

$B = 1\ 205.2\ \text{mm}$

有效高度计算，分别取式中较小值。

外伸接管有效补强高度：

$h_1 = \sqrt{d_{op}\delta_{nt}} = \sqrt{602.6 \times 16}\ \text{mm} = 98.19\ \text{mm}$

(接管实际外伸高度 $= 360\ \text{mm}$)

$h_1 = 98.19\ \text{mm}$

内伸接管有效补强高度：

$h_2 = \sqrt{d_{op}\delta_{nt}} = 98.19\ \text{mm}$

(接管实际内伸高度 $= 0$)

$h_2 = 0$

壳体有效厚度减去计算厚度之外的多余面积 A_1：

$$A_1 = (B - d_{op})(\delta_e - \delta) - 2\delta_{et}(\delta_e - \delta)(1 - f_r)$$
$$= [(1\ 210.4 - 602.6) \times (17.7 - 17.403) - 2 \times 13.7 \times (17.7 - 17.403) \times (1 - 0.978\ 4)]\ \text{mm}^2$$
$$= 180.34\ \text{mm}^2$$

接管有效厚度减去计算厚度之外的多余面积 A_2：

$$A_2 = 2h_1(\delta_{et} - \delta_t)f_r + 2h_2(\delta_{et} - C_2)f_r$$
$$= [2 \times 98.19 \times (13.7 - 6.9) \times 0.978\ 4 + 0]\ \text{mm}^2$$
$$= 1\ 306.54\ \text{mm}^2$$

焊缝金属截面积 A_3：

$A_3 = 80\ \text{mm}^2$

在有效补强范围内，可作为补强的截面积计算：

$A_e = A_1 + A_2 + A_3 = (180 + 1\ 306.54 + 80)\text{mm}^2 = 1\ 566\ \text{mm}^2 < A$

所以，需要另加补强。

所需补强面积：

$$A_4 = A - (A_1 + A_2 + A_3)$$
$$= [10\ 514 - (180 + 1\ 306.54 + 80)]\ \text{mm}^2$$
$$= 8\ 947.46\ \text{mm}^2$$

5.5.2 补强圈参数

人孔补强采用补强圈补强结构；查附录 B.5，选用补强圈外径为 980 mm；补强圈材料为 Q345R；所需补强圈厚度：

$$\delta' = \frac{A_4}{D_2 - D_o} = \frac{8\ 947.46}{980 - 630}\ \text{mm} = 25.56\ \text{mm}$$

查附录 B.5，取补强圈厚度为 28 mm；

补强圈厚度负偏差 $C_{1r} = 0.3$ mm；

补强圈材料许用应力 $[\sigma]^t = 185$ MPa。

5.6 接管及管口设计

5.6.1 进液管及管口

(1) 进液管结构

进液管选用 DN80 的无缝钢管，材料采用 16Mn。

壁厚及管径计算：

查阅表 4-13 得知 $Y = 0.4$，则：

$$t_s = \frac{PD_o}{2([\sigma]^t E_i + PY)} = \frac{2.134 \times 89}{2(181 \times 1 + 2.134 \times 0.4)}\ \text{mm} = 0.52\ \text{mm}$$

腐蚀裕量为 2 mm，厚度负偏差按表 3-2 选，取 0.3 mm。

$C_1 = 0.3$ mm，$C_2 = 2$ mm

$t_{sd} = t_s + C = (0.52 + 0.3 + 2)$ mm $= 2.82$ mm

根据附录 D，选用 Ib 系列管，选用 $\phi 89 \times 3$ mm 无缝钢管，一端切成 45°。

(2) 管口结构设计

配用具有平面密封的平焊法兰，材料 16 Mn，

查指表 4-12，可知该材料选压力等级 PN25。

法兰标记：HG/T 20592 法兰 PL80(B)-25 FF16Mn。

管口伸出高度参考表 4-18，取伸出高度选定为 250 mm。

5.6.2 排污管及管口

(1) 排污管结构

根据任务书中工艺图可知，排污管为 DN50，设备管口选用无缝钢管制成，材料 16Mn。查附录 D 可知，选用 Ib 系列管，其外径为 60 mm。

壁厚及管径计算：

查阅表 4-13 可知，$Y = 0.4$，则：

$$t_s = \frac{PD_o}{2([\sigma]^t E_i + PY)} = \frac{2.134 \times 60}{2(181 \times 1 + 2.134 \times 0.4)}\ \text{mm} = 0.35\ \text{mm}$$

$C_1 = 0.3\ \text{mm}, C_2 = 2\ \text{mm}$

$t_{sd} = t_s + C_1 + C_2 = (0.35 + 0.3 + 2)\ \text{mm} = 2.65\ \text{mm}$

根据附录 D,选用 Ib 系列管,选用 $\phi 60 \times 3$ mm 无缝钢管。

(2) 管口法兰

因排污口管口法兰与阀门法兰直接相连,需考虑阀门的压力等级匹配问题。

根据指导书附录 E 可知,选排污阀等级为 PN25,查表 4-9,可知,管口法兰选压力等级 PN25。

配用具有凹凸面密封的带颈对焊法兰,材料 16 Mn。

法兰标记:HG/T 20592 法兰 WN50-25(B) FM16Mn。

焊接尺寸符合附表 B.6 要求。

(3) 管口结构设计

查表 4-15 可知:取伸出长度值为 150 mm。

为充分排液,设计出料管与容器内壁平齐。

5.6.3 其他管口

其他管口参数汇总见表 5-2。

表 5-2 管口参数

用途或名称	公称尺寸/mm	公称压力/MPa	连接标准	法兰类型	连接面类型	管口伸出高度/mm
液位计口	DN20	PN2.5	HG/T 20592—2009	PL	FF	100
人孔	DN600	PN4.0	HG/T 21514	SO	RF	250
排空口	DN50	PN2.5	HG/T 20592—2009	PL	FF	150
排污口	DN50	PN2.5	HG/T 20592—2009	WN	RF	150
出液口	DN65	PN2.5	HG/T 20592—2009	PL	FF	150
进液口	DN80	PN2.5	HG/T 20592—2009	PL	FF	150

5.7 鞍座

筒体内直径:$D_i = 3\ 000$ mm。

筒体平均半径:$R_a = 1\ 510$ mm。

两封头切线间距离:$L = 10\ 400$ mm。

封头曲面深度:$h_i = 750$ mm。

操作时,物料密度:$\rho_0 = 510\ \text{kg/m}^3$。

液压实验时介质密度:$\rho_T = 1\ 000\ \text{kg/m}^3$。

壳体材料密度:$\rho_s = 7\ 850\ \text{kg/m}^3$。

圆筒质量(两切线间)：

$m_1=\pi(D_i+\delta_n)L\delta_n\rho_s$

$=[3.1416\times(3000+20)\times10400\times20\times10^{-9}\times7850]$ kg

$=15491.4$ kg

封头质量(曲面部分)：$m_2=3008.97$ kg 。

附件质量：$m_3=2300$ kg 。

容器内充液质量：

操作工况：

$m_4=V\rho_0\phi=80.5819\times510\times0.9$ kg $=36987.1$ kg

液压试验：

$m_4=V\rho_T=80.5819\times1000$ kg $=80581.9$ kg

耐热层质量：$m_5=0$。

总质量：

操作工况下：$m=m_1+m_2+m_3+m_4+m_5=57787.4$ kg 。

液压试验工况下：$m'=m_1+m_2+m_3+m_4+m_5=101382$ kg 。

$m'>m$，根据m'进行选取，已知每个鞍座只约承受 502 kN 负荷，根据附录 C，选用 DN3 000、120°包角轻式(A 型)带垫板对称布置双鞍座，查附录 C.1，可得基本参数如表 5-3 所列。

鞍座材料为 Q235B。

鞍座材料的许用应力$[\sigma]_{sa}=160$ MPa。

地脚螺栓材料为 30CrMoA。

鞍座底板与水泥基础面的静摩擦系数 $f=0.4$。

表 5-3　卧式容器鞍座基本参数

公称直径/mm	允许载荷 Q/kN	鞍座高度 h/mm	底板/mm			腹板/mm
			l_1	b_1	δ_1	δ_2
DN3 000	1 398	250	2 180	360	16	10

筋板/mm				垫板/mm			
l_3	b_2	b_3	δ_3	弧长	b_4	δ_4	e
341	316	410	10	3 480	660	12	120

螺栓配置				鞍座质量/kg	增加 100 mm 高度增加的质量/kg
间距 l_2/mm	螺孔 d/mm	螺纹	孔长 l/mm		
1 940	35	4-M30	60	564	31.8

鞍座安放位置。筒体长度：

$$L_0=2A+L_1$$

式中　L_1——两鞍座间距离，mm；

A——鞍座与封头切线之间距离，mm。

由于筒体 L/D 较大，且鞍座所在平面又无加强圈，取：

$A = D_0/4 = 750\ \text{mm} < 0.2L = 2\ 000\ \text{mm}$

$L_0 = 10\ 320\ \text{mm}$

$L_1 = (10\ 320 - 1\ 500)\ \text{mm} = 8\ 820\ \text{mm}$

5.8　支座反力计算

支座反力计算：

$$F = \frac{\max(m, m')g}{2} = \frac{101\ 382 \times 9.81}{2}\text{N} = 497\ 280\ \text{N}$$

5.9　筒体轴向应力计算与校核

5.9.1　系数确定

本次设计鞍座中心线至封头切线距离 $A = 750$ mm，筒体 $R_a = 1\ 510$ mm，参考表 4-21 查得参数汇总如表 5-4 所列。

表 5-4　系数 K 确定值

系数确定条件	$A \leqslant R_a/2$		$\theta = 120°$
系数	$K_1 = 1$	$K_2 = 1$	$K_3 = 0.880$
	$K_4 = 0.401$	$K_5 = 0.760$	$K_6 = 0.013$
	$K_9 = 0.204$	$K_6' = 0.010\ 861$	

5.9.2　轴向弯矩

圆筒中间横截面内的轴向弯矩：

操作工况下：

$$F = \frac{mg}{2} = \frac{57\ 787.4 \times 9.81}{2}\ \text{kN} = 283\ 447\ \text{kN}$$

圆筒的平均半径：

$$R_a = R_i + \delta_n/2 = (1\ 500 + 10)\ \text{mm} = 1\ 510\ \text{mm}$$

$$M_1 = \frac{FL}{4}\left[\frac{1 + \frac{2(R_a^2 - h_i^2)}{L^2}}{1 + \frac{4h_i}{3L}} - \frac{4A}{L}\right]$$

$$= \frac{283\ 447 \times 10\ 400}{4}\left[\frac{1 + \frac{2 \times (1\ 510^2 - 750^2)}{10\ 400^2}}{1 + \frac{4 \times 750}{3 \times 10\ 400}} - \frac{4 \times 750}{10\ 400}\right]\text{N} \cdot \text{mm}$$

$$= 4.811 \times 10^8\ \text{N} \cdot \text{mm}$$

液压试验工况下：

$$F=\frac{m'g}{2}=\frac{101\ 382\times 9.81}{2}\ \text{kN}=497\ 280\ \text{kN}$$

$$M_{T1}=\frac{FL}{4}\left(\frac{1+\dfrac{2(R_a^2-h_i^2)}{L^2}}{1+\dfrac{4h_i}{3L}}-\frac{4A}{L}\right)$$

$$=\frac{497\ 280\times 10\ 400}{4}\left[\frac{1+\dfrac{2\times(1\ 510^2-750^2)}{10\ 320^2}}{1+\dfrac{4\times 750}{3\times 10\ 400}}-\frac{4\times 750}{10\ 400}\right]\ \text{N}\cdot\text{mm}$$

$$=8.441\times 10^8\ \text{N}\cdot\text{mm}$$

鞍座平面内的轴向弯矩：

操作工况：

$$M_2=-FA\left(1-\frac{1-\dfrac{A}{L}+\dfrac{R_a^2-h_i^2}{2AL}}{1+\dfrac{4h_i}{3L}}\right)$$

$$=-283\ 447\times 750\times\left(1-\frac{1-\dfrac{750}{10\ 400}+\dfrac{1\ 510^2-750^2}{2\times 750\times 10\ 400}}{1+\dfrac{4\times 750}{3\times 10\ 400}}\right)\ \text{N}\cdot\text{mm}$$

$$=-1.128\times 10^7\ \text{N}\cdot\text{mm}$$

液压试验工况下：

$$M_{T2}=-FA\left(1-\frac{1-\dfrac{A}{L}+\dfrac{R_a^2-h_i^2}{2AL}}{1+\dfrac{4h_i}{3L}}\right)$$

$$=-497\ 280\times 750\times\left(1-\frac{1-\dfrac{750}{10\ 400}+\dfrac{1\ 510^2-750^2}{2\times 750\times 10\ 400}}{1+\dfrac{4\times 750}{3\times 10\ 400}}\right)\ \text{N}\cdot\text{mm}$$

$$=-1.979\times 10^7\ \text{N}\cdot\text{mm}$$

5.9.3 轴向应力

(1) 操作工况

内压加压下，圆筒中间横截面最低点处的轴向应力 σ_2：

$$\sigma_2=\frac{P_cR_a}{2\delta_e}+\frac{M_1}{\pi R_a^2\delta_e}$$

$$=\left(\frac{2.134\times 1\ 510}{2\times 17.7}+\frac{4.811\times 10^8}{3.141\ 6\times 1\ 510^2\times 17.7}\right)\ \text{MPa}$$

$$=94.82\ \text{MPa}$$

内压加压下，鞍座平面最高点处的轴向应力σ_3：

$$\sigma_3=\frac{P_cR_a}{2\delta_e}-\frac{M_2}{K_1\pi R_a^2\delta_e}$$
$$=\left(\frac{2.134\times 1\,510}{2\times 17.7}-\frac{-1.128\times 10^7}{1\times 3.141\,6\times 1\,510^2\times 17.7}\right)\text{ MPa}$$
$$=91.12\text{ MPa}$$

内压未加压下，圆筒中间横截面最高点处的轴向应力σ_1：

$$\sigma_1=-\frac{M_1}{\pi R_a^2\delta_e}=-\frac{4.811\times 10^8}{3.141\,6\times 1\,510^2\times 17.7}\text{ MPa}=-3.79\text{ MPa}$$

内压未加压下，鞍座平面最低点处的轴向应力σ_4：

$$\sigma_4=\frac{M_2}{K_2\pi R_a^2\delta_e}=\frac{-1.128\times 10^7}{1\times 3.141\,6\times 1\,510^2\times 17.7}\text{ MPa}=-0.089\text{ MPa}$$

(2) 液压试验工况

加压下，圆筒中间横截面最低点处的轴向应力σ_{T2}：

$$\sigma_{T2}=\frac{P_TR_a}{2\delta_e}+\frac{M_{T1}}{\pi R_a^2\delta_e}$$
$$=\left(\frac{2.67\times 1\,510}{2\times 17.7}+\frac{8.441\times 10^8}{3.141\,6\times 1\,510^2\times 17.7}\right)\text{ MPa}$$
$$=120.55\text{ MPa}$$

加压下，鞍座平面最高点处的轴向应力σ_{T3}：

$$\sigma_{T3}=\frac{P_TR_a}{2\delta_e}-\frac{M_{T2}}{K_1\pi R_a^2\delta_e}$$
$$=\left(\frac{2.67\times 1\,510}{2\times 17.7}-\frac{-1.979\times 10^7}{1\times 3.141\,6\times 1\,510^2\times 17.7}\right)\text{ MPa}$$
$$=114.05\text{ MPa}$$

未加压下，圆筒中间横截面最高点处的轴向应力σ_{T1}：

$$\sigma_{T1}=-\frac{M_{T1}}{\pi R_a^2\delta_e}=-\frac{7.759\times 10^8}{3.141\,6\times 1\,510^2\times 17.7}\text{ MPa}=-6.66\text{ MPa}$$

未加压下，鞍座平面最低点处的轴向应力σ_{T4}：

$$\sigma_{T4}=\frac{M_{T2}}{K_2\pi R_a^2\delta_e}=\frac{-1.979\times 10^7}{1\times 3.141\,6\times 1\,510^2\times 17.7}\text{ MPa}=-0.156\text{ MPa}$$

5.9.4 轴向应力校核

外压应力系数B的确定：

$A=0.094\delta_e/R_0=0.094\times 17.7/1\,520=0.001\,095$

按 GB/T 150—2011 规定求取$B=136.462$ MPa，$B^0=142.24$ MPa。

操作工况下取$[\sigma]_{ac}^t=\min\{[\sigma]^t,B\}=136.462$ MPa；

液压试验工况下取$[\sigma]_{ac}=\min\{0.9R_{eL},B^0\}=142.24$ MPa。

操作工况轴向应力校核：

内压加压时：

$\max\{\sigma_1,\sigma_2,\sigma_3,\sigma_4\}=94.82\ \text{MPa}<\phi[\sigma]^t=185\ \text{MPa}$　合格

内压未加压时：

$|\min\{\sigma_1,\sigma_2,\sigma_3,\sigma_4\}|=3.79\ \text{MPa}<[\sigma]_{ac}^t=136.462\ \text{MPa}$　合格

液压试验工况下轴向应力校核：

加压时：

$\max\{\sigma_{T1},\sigma_{T2},\sigma_{T3},\sigma_{T4}\}=120.55\ \text{MPa}<0.9\phi R_{eL}=292.5\ \text{MPa}$　合格

未加压时：

$|\min\{\sigma_{T1},\sigma_{T2},\sigma_{T3},\sigma_{T4}\}|=6.66\ \text{MPa}<[\sigma]_{ac}=142.24\ \text{MPa}$　合格

5.10 圆筒切向剪应力、封头应力计算及校核

在本次设计鞍座中心线至封头切线距离 $A=750\ \text{mm}\leqslant R_a/2=755\ \text{mm}$，故圆筒被封头加强。

最大剪应力 τ 位于圆筒上靠近鞍座边角处。

圆筒切向剪应力为：

$$\tau=\frac{K_3F}{R_a\delta_e}=\frac{0.880\times 497\ 280}{1\ 510\times 17.7}\ \text{MPa}=16.37\ \text{MPa}$$

圆筒切向剪应力校核：

$\tau=16.37\ \text{MPa}<0.8[\sigma]^t=148\ \text{MPa}$

合格。

封头应力为：

$$\tau_h=\frac{K_4F}{R_a\delta_{he}}=\frac{0.401\times 497\ 280}{1\ 510\times 17.7}\ \text{MPa}=7.46\ \text{MPa}$$

封头应力校核：

本次设计封头采用的为标准椭圆形封头，取 $K=1$，则：

$$\sigma_h=\frac{KP_cD_i}{2\delta_{he}}=\frac{1\times 2.134\times 3\ 000}{2\times 17.7}\ \text{MPa}=180.85\ \text{MPa}$$

$\tau_h=7.46\ \text{MPa}\leqslant 1.25[\sigma]^t-\sigma_h=50.4\ \text{MPa}$

合格。

5.11 圆筒周向应力计算及校核

圆筒周向应力计算。圆筒的有效宽度 b_2：

$$b_2=b+1.56\sqrt{R_a\delta_n}=(360+1.56\times\sqrt{1\ 510\times 20})\ \text{mm}=631.10\ \text{mm}$$

横截面的最低点处圆筒周向应力 σ_5：

$$\sigma_5=-\frac{kK_5F}{(\delta_e+\delta_{re})b_2}=-\frac{0.1\times 0.760\times 497\ 280}{28.4\times 631.10}\ \text{MPa}=-2.10\ \text{MPa}$$

鞍座边角处：

本次设计中 $L/R_a=10\ 280/1\ 510=6.81<8$。此时，鞍座边缘处的圆筒周向应力 σ_6：

$$\sigma_6=-\frac{F}{4(\delta_e+\delta_{re})b_2}-\frac{12K_6FR_a}{(\delta_e^2+\delta_{re}^2)L}$$

$$=\left(-\frac{497\ 280}{4\times 28.4\times 631.10}-\frac{12\times 0.013\times 497\ 280\times 1\ 510}{10\ 320\times(17.7^2+10.7^2)}\right)\ \text{MPa}$$

$$=-33.69\ \text{MPa}$$

鞍座垫板边缘处：

$$\sigma_6{}'=-\frac{F}{4\delta_e b_2}-\frac{12K_6FR_a}{L\delta_e^2}=-41.16\ \text{MPa}$$

周向应力校核：

$|\sigma_5|=2.10\ \text{MPa}\leqslant[\sigma]^t=185\ \text{MPa}$

$|\sigma_6|=33.69\ \text{MPa}\leqslant 1.25[\sigma]^t=231.25\ \text{MPa}$

$\sigma_6{}'=41.16\ \text{MPa}\leqslant 1.25[\sigma]^t=231.25\ \text{MPa}$

合格。

5.12　鞍座设计计算与校核

5.12.1　腹板水平拉应力计算

支座腹板的水平分力F_s：

$F_s=K_9F=0.203\ 5\times 497\ 280\ \text{N}=101\ 207\ \text{N}$

垫板起加强作用，水平拉应力 σ_9：

$$\sigma_9=\frac{F_s}{H_sb_0+b_r\delta_{re}}=\frac{101\ 207}{250\times 10+631.10\times 10.7}\ \text{MPa}=10.93\ \text{MPa}$$

应力校核：

$$\sigma_9=10.93\ \text{MPa}\leqslant\frac{2}{3}[\sigma]_{sa}=106.667\ \text{MPa}$$

合格。

5.12.2　鞍座压缩应力计算

地震载荷引起的，支座腹板与筋板组合截面内产生的压力计算：

水平地震影响系数 α_1，选取 $\alpha_1=0.16$；

鞍座底板与基础间静摩擦系数 f：由于钢底板对水泥基础所以取 $f=0.4$；

考虑地震载荷时，作用在容器上的水平地震力 F_{Ev}：

$F_{Ev}=\alpha_1 mg=0.16\times 57\ 787.4\times 9.81\ \text{N}=90\ 703.1\ \text{N}$

水平地震力小于或等于鞍座底板与基础间静摩擦力（$F_{Ev}\leqslant mgf$）时：

$$\sigma_{sa}=-\frac{F}{A_{sa}}-\frac{F_{Ev}H}{2Z_r}-\frac{F_{Ev}H_V}{A_{sa}(L-2A)}$$

$$=\left(-\frac{280\ 953}{40\ 560}-\frac{90\ 703.1\times 250}{2\times 1.741\ 06\times 10^6}-\frac{90\ 703.1\times 1\ 770}{40\ 560\times(10\ 400-2\times 750)}\right)\ \text{MPa}$$

$$=-13.95\ \text{MPa}$$

由温度变化引起的支座腹板与筋板组合截面的压应力 σ_{sa}^t 计算：

$$\sigma_{sa}^{t}=-\frac{F}{A_{sa}}-\frac{FfH}{Z_r}=\left(-\frac{283\ 447}{40\ 560}-\frac{283\ 447\times0.4\times250}{1.741\ 06\times10^{6}}\right)\ \text{MPa}=-23.27\ \text{MPa}$$

应力应满足：

$|\sigma_{sa}|=13.95\ \text{MPa}\leqslant1.2[\sigma]_{sa}=192\ \text{MPa}$

$|\sigma_{sa}^{t}|=23.27\ \text{MPa}\leqslant[\sigma]_{sa}=160\ \text{MPa}$

合格。

5.12.3 地震引起的地脚螺栓应力与校核

倾覆力矩计算：

$$M_{Ev}^{0-0}=F_{Ev}H_V-m_0g\frac{l}{2}$$

$$=\left(90\ 703.1\times1\ 770-20\ 681.17\times9.81\times\frac{1\ 940}{2}\right)\ \text{N}\cdot\text{mm}$$

$$=-3.738\times10^{7}\ \text{N}\cdot\text{mm}$$

由倾覆力矩引起的地脚螺栓拉应力计算：

$$\sigma_{bt}=\frac{M_{Ev}^{0-0}}{nlA_{bt}}=\frac{-3.738\times10^{7}}{2\times1\ 940\times338.057}\ \text{MPa}=-28.50\ \text{MPa}$$

式中 A_{bt}——每个地脚螺栓的横截面面积，mm^2；

l——筒体轴线两侧的螺栓间距，mm；

n——承受倾覆力矩的地脚螺栓个数，个。

拉应力应满足：

$\sigma_{bt}=28.50\ \text{MPa}\leqslant1.2[\sigma]_{bt}=300\ \text{MPa}$

合格。

第6章　球罐结构设计与强度计算

球罐为大容量、承压的球形储存容器，广泛应用于石油、化工、冶金等部门。可以用来作为液化石油气、液化天然气、液氨及其他介质的储存容器，也可作为压缩气体（空气、氧气、氮气、氢气、煤气）的储罐。与立式圆筒形储罐相比，在相同容积和相同压力下，球罐的表面积最小，则所需钢材面积少；在相同直径情况下，球罐壁内应力最小，而且均匀，其承载能力比圆筒形容器大1倍，则球罐的板厚只需相应圆筒形容器壁板厚度的1/2。采用球罐，可大幅度减少钢材的消耗，一般可节省钢材30%～45%；此外，基础工程量小，球罐占地面积较少，可节省土地面积。

6.1　球罐各部分名称及一般规定

球罐及支柱各部分名称如图6-1所示。

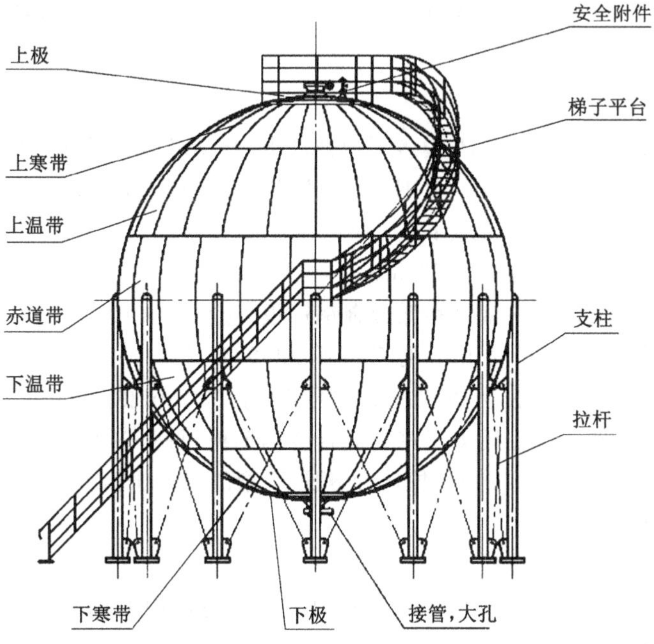

图6-1　球罐简图

（1）球罐设计时应考虑的载荷

① 压力。

② 液柱静压力。

③ 球罐自重(包括内件)以及正常工作条件下或耐压试验状态下内装介质的重力载荷。

④ 附属设备及隔热材料、管道、支柱、拉杆、梯子、平台等的重力载荷。

⑤ 风载荷、地震载荷和雪载荷等。

⑥ 支柱的反作用力。

(2) 其他

① 连接管道 和其他部件的作用力。

② 温度梯度或热膨胀量不同引起的作用力。

③ 冲击载荷,包括压力急剧波动引起的冲击载荷、流体冲击引起的反力等。

在球罐设计中,以《压力容器[合订本]》(GB150.1～GB150.4—2011)、《钢制球形储罐》(GB12337—2014)和其他相关标准为基础,其设计压力及温度、厚度附加量、焊接接头系数等一般规定参照本书第4章,由设计者结合具体工况给出。

6.2 材料选用

选择球罐受压元件用钢时应考虑球罐的使用条件(如设计温度、设计压力和物料特性等)、材料的性能(如力学性能、工艺性能、化学性能和物理性能等)、球罐的制造工艺和组焊要求以及经济合理性。球罐受压元件所采用的钢板、钢管、锻件和螺栓(含螺母)用材标准应符合 GB 12337—2014 规定,与受压元件相焊接的非受压元件用钢应该是焊接性良好的钢材。

6.2.1 钢板

球壳常用管板材料有 Q245R、Q345R、Q37OR、16MnDR、15MnNiDR、15MnNiNbDR、09MnNiDR、07MnMoVR、07MnNiVDR、07MnNiMoDR 等钢板。钢板的使用状态及许用应力见表 6-1,其使用应遵循如下规定:

(1) 球壳用钢板厚度不宜大于 50 mm。

(2) 凡符合下列条件的碳素钢和低合金钢钢板,应在正火状态下使用:

① 用于球壳的厚度大于 36 mm 的 Q245R 和 Q345R。

② 用于其他受压元件(法兰、平盖等)的厚度大于 50 mm 的 Q245R 和 Q345R。

(3) 符合下列条件的球壳用碳素钢和低合金钢钢板,每张热处理钢板(热处理后钢板被切制成数张时仍按 1 张考虑)应进行拉伸和夏比 V 型缺口冲击试验:

① 调质热处理钢板。

② 厚度大于 60 mm 的钢板。

(4) 根据设计要求,对厚度大于 36 mm 的调质状态使用的钢板和厚度大于 50 mm 的正火或正火加回火状态使用的钢材,可增加一组在钢材厚度 1/2 处取材的冲击试验,其冲击功指标在设计文件中规定。

表 6-1　钢板使用状态、许用应力

碳素钢和低合金钢钢板

钢号	使用状态	厚度/mm	室温强度指标		在下列温度(℃)下的许用应力/MPa				注
			R_m/ MPa	R_{eL}/MPa	≤20	100	150	200	
Q245R	热轧，控轧，正火	6～16	400	245	148	147	140	131	
		＞16～36	400	235	148	140	133	124	
		＞36～60	400	225	148	133	127	119	
Q345R	热轧，控轧，正火	6～16	510	345	189	189	189	183	
		＞16～36	500	325	185	185	183	170	
		＞36～60	490	315	181	181	173	160	
Q37OR	正火	10～16	530	370	196	196	196	196	
		＞16～6	530	360	196	196	196	193	
		＞36～60	520	340	193	193	193	180	
16MnDR	正火，正火加回火	6～16	490	315	181	181	180	167	
		＞16～36	470	295	174	174	167	167	
		＞36～50	460	285	170	170	160	150	
15MnNiDR	正火，正火加回火	6～16	490	325	181	181	181	173	
		＞16～36	480	315	178	178	178	167	
		＞36～50	470	305	174	174	173	160	
15MnNiNbDR	正火，正火加回火	10～16	530	370	196	196	196	196	
		＞16～36	530	360	196	196	196	193	
		＞36～50	520	350	193	193	193	187	
09MnNiDR	正火，正火加回火	6～16	440	300	163	163	163	160	
		＞16～36	430	280	159	159	157	150	
		＞36～50	430	270	159	159	150	143	
07MnMoVR	调质	10～50	610	490	226	226	226	226	
07MnNiVDR	调质	10～50	610	490	226	226	226	226	
07MnNiMoDR	调质	10～50	610	490	226	226	226	226	

高合金钢钢板

钢号	使用状态	厚度/mm	在下列温度(℃)下的许用应力/MPa				注
			≤20	100	150	200	
S30408	固溶	6～50	137	137	137	130	1
			137	114	103	96	
S30403	固溶	6～50	120	120	118	110	1
			120	98	87	81	
S31608	固溶	6～50	137	137	137	134	1
			137	117	107	99	
S31603	固溶	6～50	120	120	117	108	1
			120	98	87	80	

注：该表许用应力仅适用于允许产生微量永久变形之元件，对于法兰或其他有微量永久变形就产生泄漏或故障的场合不能采用。

6.2.2 钢管

钢管的使用状态及许用应力按表 6-2 中的规定。

表 6-2 钢管标准

碳素钢和低合金钢钢管

钢号	使用状态	壁厚/mm	室温强度指标		在下列温度(℃)下的许用应力/MPa				注
			R_m/MPa	R_{eL}/MPa	≤20	100	150	200	
10	热轧	≤10	335	205	124	121	115	108	
20	热轧	≤10	410	245	152	147	140	131	
Q345D	正火	≤10	470	345	174	174	174	174	
10	正火	≤16	335	205	124	121	115	108	
		>16～30	335	195	124	117	111	105	
20	正火	≤16	410	245	152	147	140	131	
		>16～30	410	235	152	140	133	124	
20	正火	≤16	410	245	152	147	140	131	
		>16～40	410	235	152	140	133	124	
16Mn	正火	≤16	490	320	181	181	180	167	
		>16～40	490	310	181	181	173	160	
09MnD	正火	≤8	420	270	156	156	150	143	1
09MnNiD	正火	≤8	440	280	163	163	157	150	1

高合金钢钢管

钢号	壁厚/mm	在下列温度(℃)下的许用应力/MPa				注
		≤20	100	150	200	
0Cr18Ni9(S30408)	≤14	137	137	137	130	2
		137	114	103	96	
0Cr18Ni9 (S30408)	≤28	137	137	137	130	2
		137	114	103	96	
00Cr19Ni10 (S30403)	≤14	117	117	117	110	2
		117	97	87	81	
00Cr19Ni10 (S30403)	≤28	117	117	117	110	2
		117	97	87	81	
0Crl7Ni12Mo2 (S31608)	≤14	137	137	137	134	2
		137	117	107	99	
0Cr17Ni12Mo2 (S31608)	≤28	137	137	137	134	2
		137	117	107	99	
00Cr17Ni14Mo2 (S31603)	≤14	117	117	117	108	2
		117	97	87	80	

表 6-2(续)

钢号	壁厚/mm	在下列温度(℃)下的许用应力/MPa				注
		≤20	100	150	200	
00Cr17Ni14Mo2 (S31603)	≤28	117	117	117	108	2
		117	97	87	80	
S30408	≤28	116	116	116	111	2.3
		116	97	88	82	3
S30403	≤28	99	99	99	94	2.3
		99	82	74	69	3
S31608	≤28	116	116	116	114	2.3
		116	99	91	84	3
S31603	≤28	99	99	99	92	2.3
		99	82	74	68	3

注:1. 该钢管的技术要求见 GB 150.2—2011 附录 A。
2. 该表许用应力仅适用于允许产生微量永久变形之元件,对于法兰或其他有微量永久变形就引起泄漏或故障的场合不能采用。
3. 该表许用应力已乘焊接接头系数 0.85。

(1) 表中用于球罐设计温度低于－40 ℃的钢管用钢,均应经炉外精炼。

(2) 10 钢、20 钢和 Q345D 钢管的使用范围如下:

① 设计压力不大于 4.0 MPa。

② 钢管壁厚不大于 10 mm。

③ 不得用于毒性程度为极度或高度危害的介质。

④ 10 钢、20 钢和 Q345D 钢管的使用温度下限相应分别为－10 ℃、0 ℃和－20 ℃。

6.2.3 锻件

球罐的人孔、接管往往采用锻件。人孔结构采用锻件可避免补强结构,使人孔以对接焊的形式与球壳板连接,达到减少结构应力的目的。接管采用锻件,增大自身补强,达到减少应力突变的目的。锻件的标准、使用状态及许用应力按表 6-3 中的规定。

表 6-3 锻件的使用状态及许用应力

碳素钢和低合金钢锻件									
钢号	使用状态	公称厚度/mm	室温强度指标		在下列温度(℃)下的许用应力/MPa				注
			R_m/MPa	R_{eL}/MPa	≤20	100	150	200	
20	正火,正火加回火	≤100	410	235	152	140	133	124	
		100～200	400	225	148	133	127	119	
		200～300	380	205	137	123	117	109	

表 6-3(续)

碳素钢和低合金钢锻件									
钢号	使用状态	公称厚度/mm	室温强度指标		在下列温度(℃)下的许用应力/MPa				注
			R_m/MPa	R_{eL}/MPa	≤20	100	150	200	
16Mn	正火,正火加回火,调质	≤100	480	305	178	178	167	150	
		100～200	470	295	174	174	163	147	
		200～300	450	275	167	167	157	143	
20MnMo	调质	≤300	530	370	196	196	196	196	
16MnD	调质	≤100	480	305	178	178	167	150	
		100～200	470	295	174	174	163	147	
		200～300	450	275	167	167	157	143	
20MnMoD	调质	≤300	530	370	196	196	196	196	
08MnNiMoVD	调质	≤300	600	480	222	222	222	222	
10Ni3MoVD	调质	≤300	600	480	222	222	222	222	
09MnNiD	调质	≤200	440	280	163	163	157	150	
		200～300	430	270	159	159	150	143	

钢号	使用状态	公称厚度/mm	在下列温度(℃)下的许用应力/MPa				注
			≤20	100	150	200	
S30408	固溶	≤300	137	137	137	130	1
			137	114	103	96	
S30403	固溶	≤300	117	117	117	110	1
			117	98	87	81	
S31608	固溶	≤300	137	137	137	134	1
			137	117	107	99	
S31603	固溶	≤300	117	117	117	108	1
			117	98	87	80	

注:该表许用应力仅适用于允许产生微量永久变形之元件,对于法兰或其他有微量永久变形引起泄漏或故障的场合不能采用。

6.2.4 螺栓和螺母

钢棒的螺栓的使用状态及许用应力按表 6-4 确定。

表 6-4 螺柱的使用状态及许用应力

碳素钢和低合金钢螺柱								
钢号	使用状态	螺柱规格/mm	室温强度指标		在下列温度(℃)下的许用应力/MPa			
			R_m/MPa	R_{eL}/MPa	≤20	100	150	200
20	正火	≤M22	410	245	91	81	78	73
		M24～M27	400	235	94	84	80	74

表 6-4(续)

钢号	使用状态	螺柱规格/mm	室温强度指标		在下列温度(℃)下的许用应力/MPa			
碳素钢和低合金钢螺柱								
			R_m/MPa	R_{eL}/MPa	≤20	100	150	200
35	正火	≤M22	530	315	117	105	98	91
		M24～M27	510	295	118	106	100	92
30CrMoA	调质	≤M22	700	550	157	141	137	134
		M24～M48	660	500	167	150	145	142
35CrMoA	调质	≤M22	835	735	210	190	185	179
		M24～M48	805	685	228	206	199	196
高合金钢螺柱								
钢号	使用状态	螺柱规格/mm	室温强度指标		在下列温度(℃)下的许用应力/MPa			
			R_m/MPa	R_{eL}/MPa	≤20	100	150	200
S30408	固溶	≤M22	520	205	128	107	97	90
		M24～M48	520	205	137	114	103	96
S31608	固溶	≤M22	520	205	128	109	101	93
		M24～M48	520	205	137	117	107	99
S32168	固溶	≤M22	520	205	128	107	97	90
		M24～M48	520	205	137	114	103	96

碳素钢和低合金钢螺柱的使用温度下限及相关技术要求应按下列规定：

① 20 钢螺柱为－20 ℃，35 钢螺柱为 0 ℃，其他钢号螺柱为－20 ℃。

② 30CrMoA 和 35CrMoA 钢螺柱，当使用温度低于－20 ℃时，应进行使用温度下的低温冲击试验，此时冲击试验温度应由 0 ℃改为使用温度，低温冲击功指标按 GB 12337—2014 中的规定。

③ 使用温度低于－40～－70 ℃的 30CrMoA 和 35CrMoA 螺柱用钢，其化学成分(熔炼分析)中磷、硫含量分别为 w_P≤0.020%、w_S≤0.010%；使用温度低于－70～－100 ℃的 30CrMoA 螺柱用钢，其化学成分(熔炼分析)中磷、硫含量分别为 w_P≤0.015%、w_S≤0.008%。

与螺柱用钢组合使用的螺母用钢可按表 6-5 选用，也可选用有使用经验的其他螺母用钢。调质状态使用的螺母用钢，其回火温度应高于组合使用的螺柱用钢的回火温度。

表 6-5　螺母用钢

螺柱钢号	螺母用钢			
	钢号	钢材标准	使用状态	使用温度范围/℃
20	10.15	GB/T 699	正火	－20～200
35	20.25	GB/T 699	正火	0～200
30CrMoA	40Mn.45	GB./T 699	正火	－10～200
	30CrMoA	GB/T 3077	调质	－100～200

表 6-5(续)

螺柱钢号	螺母用钢			
	钢号	钢材标准	使用状态	使用温度范围/℃
35CrMoA	40Mn. 45	GB/T 699	正火	−10～200
	30CrMoA. 35CrMoA	GB/T 3077	调质	−70～200
S30408	S30408	GB/T 1220	固溶	−253～200
S31608	S31608	GB/T 1220	固溶	−253～200
S32168	S32168	GB/T 1220	固溶	−253～200

6.3 球壳

罐体是球形储罐的主体，也是储存物料、承受物料工作压力和液柱静压力的重要构件。罐体按其组合方式常分为 3 种。

(1) 纯桔瓣式罐体

纯桔瓣式罐体是指球壳全部按桔瓣瓣片的形状进行分割成型后再组合的结构，如图 6-2(a)所示。纯桔瓣式罐体的特点是球壳拼装焊缝较规则，施工简便。由于分块分带对称，便于布置支柱，因此罐体焊接接头受力均匀，质量较可靠。这种罐体适用于各种容量的球罐，为世界各国普遍采用。我国自行设计、制造和组焊的球罐多为纯桔瓣式结构。这种罐体的缺点是球瓣在各带位置尺寸大小不一，只能在本带内或上、下对称的带之间进行互换；下料及成型较复杂，板材的利用率低；球极板往往尺寸较小，当需要布置人孔和众多接管时可能出现接管拥挤，有时焊缝不易错开。

(2) 足球瓣式罐体

足球瓣式罐体的球壳划分和足球壳一样，所有的球壳板片大小相同，它可以由尺寸相同或相似的四边形或六边形球瓣组焊而成。这种罐体的优点是每块球壳板尺寸相同，下料成型规格化，材料利用率高，互换性好，组装焊缝较短，焊接及检验工作量小。其缺点是焊缝布置复杂，施工组装困难，对球壳板的制造精度要求高，由于受钢板规格及自身结构的影响，一般只适用于制造容积小于 120 m^3 的球罐，我国目前很少采用足球瓣式球罐。

(3) 混合式罐体

混合式球壳，其赤道带和温带采用桔瓣式，而极板采用足球瓣式结构。图 6-2(b)为五带混合式球罐。由于这种结构取桔瓣式和足球瓣式两种结构之优点，材料利用率较高，焊缝长度缩短，球壳板数量减少，且特别适合于大型球罐。极板尺寸比纯桔瓣式大，容易布置人孔及接管，与足球瓣式罐体相比，可避开支柱搭在球壳板焊接接头上，使球壳应力分布比较均匀。近年来，随着我国石油、化工、城市煤气等工业的迅速发展，已全面掌握了该种球罐的设计、制造、组装和焊接技术。

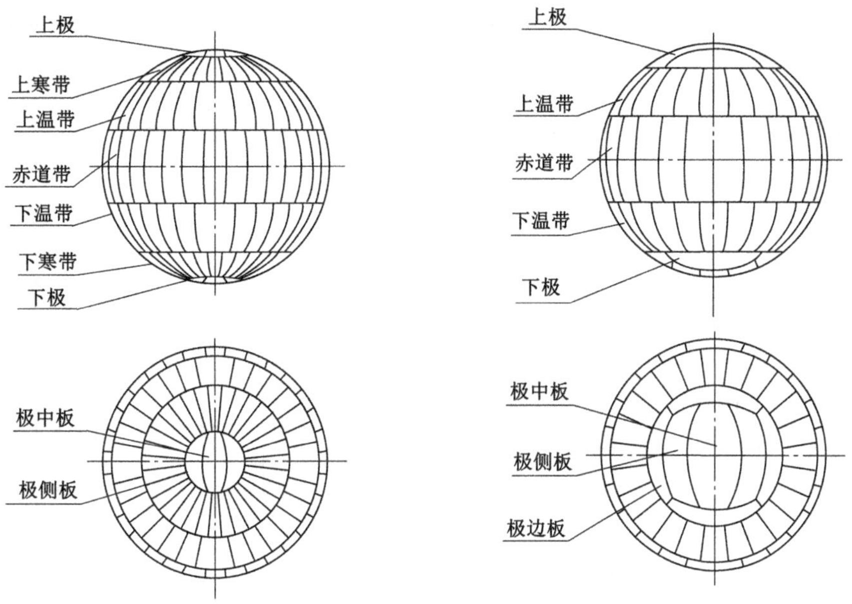

(a) 桔瓣式　　　　(b) 混合式

图 6-2　球壳罐体类型

表 6-6　桔瓣式球罐基本参数

公称容积/m^3	球壳内直径或球罐基础中心圆直径/mm	几何容积/m^3	支柱底板底面至球壳赤道平面的距离/mm	球壳分带数	支柱根数	各带球心角(°)/各带分块数						
						上极 F	上寒带 D	上温带 B	赤道带 A	下温带 C	下寒带 E	下极 G
50	4 600	51	4 200	3	4	90/3	—	—	90/8	—	—	90/3
120	6 100	119	5 000	3	4	90/3	—	—	90/8	—	—	90/3
200	7 100	187	5 600	3	4	90/3	—	—	90/8	—	—	90/3
					5	90/3	—	—	90/10	—	—	90/3
400	9200	408	6600	3	5	90/3	—	—	90/10	—	—	90/3
					6	90/3	—	—	90/12	—	—	90/3
650	10 700	641	7 400	3	6	90/3	—	—	90/12	—	—	90/3
				4	8	60/3	—	55/16	65/16	—	—	60/3
1 000	12 300	974	8 200	4	8	60/3	—	55/16	65/16	—	—	60/3
				5	8	54/3	—	36/16	54/16	36/16	—	54/3
1 500	14 200	1 499	9 000	5	8	54/3	—	36/16	54/16	36/16	—	54/3
					10	54/3	—	36/20	54/20	36/20	—	54/3
2 000	15 700	2 026	9 800	5	8	54/3	—	36/16	54/16	36/16	—	54/3
					10	42/3	—	42/20	54/20	42/20	—	42/3
					12	42/3	—	42/24	54/24	42/24	—	42/3

表 6-6(续)

公称容积/m^3	球壳内直径或球罐基础中心圆直径/mm	几何容积/m^3	支柱底板底面至球壳赤道平面的距离/mm	球壳分带数	支柱根数	各带球心角(°)/各带分块数						
						上极 F	上寒带 D	上温带 B	赤道带 A	下温带 C	下寒带 E	下极 G
3 000	18 000	3 054	11 000	5	10	42/3	—	42/20	54/20	42/20	—	42/3
					12	42/3	—	42/24	54/24	42/24	—	42/3
4 000	19 700	4 003	11 800	5	10	42/3	—	42/20	54/20	42/20	—	42/3
				6	12	36/3	32/18	36/24	40/24	36/28	—	36/3
5 000	21 200	4 989	12 600	6	12	36/3	32/18	36/24	40/24	36/24	—	36/3
					14	36/3	32/21	36/28	40/28	36/28	—	36/3
6 000	22 600	6 044	13 200	6	12	36/3	32/18	36/24	40/24	36/24	—	36/3
					14	36/3	32/21	36/28	40/28	36/28	—	36/3
8 000	24 800	7 986	14 400	6	14	36/3	32/21	36/28	40/28	36/28	—	36/3
				7	14	32/3	26/21	30/28	36/28	30/28	26/21	32/3
10 000	26 800	10 079	15 400	7	14	32/3	26/21	30/28	36/28	30/28	26/21	32/3

表 6-7　混合式球罐基本参数

公称容积/m^3	球壳内直径或球罐基础中心圆直径/mm	几何容积/m^3	支柱底板底面至球壳赤道平面的距离/mm	球壳分带数	支柱根数	各带球心角(°)/各带分块数						
						上极 F	上寒带 D	上温带 B	赤道带 A	下温带 C	下寒带 E	下极 G
1 000	12 300	974	8 200	3	8	112.5/7	—	—	67.5/16	—	—	112.5/7
1 500	14 200	1 499	9 000	3	8	112.5/7	—	—	67.5/16	—	—	112.5/7
				4	10	90/7	—	40/20	50/20	—	—	90/7
2 000	15 700	2 026	9 800	3	8	112.5/7	—	—	67.5/16	—	—	112.5/7
				3	10	107.5/7	—	—	72.5/20	—	—	107.5/7
				4	10	90/7	—	40/20	50/20	—	—	90/7
3 000	18 000	3 054	11 000	3	10	105/7	—	—	75/20	—	—	105/7
				4	10	90/7	—	40/20	50/20	—	—	90/7
				4	12	90/7	—	40/24	50/24	—	—	90/7
4 000	19 700	4 003	11 800	4	10	90/7	—	40/20	50/20	—	—	90/7
				4	12	90/7	—	40/24	50/24		—	90/7
				5	14	65/7	—	38/28	39/28	38/28	—	65/7
5 000	21 200	4 989	12 600	4	12	75/7	—	45/24	60/24	—	—	75/7
				5	12	75/7	—	30/24	45/24	30/24	—	75/7
					14	65/7	—	38/28	39/28	38/28	—	65/7

表 6-7(续)

公称容积/m^3	球壳内直径或球罐基础中心圆直径/mm	几何容积/m^3	支柱底板底面至球壳赤道平面的距离/mm	球壳分带数	支柱根数	各带球心角(°)/各带分块数						
						上极 F	上寒带 D	上温带 B	赤道带 A	下温带 C	下寒带 E	下极 G
6 000	22 600	6 044	13 200	5	12	75/7	—	30/24	45/24	30/24	—	75/7
					14	65/7	—	38/28	39/28	38/28	—	65/7
8 000	24 800	7 986	14 400	5	14	65/7	—	38/28	39/28	38/28		65/7
10 000	26 800	10 079	15 400	5	14	65/7	—	38/28	39/28	38/28	—	65/7
12 000	28 400	11 994	16 200	5	14	65/7	—	38/28	39/28	38/28	—	65/7
15 000	30 600	15 002	17 200	5	14	60/7	—	40/32	40/32	40/32	—	60/7
18 000	32 500	17 974	18 200	5	16	56/7	—	41/32	42/32	41/32	—	56/7
				6	16	50/7	30/36	32/36	36/36	32/36	—	50/7
20 000	33 700	20 040	18 800	6	18	50/7	30/36	32/36	36/36	32/36	—	50/7
23 000	35 300	23 032	19 600	6	18	50/7	30/36	32/36	36/36	30/36	—	50/7
25 000	36 300	25 045	20 200	6	18	50/7	30/36	32/36	36/36	32/36	—	50/7
				7	20	45/7	27/30	27/40	27/40	27/40	27/30	40/7

6.3.1　球壳厚度设计

(1) 本节公式的适用范围为 $P_c \leqslant 0.6[\sigma]^t\phi$

设计温度下球壳的计算壁厚按下式计算：

$$\delta = \frac{P_c D_i}{4[\sigma]^t\phi - P_c} \tag{6-1}$$

式中　δ——球壳的计算厚度，mm；

P_c——计算压力，MPa；

D_i——球壳的内直径，mm；

$[\sigma]^t$——设计温度下球壳材料的许用应力(按 GB 150.2—2011)，MPa；

ϕ——焊接接头系数。

(2) 球壳的计算应力

$$\sigma^t = \frac{P_c(D_i + \delta_e)}{4\delta_e} \tag{6-2}$$

式中　σ^t——球壳的计算应力，该值应小于或等于 $[\sigma]^t\phi$，MPa；

δ_e——球壳的有效厚度，mm。

(3) 设计温度下球壳的最大允许工作压力

$$[P_w] = \frac{4\delta_e[\sigma]^t\phi}{D_i + \delta_e} \tag{6-3}$$

(4) 耐压试验

内压容器的液压试验压力值按式(3-1)确定。

气压试验或气液组合试验压力值按式(3-2)确定。

试验压力下球体的应力：

$$\sigma_T = \frac{(P_T + P_{Ti})(D_i + \delta_e)}{4\delta_e} \tag{6-4}$$

式中 δ_e——球壳的有效厚度，mm。

P_{Ti}——液柱静压力，MPa。

液压试验时，σ_T 应满足：$\sigma_T \leqslant 0.9\phi R_{eL}(R_{P0.2})$。

气压试验或气液组合试验时，σ_T 应满足：$\sigma_T \leqslant 0.8\phi R_{eL}(R_{P0.2})$。其中，$R_{eL}(R_{P0.2})$为壳体材料在试验温度下屈服强度(或 0.2%非比例延伸强度)，MPa。

6.3.2 混合式球壳排板计算

(1) 结构

混合式球壳的排板如图 6-3 所示。

(2) 赤道板尺寸

赤道板尺寸如图 6-4 所示。

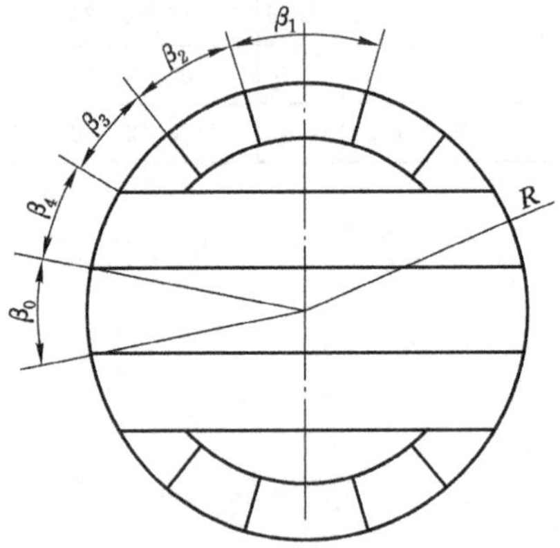

R—球罐半径，mm；β_0—赤道带球心角，(°)；β_1—极中版球心角，(°)；
β_2—极侧板球心角，(°)；β_3—极侧板球心角，(°)；β_4—温带球心角，(°)。

图 6-3 混合式球壳的排板

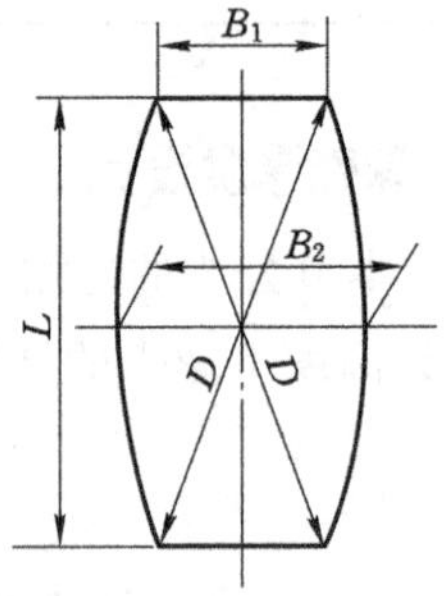

图 6-4 赤道板尺示意图

赤道带周向球心角：

$$\alpha = \frac{360°}{N} \tag{6-5}$$

式中 N——赤道带分瓣数。

赤道板弧长：

$$\hat{L} = \frac{\pi R \beta_0}{180°} \tag{6-6}$$

赤道板弦长：

$$\bar{L} = 2R\sin\frac{\beta_0}{2} \tag{6-7}$$

赤道板弧长：

$$\hat{B}_1=\frac{2\pi R}{N}\cos\frac{\beta_0}{2} \tag{6-8}$$

赤道板弦长：

$$\bar{B}_1=2R\cos\frac{\beta_0}{2}\sin\frac{\alpha}{2} \tag{6-9}$$

赤道板水平中心线处弧长：

$$\hat{B}_2=\frac{2\pi R}{N} \tag{6-10}$$

赤道板水平中心线处弦长：

$$\bar{B}_2=2R\sin\frac{\alpha}{2} \tag{6-11}$$

赤道板对角线弦长：

$$\bar{D}=2R\sqrt{1-\cos^2\frac{\beta_0}{2}\cos^2\frac{\alpha}{2}} \tag{6-12}$$

赤道板对角线弧长：

$$\hat{D}=\frac{\pi R}{90^\circ}\arcsin\frac{\bar{D}}{2R} \tag{6-13}$$

(3) 极板尺寸计算

极板尺寸如图 6-5 所示。

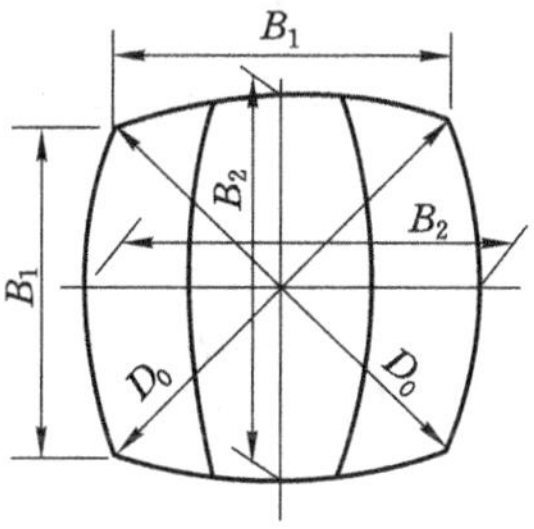

图 6-5　极板尺寸示意图

对角线弦长与弧长的最大间距：

$$H=\sqrt{1+\sin^2\left(\frac{\beta_1}{2}+\beta_2\right)} \tag{6-14}$$

极板上、下侧弦长：

$$\bar{B}_1=\frac{2R\sin\left(\frac{\beta_1}{2}+\beta_2\right)}{H} \tag{6-15}$$

极板上、下侧弧长：

$$\hat{B}_1=\frac{\pi R}{90^\circ}\arcsin\frac{\bar{B}_1}{2R} \tag{6-16}$$

极板对角线弦长：

$$\bar{D}_0 = \sqrt{2}\bar{B}_1 \tag{6-17}$$

极板对角线弧长：

$$\hat{D}_0 = \frac{\pi R}{90^\circ}\arcsin\frac{\bar{D}_0}{2R} \tag{6-18}$$

极板水平中心线处弧长：

$$\hat{B}_2 = \frac{\pi R(\beta_1 + 2\beta_2)}{180^\circ} \tag{6-19}$$

极板水平中心线处弦长：

$$\bar{B}_2 = 2R\sin\left(\frac{\beta_1}{2} + \beta_2\right) \tag{6-20}$$

① 极中板尺寸计算。极中板尺寸如图 6-6 所示。

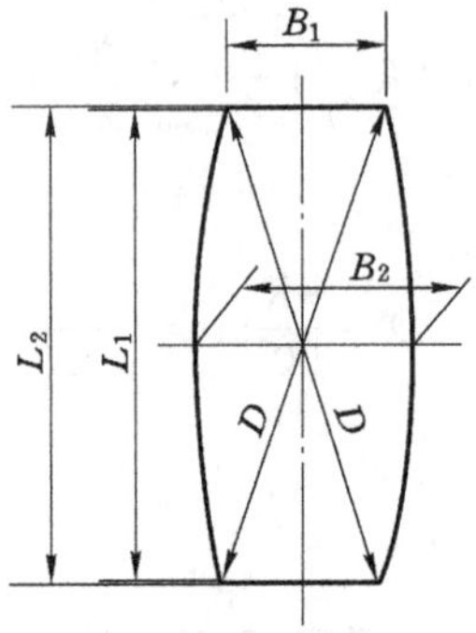

图 6-6　极中板尺寸示意图

极中板水平中心线处弧长：

$$\hat{B}_2 = \frac{\pi R\beta_1}{180^\circ} \tag{6-21}$$

极中板水平中心线处弦长：

$$\bar{B}_2 = 2R\sin\frac{\beta_1}{2} \tag{6-22}$$

极中板左、右弦长：

$$\bar{L}_1 = \frac{2R\cos\frac{\beta_1}{2}\sin\left(\frac{\beta_1}{2} + \beta_2\right)}{A} \tag{6-23}$$

极中板左、右弧长：

$$\hat{L}_2 = \frac{\pi R(\beta_1 + 2\beta_2)}{180^\circ} \tag{6-24}$$

极中板左、右弦长：

$$\bar{L}_2 = 2R\sin\left(\frac{\beta_1}{2} + \beta_2\right) \tag{6-25}$$

极中板左、右弧长：

$$\hat{L}_1 = \frac{\pi R}{90°}\arcsin\frac{L_1}{2R} \tag{6-26}$$

极中板上、下弦长：

$$\bar{B}_1 = \frac{2R\sin\frac{\beta_1}{2}\cos\left(\frac{\beta_1}{2}+\beta_2\right)}{A} \tag{6-27}$$

极中板上、下弧长：

$$\hat{B}_1 = \frac{\pi R}{90°}\arcsin\left(\frac{\bar{B}_1}{2R}\right) \tag{6-28}$$

极中板对角线弦长：

$$\bar{D} = \sqrt{\bar{L}_1^{\,2} + \bar{B}_1^{\,2}} \tag{6-29}$$

极中板对角线弧长：

$$\hat{D} = \frac{\pi R}{90°}\arcsin\frac{\bar{D}}{2R} \tag{6-30}$$

对角线弦长与弧长的最大间距：

$$A = \sqrt{1-\sin^2\frac{\beta_1}{2}\sin^2\left(\frac{\beta_1}{2}+\beta_2\right)} \tag{6-31}$$

② 极侧板尺寸计算。极侧板尺寸如图 6-7 所示。

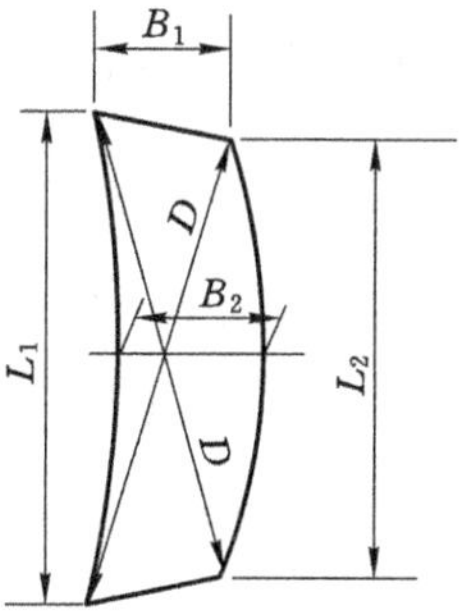

图 6-7　极侧板尺寸示意图

极侧板左弦长：

$$\bar{L}_1 = 2R\cos\frac{\beta_1}{2}\sin\frac{\left(\frac{\beta_1}{2}+\beta_2\right)}{A} \tag{6-32}$$

极侧板左弧长：

$$\hat{L}_1 = \frac{\pi R}{90°}\arcsin\frac{\bar{L}_1}{2R} \tag{6-33}$$

极侧板右弦长：

$$\bar{L}_2 = \frac{2R\sin\left(\frac{\beta_1}{2}+\beta_2\right)}{H} \tag{6-34}$$

极侧板右弧长：

$$\hat{L}_2=\frac{\pi R}{90^\circ}\arcsin\frac{\bar{L}_2}{2R} \tag{6-35}$$

极侧板水平中心线处弧长：

$$\hat{B}_2=\frac{\pi R\beta_2}{180^\circ} \tag{6-36}$$

极侧板水平中心线处弦长：

$$\bar{B}_2=2R\sin\frac{\beta_2}{2} \tag{6-37}$$

极侧板上、下弧长：

$$\hat{B}_1=\frac{\pi R\varepsilon_1}{180^\circ} \tag{6-38}$$

极侧板上、下弦长：

$$\bar{B}_1=2R\sin\frac{\varepsilon_1}{2} \tag{6-39}$$

极侧板对角线弦长：

$$\bar{D}=\sqrt{\bar{L}_1\bar{L}_2+\bar{B}_1^2} \tag{6-40}$$

极侧板对角线弧长：

$$\hat{D}=\frac{\pi R}{90}\arcsin\frac{\bar{D}}{2R} \tag{6-41}$$

其中，A 和 H 同极中板中的计算。

$$k=\frac{2R\sin\frac{\beta_1}{2}\cos\left(\frac{\beta_1}{2}+\beta_2\right)}{A} \tag{6-42}$$

$$\varepsilon_1=\arcsin\frac{\bar{L}_2}{2R}-\arcsin\frac{k}{2R} \tag{6-43}$$

③ 极边板的计算。极板尺寸如图 6-8 所示。

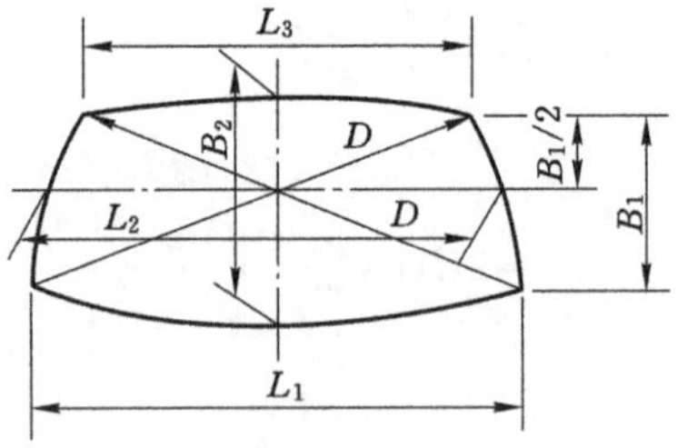

图 6-8 极边板尺寸示意图

弧长：

$$\hat{L}_1=\frac{\pi R}{2}\cos\frac{\beta_0}{2} \tag{6-44}$$

弦长：

$$\bar{L}_1=\sqrt{2}R\cos\frac{\beta_0}{2} \tag{6-45}$$

弦长：

$$\bar{L}_3=\frac{2R\sin\left(\frac{\beta_1}{2}+\beta_2\right)}{H} \tag{6-46}$$

弧长：

$$\hat{L}_3=\frac{\pi R}{90^\circ}\arcsin\frac{\bar{L}_2}{2R} \tag{6-47}$$

弧长：

$$\hat{B}_2=\frac{\pi R\beta_3}{180^\circ} \tag{6-48}$$

弦长：

$$\bar{B}_2=2R\sin\frac{\beta_3}{2} \tag{6-49}$$

弧长：

$$\hat{B}_1=\frac{\pi R\alpha_2}{180^\circ} \tag{6-50}$$

弦长：

$$\bar{B}_1=2R\sin\frac{\alpha_2}{2} \tag{6-51}$$

弦长：

$$\bar{D}=\sqrt{\bar{L}_1\bar{L}_3+\bar{B}_1^{\,2}} \tag{6-52}$$

弧长：

$$\hat{D}=\frac{\pi R}{90^\circ}\arcsin\frac{\bar{D}}{2R} \tag{6-53}$$

弧长：

$$\hat{L}_2=\frac{\pi R\alpha_4}{180^\circ} \tag{6-54}$$

弦长：

$$\bar{L}_2=\sqrt{2}R\sin\frac{\alpha_3}{2} \tag{6-55}$$

式中：

$$\alpha_2=\frac{180^\circ-\beta_0}{2}-\arcsin\frac{\bar{D}_0}{2R} \tag{6-56}$$

$$\alpha_3=90^\circ-\frac{\beta_0}{2}+\arcsin\frac{M}{2R} \tag{6-57}$$

$$\alpha_4 = 2\arcsin\left(\frac{\sqrt{2}}{2}\sin\frac{\alpha_3}{2}\right) \tag{6-58}$$

$$M = \frac{2\sqrt{2}R\sin\left(\frac{\beta_1}{2}+\beta_2\right)}{H} \tag{6-59}$$

其中，H 和 $\bar{D}_0$ 计算同前。

④ 温带板尺寸计算。

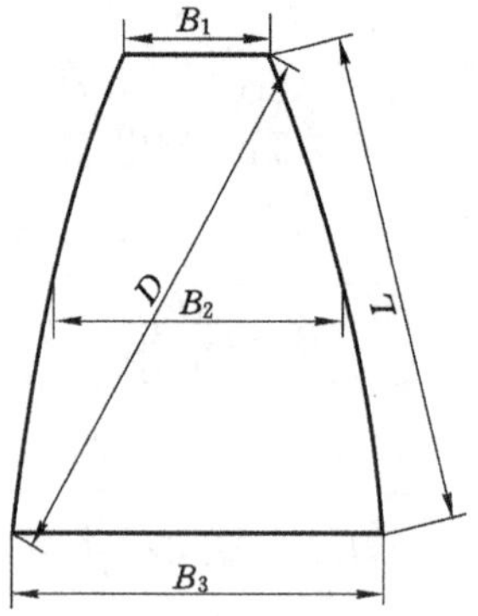

图 6-9　温带板尺寸示意图

弧长：

$$\hat{B}_1 = \frac{2\pi R}{n}\cos\left(\frac{\beta_0}{2}+\beta_4\right) \tag{6-60}$$

式中　n——温带分瓣数。

弦长：

$$\bar{B}_1 = 2R\cos\left(\frac{\beta_0}{2}+\beta_4\right)\sin\frac{\pi}{n} \tag{6-61}$$

弧长：

$$\hat{B}_2 = \frac{2\pi R}{n}\cos\left(\frac{\beta_0}{4}+\beta_4\right) \tag{6-62}$$

弦长：

$$\bar{B}_2 = 2R\cos\left(\frac{\beta_0}{4}+\beta_4\right)\sin\frac{\pi}{n} \tag{6-63}$$

弧长：

$$\hat{B}_3 = \frac{2\pi R}{n}\cos\frac{\beta_0}{2} \tag{6-64}$$

弦长：

$$\bar{B}_3 = 2R\cos\frac{\beta_0}{2}\sin\frac{\pi}{n} \tag{6-65}$$

弧长：

$$\hat{L} = \frac{\pi R\beta_4}{180^\circ} \tag{6-66}$$

弦长：

$$\bar{L} = 2R\sin\frac{\beta_4}{2} \tag{6-67}$$

弧长：

$$\hat{D} = \frac{\pi R}{90^\circ}\arcsin\frac{\bar{D}}{2R} \tag{6-68}$$

弦长：

$$\bar{D} = \sqrt{\bar{B}_1\bar{B}_3 + \bar{L}^2} \tag{6-69}$$

6.3.3　球壳板坡口

球壳板坡口形式可或参照表 6-8 确定。

表 6-8　球壳板坡口形式及尺寸

坡口形式	坡口尺寸	
	埋弧焊	焊条电弧焊
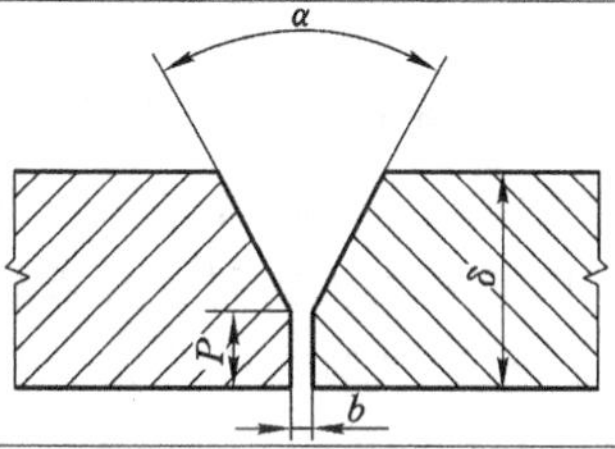	δ=10～24 mm, P=6 m±2 mm, b=2 mm±2 mm, α=55°±5°	δ=6～24 mm, P=2 mm±1 mm, b=2 mm±2 mm, α=55°±5°
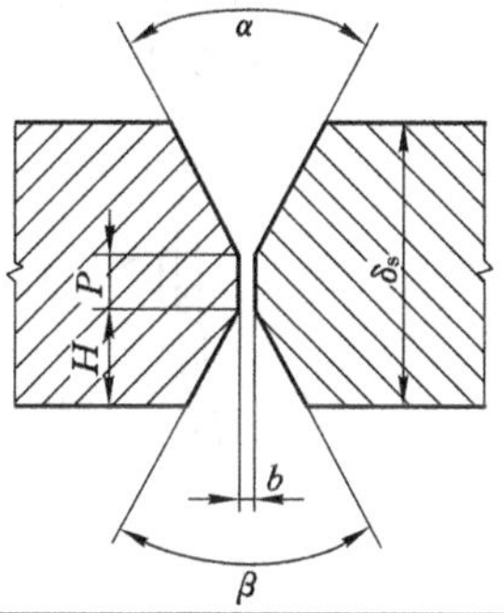	δ=20～50 mm, H=10 mm±1 mm, P=6 mm±2 mm, b=2 mm±2 mm, α=50°±5°, β=55°±5°	δ=20～50 mm, $H=\frac{1}{3}\delta\pm1.5$ mm, P=2 mm±1 mm, b=2 mm±2 mm, α=50°±5°, β=55°±5°

相邻两板的厚度差大于薄板厚度 25%以及大于或等于 3 mm 时，厚板边缘应按图 6-10 削成斜边，削边后的端部厚度应等于薄板厚度。

6.4　支座

球罐支座是球中用以支承本体重量和物料重量的重要结构部件。由于球罐设置在室外，受到各种环境的影响，如风载荷、地震载荷和环境温度变化的作用，为此支座的结构形式比较多。

球罐的支座分为柱式支座和裙式支座两大类。柱式支座中又以赤道正切柱式支座用得最多，为国内外普遍采用。

赤道正切柱式支座的特点是：多根圆柱状支柱在球壳赤道带等距离布置，支柱中心线与球壳相切或相割而焊接起来。为了使支柱支承球罐之重量的同时，还能承受风载荷和地震载荷，保证球罐的稳定性，必须在支柱之间设置连接拉杆。这种支座的优点是受力均匀，弹性好，能承受热膨胀的变形，安装方便，施工简单，容易调整，现场操作和检修也方便。其缺点是球罐重心高，稳定性相对较差。

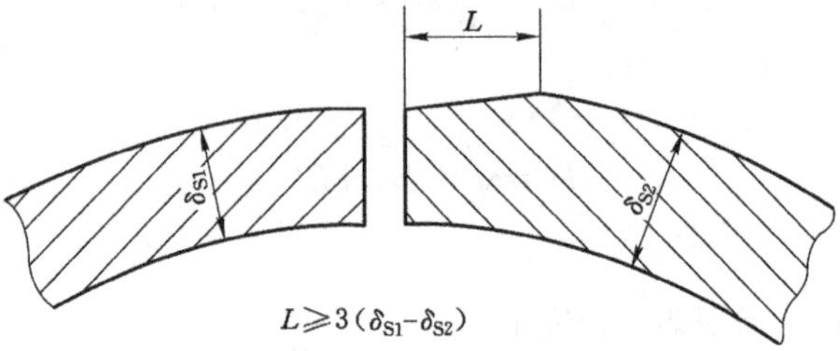

$L \geqslant 3(\delta_{S1}-\delta_{S2})$

图 6-10　厚板削边示意图

6.4.1　支柱的结构

如图 6-11 所示，支柱应采用钢管或钢板卷制；分段长度不宜小于支柱总长的 1/3，段间环向接头应采用带垫板对接接头，应全熔透；支柱顶部设有球形或椭圆形的防雨盖板；支柱上应设置通气口以保护支柱内部的气体在受热膨胀时能及时的溢出，从而避免支柱由此而失稳破裂；储存易燃物料及液化石油气的球罐应设置防火层，防止发生火灾时支柱被烧软失稳倒塌、引起球罐破坏事故；支柱底板中心应设置通孔；支柱底板的地脚螺栓孔应为径向长圆孔，以便支柱的径向移动。特别是在球罐整体焊后，在热处理过程中，由于球罐的热胀冷缩，支柱需做径向位置调整，位移主要是通过支柱底板底部的固定滑板或滚柱来实现。

支柱分单段式和双段式两种。单段式支柱由一根圆管或卷制圆筒组成，其上端与球壳相接的圆弧形状通常由制造厂完成，下端与底板焊好，然后运到现场与球罐进行组装和焊接。单段式支柱主要用于常温球罐。

双段式支柱适用于低温球罐（设计温度为－100～－20 ℃）、深冷球罐（设计温度小于－100 ℃）等特殊材质的支座。按低温球罐设计要求，与球壳相连校的支柱必须选用与壳体相同的低温材料。因此，支柱设计为两段，上段支柱一般在制造厂内与球瓣进行组对焊接，并对连接焊缝进行焊后消除应力热处理，其设计高度一般为支柱总高度的 30%～40%，上、下两段支柱采用相同尺寸的圆管或圆筒组成，在现场进行地面组对，下段支柱可采用一般材料。

常温球罐有时为了改善柱头与球壳的连接应力状况，也常采用双段式支柱结构，不过此时不要求上段支柱采用与球壳相同的材料。双段式支柱结构较为复杂，但它与球壳相焊处的应力水平较低，故得到广泛应用。

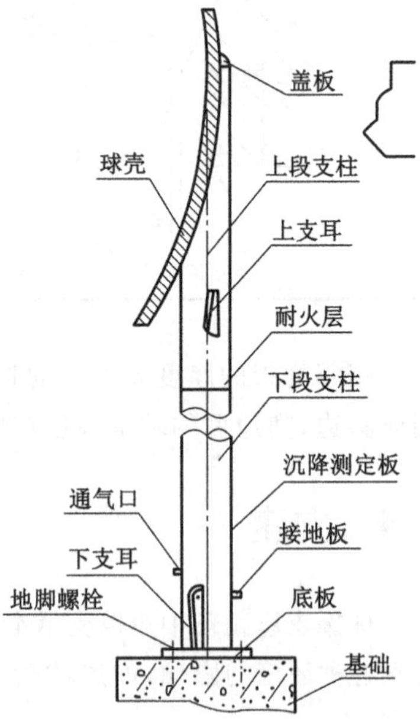

图 6-11　支柱结构简图

6.4.2　拉杆

拉杆的作用是承受风载荷与地震载荷作用，增加球罐的稳定性。拉杆结构分可调式和固定式两种。

可调式拉杆有多种形式：单层交叉可调式拉杆、双层交叉可调式拉杆、相隔一柱单层交叉可调式拉杆等可以改善拉杆的受力状况，从而获得更好的球罐稳定性。图 6-12(a)所示为可调试拉杆，目前国内自行建造的球罐和引进球罐大部分都采用可调式拉杆结构。固定式拉杆结构如图 6-12(b)所示，其拉杆通常采用钢管制作，管状拉杆必须开设排气孔。拉杆的一端焊在支柱的加强板上，另一端则焊在交叉节点的中心固定板上，也可以取消中心板面将拉杆直接十字焊接。固定式拉杆的优点是制作简单、施工方便，但不可调节。

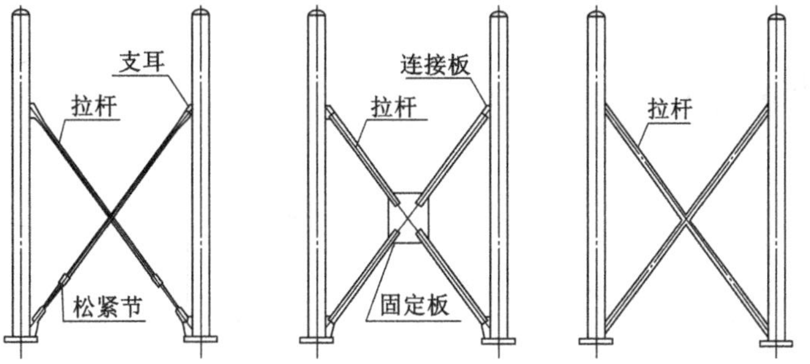

(a) 可调式　　(b) 固定式

图 6-12　拉杆结构形式

6.5　开孔及接管

6.5.1　人孔

球罐设置人孔是作为工作人员进出球罐以进行检验和维修之用。球罐在施工过程中，罐内的通风、烟尘的排除、脚手架的搬运甚至内件的组装等需要通过人孔；若球罐需要进行消除应力的整体热处理时，球罐的上人孔被用于调节空气和排烟，球罐的下人孔被用于通进柴油和放置喷火嘴。因此，人孔的位置应适当，其直径必须保证工作人员能携带工具进出球罐方便。球罐应开设两个人孔，分别设置在上、下极带上；若球罐必须进行焊后整体热处理，则人孔应设置在上、下极带的中心。球罐人孔直径以 DN500 为宜，小于 DN500 人员进出不便；大于 DN500，开孔削弱较大，往往导致补强元件结构过大。人孔的材质应根据球罐的不同工艺操作条件选取。

人孔的结构在球罐上最好采用带整体锻件凸缘补强的回转盖或水平吊盖形式，补强可采用整体锻件凸缘补强及补强板补强两种。在有压力情况下，人孔法兰一般采用带颈对焊法兰，密封面大都采用凹凸面形式。

6.5.2　接管

球罐由于工艺操作需要安装各种规格的接管。接管与球壳连接处是强度的薄弱环节，一般采用厚壁管或整体锻件凸缘等补强措施以提高其强度。球罐接管设计还要采取以下措施：

(1) 接管材料

与球壳相焊的接管最好选用与球壳相同或相近的材质；低温球罐应选用低温配管用钢管，并保证在低温下具有足够的冲击韧性；

(2) 开孔位置

球罐接管除工艺特殊要求外，应尽量布置在上、下带板上，以便集中控制，并使接管焊接能在制造厂完成制作、无损检测，统一进行焊后消除应力热处理；

(3) 孔的补强

由于球罐容积大，一般其壳体壁厚都较接管厚很多。为了保证焊接质量，接即使是小直径接管也应采用厚壁管。

6.6 球罐质量计算

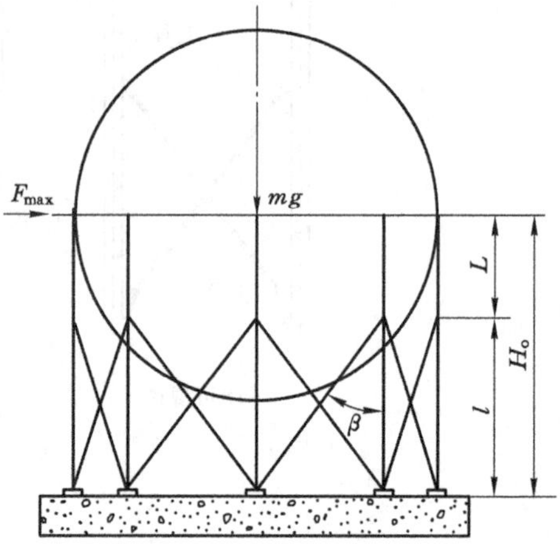

图 6-13　球罐结构简图

(1) 操作状态下的球罐质量计算

$$m_0 = m_1 + m_2 + m_4 + m_5 + m_6 + m_7 \quad (6\text{-}70)$$

(2) 液压试验状态下的球罐质量计算

$$m_T = m_1 + m_3 + m_6 + m_7 \quad (6\text{-}71)$$

(3) 球罐最小质量计算

$$m_{min} = m_1 + m_6 + m_7 \quad (6\text{-}72)$$

式中　m_1——球壳质量，kg。

$$m_1 = \pi D_{cp}^2 \delta_n \rho_1 \times 10^{-9} \quad (6\text{-}73)$$

式中　D_{cp}——球壳的平均直径，mm；

δ_n——球壳名义厚度，mm；

ρ_1——球壳材料密度，kg/m^3；

m_2——介质质量，kg。

$$m_2 = \frac{\pi}{6} D_i^3 \rho_2 k \times 10^{-9} \quad (6\text{-}74)$$

式中　D_i——球壳内直径，mm；

ρ_2——介质密度，kg/m^3；

k——装量系数；

m_3——液压试验时液体的质量，kg。

$$m_3 = \frac{\pi}{6} D_i^3 \rho_3 \times 10^{-9} \quad (6\text{-}75)$$

式中　ρ_3——液压试验时液体的密度，kg/m^3；

m_4——积雪质量，kg。

$$m_4 = \frac{\pi}{4g} D_0^2 q C_s \times 10^{-6} \quad (6\text{-}76)$$

式中　D_0——球壳外直径(当有保温层时，为保温层外直径)，mm；

q——基本雪压值，N/m^2；

C_s——球面的积雪系数，取 $C_s=0.4$；

m_5——保温层质量，kg；

m_6——支柱和拉杆的质量，kg；

m_7——附件质量，包括人孔、接管、液位计、内件、喷淋装置、安全阀、梯子平台等，kg。

6.7　地震载荷计算

6.7.1　自振周期

球罐可视为一个单质点体系，其基本自振周期计算：

$$T=\pi\sqrt{\frac{m_0 H_0^3 \xi \times 10^{-3}}{3nE_s I}} \tag{6-77}$$

式中　H_0——支柱底板地面至球壳赤道平面的距离（图 6-13），mm；

n——支柱数目；

E_s——支柱材料的室温弹性模量，MPa；

I——支柱横截面的惯性矩，mm^4；

ξ——拉杆影响系数。

$$\xi=1-\left(\frac{l}{H_0}\right)^2\left(3-\frac{2l}{H_0}\right) \tag{6-78}$$

式中　l——支柱底板地面至上支耳销子中心的距离（图 4-12），mm。

ξ 值也可由表 6-9 查取。

表 6-9　拉杆影响系数

l/H_0	0.90	0.80	0.75	0.70	0.65	0.60	0.50
ξ	0.028	0.104	0.156	0.216	0.282	0.352	0.50

注：中间值用内插法计算。

支柱横截面的惯性矩为：

$$I=\frac{\pi}{64}(d_o^4-d_i^4) \tag{6-79}$$

式中　d_o——支柱外直径，mm；

d_i——支柱内直径，mm。

6.7.2　地震载荷

抗震设防烈度和设计基本地震加速度的对应关系应符合表 6-10 的规定。

表 6-10　抗震设防烈度和设计基本地震加速度的对应关系

抗震设防烈度	7	8	9
设计基本地震加速度	$0.10g(0.15g)$	$0.20g(0.30g)$	$0.40g$

球罐水平地震力计算：

$$F_e = a m_0 g \tag{6-80}$$

式中　a——对应于球罐自振周期 T 的地震影响系数，按图 6-14 选取。

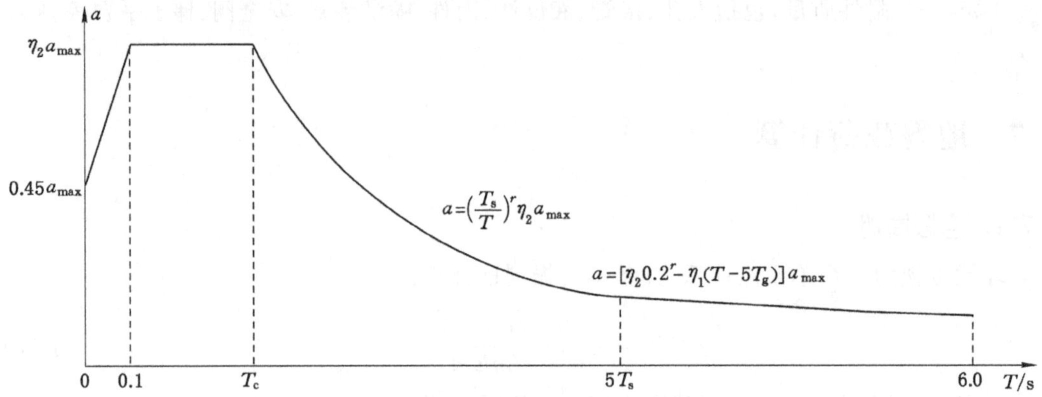

图 6-14　对应于球罐自振周期 T 的地震影响系数

图 6-14 中，a_{max} 为水平地震影响系数最大值，按表 6-11 选取；T_g 为各类场地的特征周期，按表 6-12 选取，s；γ 为曲线下降段的衰减指数；η_2 为阻尼调整系数，见式(6-83)。

表 6-11　水平地震影响系数最大值

抗震设防烈度	7	8	9
a_{max}	0.08(0.12)	0.16(0.24)	0.32

注：括号中数值分别用于设计基本地震加速度 0.15g 和 0.30g 的地区。

表 6-12　场地的特征周期 T_g

设计地震分组	场地类别				
	Ⅰ₀	Ⅰ₁	Ⅱ	Ⅲ	Ⅳ
第一组	0.20	0.25	0.35	0.45	0.65
第二组	0,25	0.30	0.40	0.55	0.75
第三组	0.30	0.35	0.45	0.65	0.90

$$\gamma = 0.9 + \frac{0.05-\zeta}{0.3+6\zeta} \tag{6-81}$$

式中　ζ——阻尼比，阻尼比应根据实测值确定，无实测数据时，可取 $\zeta=0.035$。

η_1 为直线下降段下降斜率的调整系数，即

$$\eta_1 = 0.02 + \frac{0.05-\zeta}{4+32\zeta} \tag{6-82}$$

当 $\eta_1<0$ 时，应取 0。

η_2 为阻尼调整系数，即

$$\eta_2 = 1 + \frac{0.05-\zeta}{0.08+1.6\zeta} \tag{6-83}$$

当 $\eta_2<0.55$ 时，应取 0.55。

6.8　风载荷计算

球罐的水平风力计算：

$$F_W=\frac{\pi}{4}D_0^2k_1k_2q_0f_1f_2\times10^{-6} \tag{6-84}$$

式中　k_1——风载荷体型系数，取 $k_1=0.4$；

k_2——球罐的风振系数；

$$k_2=1+0.35\xi_1 \tag{6-85}$$

式中　ξ_1——系数，根据球罐的基本自振周期按表 6-13 选取；

q_0——基本风压值，N/m^2，按 GB 50009 的规定或当地气象部门资料选取，但均不应小于 300 N/m^2；

f_1——风压高度变化系数，按表 6-14 选取；

f_2——球罐附件增大系数，取 $f_2=1.1$。

表 6-13　系数 ξ_1

T/s	<0.25	0.5	1.0	1.5	2.0	2.5	3.0	4.0	≥5.0
ξ_1	1.0	1.4	1.7	2.0	2.3	2.5	2.7	3.0	3.2

注：中间值用内插法计算。

表 6-14　风压高度变化系数

距地面高度 H_0/m	地面粗糙类别			
	A	B	C	D
5	1.09	1.00	0.65	0.51
10	1.28	1.00	0.65	0.51
15	1.42	1.13	0.65	0.51
20	1.52	1.23	0.74	0.51
30	1.67	1.39	0.88	0.51
40	1.79	1.52	1.00	0.60

注：1. A 类指近海海面和海岛、海岸、湖岸及沙漠地区；B 类指田野、乡村、丛林、丘陵以及房屋比较稀疏的乡镇；C 类指有密集建筑群的城市市区；D 类指有密集建筑排且房屋较高的城市市区。

2. 中间值可采用线性内插法求取。

6.9　弯矩计算

视地震载荷和风载荷为一作用于球壳中心的集中水平载荷，则由水平地震和水平风力引起的最大弯矩计算：

$$M_{max}=F_{max}L \tag{6-86}$$

式中 F_{max}——最大水平力，取($F_e+0.25F_w$)与F_w的较大值，N；

L——力臂，mm，$L=H_0-l$（图 6-13）。

6.10 支柱计算

本计算适用于可调式拉杆的支柱计算。

6.10.1 单个支柱的垂直载荷

重力载荷：

操作状态下的重力载荷计算：

$$G_0=\frac{m_0g}{n} \tag{6-87}$$

液压试验状态下的重力载荷计算：

$$G_T=\frac{m_Tg}{n} \tag{6-88}$$

最大弯矩对支柱产生的垂直载荷计算：

$$F_i=-\frac{2M_{max}\cos\theta_i}{nR} \tag{6-89}$$

式中 F_i——最大弯矩对 i 支柱产生的垂直载荷，N；

θ_i——支柱的方位角，(°)，见图 6-15。

A 向受力时支柱方位角计算：

$$\theta_i=i\frac{360°}{n} \tag{6-90}$$

B 向受力时支柱方位角计算：

$$\theta_i=\left(i-\frac{1}{2}\right)\frac{360°}{n} \tag{6-91}$$

式中 i——支柱在 0°～180°范围内的顺序号(图 6-15 和图 6-16)。

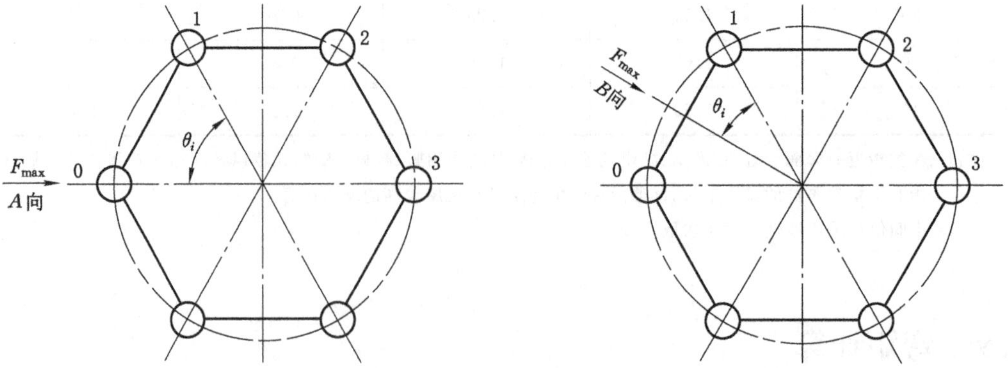

图 6-15 支柱的方位角(1)

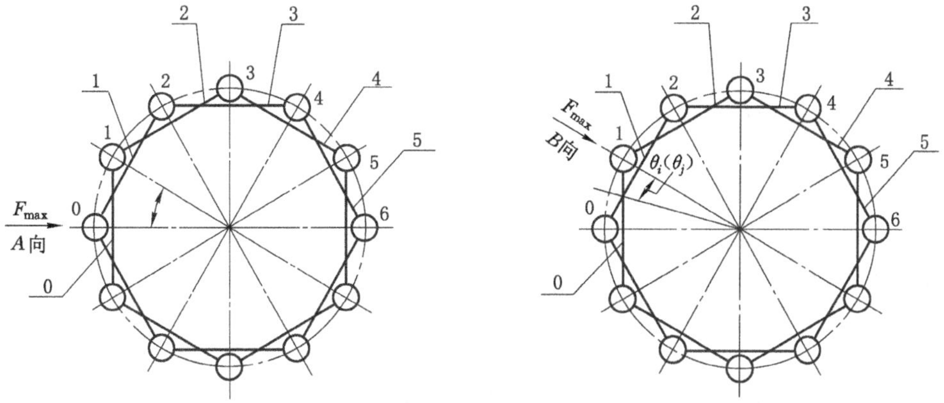

图 6-16　支柱的方位角(2)

拉杆作用在支柱上垂直载荷：

(1) 所有相邻两支柱间用拉杆连接时，拉杆作用在支柱上的垂直载荷

$$P_{i-j}=\frac{lF_{\max}\sin\theta_j}{nR\sin\dfrac{180^\circ}{n}} \tag{6-92}$$

(2) 每隔一支柱用拉杆连接时，拉杆作用在支柱上的垂直载荷

$$P_{i-j}=\frac{lF_{\max}\sin\theta_j}{nR\sin\dfrac{360^\circ}{n}} \tag{6-93}$$

式中　P_{i-j}——拉杆 j 作用在支柱 i 上垂直载荷，N，$i=j+1$，$j=0,1,2,3,\cdots,n$。

θ_j——拉杆 j 的方位角，(°)。

当所有相邻两支柱用拉杆连接时(图 6-17)：

A 向受力时拉杆方位角计算：

$$\theta_j=\left(j+\frac{1}{2}\right)\frac{360^\circ}{n} \tag{6-94}$$

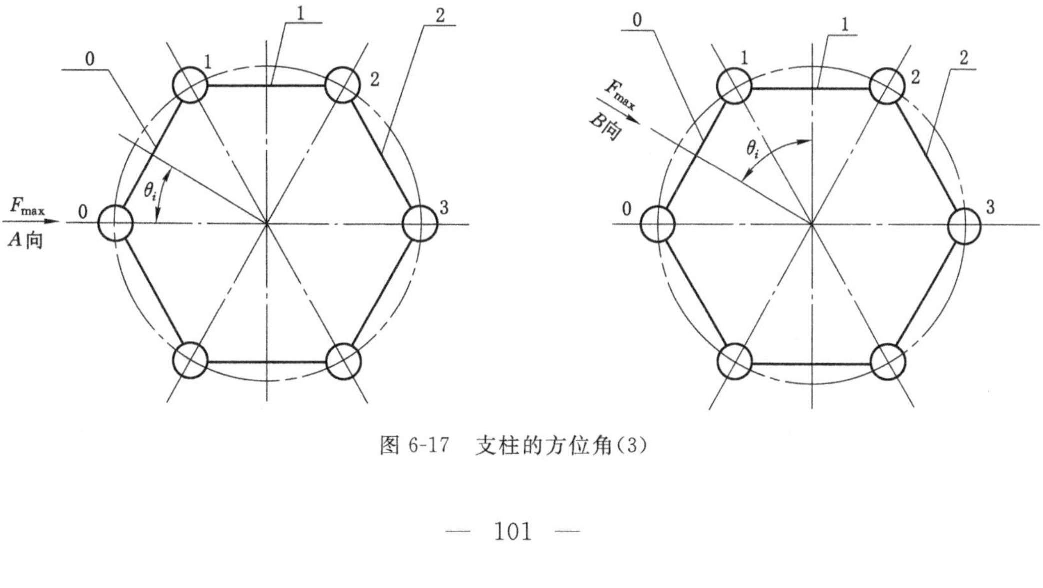

图 6-17　支柱的方位角(3)

B 向受力时拉杆方位角计算：

$$\theta_j = j\,\frac{360^\circ}{n} \tag{6-95}$$

当每隔一支柱用拉杆连接时(图 6-17)：

A 向受力时拉杆方位角计算：

$$\theta_j = j\,\frac{360^\circ}{n} \tag{6-96}$$

B 向受力时拉杆方位角计算：

$$\theta_j = \left(j - \frac{1}{2}\right)\frac{360^\circ}{n} \tag{6-97}$$

式中　j——拉杆在 0°～180°范围内的顺序号，分别见图 6-16 和图 6-17。

支柱的最大垂直载荷：

操作状态下支柱的最大垂直载荷计算：

$$W_0 = G_0 + (F_i + P_{i-j})_{\max} \tag{6-98}$$

液压试验状态下支柱的最大垂直载荷计算：

$$W_T = G_T + 0.3(F_i + P_{i-j})_{\max}\frac{F_W}{F_{\max}} \tag{6-99}$$

式中　$(F_i + P_{i-j})_{\max}$——各支柱$(F_i + P_{i-j})$中的最大值，N。

在 A 向或 B 向受力状态下，最大弯矩对支柱产生的垂直载荷的最大值$(F_i)_{\max}$、拉杆作用在支柱上的垂直载荷的最大值$(P_{i-j})_{\max}$及两者之和的最大值$(F_i + P_{i-j})_{\max}$按表 4-15 计算，最大值$(F_i + P_{i-j})_{\max}$的支柱位置见表 6-15。

当设计未采用表 6-15 中所列的支柱数目时，则$(F_i)_{\max}$、$(P_{i-j})_{\max}$、$(F_i + P_{i-j})_{\max}$按照上述公式计算 F_i、P_{i-j}，取$(F_i)_{\max}$的最大值、$(P_{i-j})_{\max}$的最大值、$(F_i + P_{i-j})_{\max}$的最大值。

表 6-15　载荷$(F_i)_{\max}$、$(P_{i-j})_{\max}$、$(F_i + P_{i-j})_{\max}$

拉杆连接方式	支柱数目	$(F_i)_{\max}$/N	$(P_{i-j})_{\max}$/N	$(F_i + P_{i-j})_{\max}$/N
所有相邻两支柱间用拉杆连接	4	0.500 0a	0.500 0b	0.500 0a+0.500 0b　A 向 2 号柱
	5	0.323 6a	0.323 6b	0.323 6a+0.323 6b　A 向 2 号柱
	6	0.333 3a	0.333 3b	0.333 3a +0.333 3b　A 向 3 号柱
	8	0.250 0a	0.326 6b	0.176 8a+0.301 8b　A 向 3 号柱
	10	0.200 0a	0.323 6b	0.117 6a+0.307 8b　B 向 4 号柱
	12	0.166 7a	0.322 0b	0.083 3a+0.311 0b　A 向 4 号柱
	14	0.142 9a	0.321 0b	0.062 0a +0.312 9b　B 向 5 号柱
	16	0.125 0a	0.320 4b	0.047 8a+0.314 2b　A 向 5 号柱
	18	0.111 1a	0,319 9b	0.038 0a+0.315 1b　B 向 6 号柱
	20	0.100 0a	0.319 6b	0.030 9a+0.315 7b　A 向 6 号柱

表 6-15(续)

拉杆连接方式	支柱数目	$(F_i)_{max}$/N	$(P_{i-j})_{max}$/N	$(F_i+P_{i-j})_{max}$/N
每隔一支柱用拉杆连接	8	0.250 0a	0.250 0b	0.250 0a+0.250 0b　A 向 4 号柱
	10	0.200 0a	0.200 0b	0.200 0a+0.200 0b　A 向 5 号柱
	12	0.166 7a	0.166 7b	0.166 7a+0.166 7b　A 向 6 号柱
	14	0.142 9a	0.164 6b	0.142 9a+0.142 9b　A 向 7 号柱
	16	0.125 0a	0.163 3b	0.069 4a+0.160 2b　B 向 6 号柱
	18	0.111 1a	0.162 4b	0.109 4a+0.162 4b　B 向 9 号柱
	20	0.100 0a	0.161 8b	0.098 8a+0.146 9b　B 向 10 号柱

注：$a=M_{max}/R$；$b=lF_{max}/R$。

6.10.2　单个支柱弯矩

支柱在操作或液压试验时，在内压力作用下，球壳直径增大，使支柱承受偏心弯矩和附加弯矩，如图 6-18 所示。

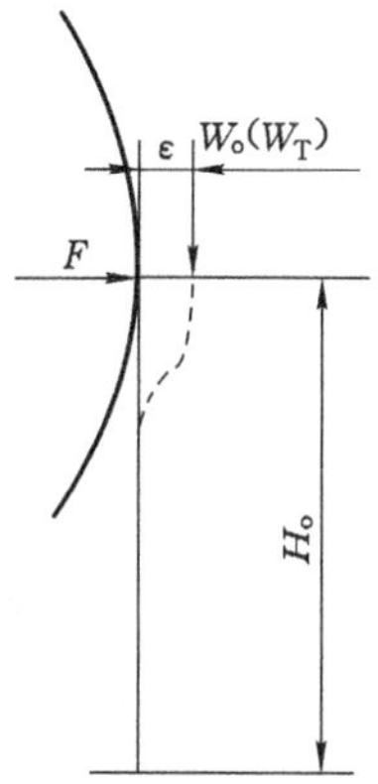

图 6-18　偏心弯矩和附加弯矩

(1) 偏心弯矩

操作状态下支柱的偏心弯矩计算：

$$M_{o1}=\frac{\sigma_{oe}R_iW_o}{E}(1-\mu) \tag{6-100}$$

式中　σ_{oe}——操作状态下球壳赤道线的薄膜应力，MPa。

$$\sigma_{oe}=\frac{(P+P_{oe})(D_i+\delta_e)}{4\delta_e} \tag{6-101}$$

式中　P_{oe}——操作状态下介质在赤道线的液柱静压力，MPa；

R_i——球壳内半径，mm；

E——球壳材料的室温弹性模量，MPa；

μ——球壳材料的泊松比，取 $\mu=0.3$。

液压试验状态下支柱的偏心弯矩计算：

$$M_{T1}=\frac{\sigma_{Te}R_iW_T}{E}(1-\mu) \tag{6-102}$$

式中　σ_{Te}——液压试验状态下球壳赤道线的薄膜应力，MPa。

$$\sigma_{Te}=\frac{(P_T+P_{Te})(D_i+\delta_e)}{4\delta_e} \tag{6-103}$$

式中　P_{Te}——液压试验状态下介质在赤道线的液柱静压力，MPa。

(2) 附加弯矩

操作状态下支柱的附加弯矩计算：

$$M_{o2}=\frac{6E_sI\sigma_{oe}R_i}{H_0^2E}(1-\mu) \tag{6-104}$$

液压试验状态下支柱的附加弯矩计算：

$$M_{T2} = \frac{6E_s I \sigma_{Te} R_i}{H_0^2 E}(1-\mu) \tag{6-105}$$

式中 E_s——支柱材料的室温弹性模量，MPa。

(3) 总弯矩

操作状态下支柱的总弯矩计算：

$$M_o = M_{o1} + M_{o2} \tag{6-106}$$

液压试验状态下支柱的总弯矩计算：

$$M_T = M_{T1} + M_{T2} \tag{6-107}$$

6.10.3 支柱稳定性校核

操作状态下支柱的稳定性校核：

$$\frac{W_o}{\phi_p A} + \frac{\beta_m M_o}{\gamma Z\left(1-0.8\frac{W_o}{W_{EX}}\right)} \leqslant [\sigma]_c \tag{6-108}$$

液压试验状态下支柱的稳定性校核：

$$\frac{W_T}{\phi_p A} + \frac{\beta_m M_T}{\gamma Z\left(1-0.8\frac{W_T}{W_{EX}}\right)} \leqslant [\sigma]_c \tag{6-109}$$

式中 ϕ_p——弯矩作用平面内轴心受压支柱稳定系数，根据支柱长细比(λ)、支柱类型和支柱材料按 GB 12337 选取；

β_m——等效弯矩系数，取 $\beta_m=1$；

γ——截面塑性发展系数，取 1.15；

Z——单个支柱的截面系数，$Z=\frac{\pi(d_0^4-d_i^4)}{32d_o}$，$mm^3$；

W_{EX}——欧拉临界力，$W_{EX}=\frac{\pi^2 E_s A}{\lambda^2}$，N；

$[\sigma]_c$——支柱材料的许用应力，$[\sigma]_c=R_{eL}/1.5$，其中 R_{eL} 为支柱材料在室温条件下的屈服强度(0.2%非比的延伸强度)，MPa。

其中，λ 为支柱长细比，计算公式如下：

$$\lambda = \frac{k_3 H_o}{r_i} \tag{6-110}$$

式中 k_3——计算长度系数，取 $k_3=1$；

r_i——支柱的惯性半径，mm。

$$r_i = \sqrt{\frac{I}{A}} \tag{6-111}$$

GB 12337 中未列入的材料的 ϕ_p 值可按下式计算：

当$\bar{\lambda} \leqslant 0.215$ 时：

$$\phi_p = 1 - \alpha_1 \bar{\lambda}^2 \tag{6-112}$$

当$\bar{\lambda} > 0.215$ 时：

$$\phi_p = \frac{1}{2\bar{\lambda}^2}\left[(\alpha_2 + \alpha_3\bar{\lambda} + \bar{\lambda}^2) - \sqrt{(\alpha_2 + \alpha_3\bar{\lambda} + \bar{\lambda}^2)^2 - 4\bar{\lambda}^2}\right] \tag{6-113}$$

式中　α_1，α_2，α_3——系数，对轧制钢管截面：$\alpha_1 = 0.41$，$\alpha_2 = 0.986$，$\alpha_3 = 0.152$；对焊接钢管截面：$\alpha_1 = 0.65$，$\alpha_2 = 0.965$，$\alpha_3 = 0.300$。

$\bar{\lambda}$——换算长细比。

$$\bar{\lambda} = \frac{\lambda}{\pi}\sqrt{\frac{R_{eL}}{E_s}} \tag{6-114}$$

6.11　地脚螺栓计算

拉杆作用在支柱上的水平力计算：

$$F_c = (P_{i-j})_{\max} \tan\beta \tag{6-115}$$

式中　β——拉杆和支柱间的夹角，(°)。

支柱底板与基础的摩擦力计算：

$$F_s = f_s \frac{m_{\min} g}{n} \tag{6-116}$$

式中　f_s——支柱底板与基础的摩擦系数。钢-混凝土：$f_s = 0.4$；钢一钢：$f_s = 0.3$。

地脚螺栓：

当 $F_s \geqslant F_c$ 时，则球罐不需设置地脚螺栓，但为了固定球罐位置，应设置一定数量的定位地脚螺栓。

当 $F_s < F_c$ 时，则球罐必须设置地脚螺栓，地脚螺栓的螺纹小径计算：

$$d_B = 1.13\sqrt{\frac{F_c - F_s}{n_d[\tau]_B}} + C_B \tag{6-117}$$

式中　d_B——地脚螺栓的螺纹小径，mm；

n_d——每个支柱上地脚螺栓个数；

$[\tau]_B$——地脚螺栓材料的许用剪应力，$[\tau]_B = 0.4R_{eL}$，MPa；

C_B——地脚螺栓的腐蚀裕量，一般取 $C_B = 3$ mm。

6.12　支柱底板

支柱底板直径 D_b 计算如下，取其中较大值：

$$\begin{cases} D_{b1} = 1.13\sqrt{\dfrac{W_{\max}}{[\sigma]_{be}}} \\ D_{b2} = (8 \sim 10)d + d_0 \end{cases} \tag{6-118}$$

式中　D_{b1}，D_{b2}——支柱底板直径，mm；

$[\sigma]_{be}$——基础材料的许用应力，MPa；

d——地脚螺栓直径，mm。

底板厚度计算：

$$\delta_b = \sqrt{\frac{3\sigma_{bc} l_b^2}{[\sigma]_b}} + C_b \tag{6-119}$$

式中　δ_b——底板厚度，mm；

l_b——底板外边缘至支柱外表面的距离（图 6-19），mm；

$[\sigma]_b$——底板材料的许用弯曲应力，$[\sigma]_b = \frac{R_e L}{1.5}$，MPa；

C_b——底板的腐蚀裕量，一般取 $C_b = 3$ mm；

σ_{bc}——底板的压应力，MPa。

$$\sigma_{bc} = \frac{4W_{max}}{\pi D_b^2} \tag{6-120}$$

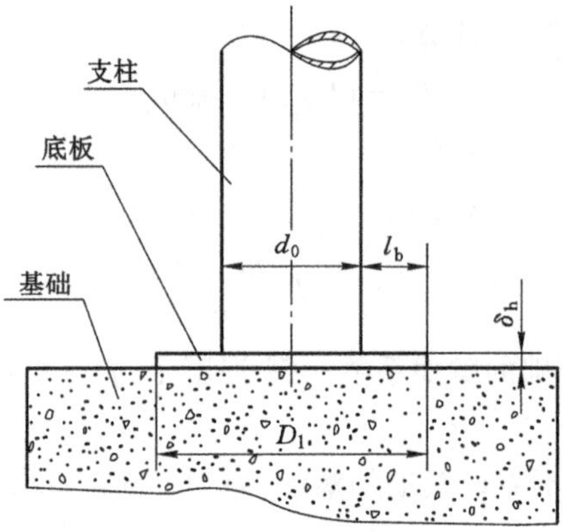

图 6-19　支柱与底板简图

6.13　拉杆计算

拉杆螺纹小径计算：

$$d_T = 1.13\sqrt{\frac{F_T}{[\sigma]_T}} + C_T \tag{6-121}$$

式中　d_T——拉杆螺纹小径，mm；

$[\sigma]_T$——拉杆材料的许用应力，$[\sigma]_T = R_{eL}/1.5$，MPa；

C_T——拉杆的腐蚀裕量，mm，一般取 $C_T = 2$ mm；

F_T——拉杆的最大拉力，N。

$$F_T = \frac{(P_{i-j})_{max}}{\cos\beta} \tag{6-122}$$

6.13.1　销子、耳板、翼板计算

当拉杆采用图 6-20 所示结构时，拉杆连接部位按下述方法计算。

销子直径计算：

$$d_p = 0.8\sqrt{\frac{F_T}{[\tau]_p}} \tag{6-123}$$

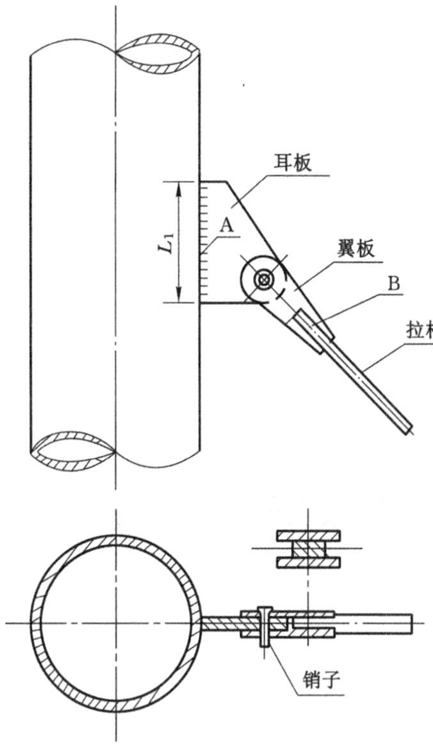

图 6-20　拉杆及连接部位简图

式中　d_p——销子直径，mm；

$[\tau]_p$——销子材料的许用剪切力，$[\tau]_p=0.4R_{eL}$，MPa。

耳板厚度计算：

$$\delta_c=\frac{F_T}{d_p[\sigma]_c} \tag{6-124}$$

式中　δ_c——耳板厚度，mm；

d_p——销子直径，mm；

$[\sigma]_c$——耳板材料的许用应力，$[\sigma]_c=R_{eL}/1.1$，MPa；

翼板厚度计算：

$$\delta_n=\frac{\delta_c}{2}\frac{R_{eL}}{R'_{eL}} \tag{6-125}$$

式中　δ_n——翼板厚度，mm；

R_{eL}——耳板材料的屈服强度（0.2%非比例延伸强度），MPa；

R'_{eL}——翼板材料的屈服强度（0.2%非比例延伸强度），MPa。

6.13.2　焊缝强度验算

（1）耳板与支柱的焊缝 A（图 6-20）所承受的剪切应力计算：

$$\frac{F_T}{1.41L_1S_1}\leqslant[\tau]_w \tag{6-126}$$

式中　L_1——焊缝 A 单边长度，mm；

S_1——焊缝 A 焊脚尺寸，mm；

$[\tau]_w$——焊缝的许用剪切应力，MPa。

$$[\tau]_w = 0.4 R_{eL} \phi_a \tag{6-127}$$

式中 R_{eL}——支柱或耳板材料的屈服强度（0.2%非比例延伸强度），取较小值，MPa。

(2) 拉杆与翼板的焊缝 B（图 6-20）所承受的剪切力校核

$$\frac{F_T}{2.82 L_2 S_2} \leqslant [\tau]_w \tag{6-128}$$

式中 L_2——焊缝 B 单边长度，mm；

S_2——焊缝 B 焊脚尺寸，mm；

$[\tau]_w$——焊缝的许用剪切应力，MPa。

R_{eL}——支柱或耳板材料的屈服强度（0.2%非比例延伸强度），取较小值，MPa。

6.14 支柱与球壳连接最低点的应力校核

6.14.1 点 *a* 的剪切应力

操作状态下点 a 的剪切应力计算：

$$\tau_o = \frac{G_o + (F_i)_{max}}{2 L_w \delta_{ea}} \tag{6-129}$$

液压试验状态下点 a 的剪切应力计算：

$$\tau_T = \frac{G_T + 0.3 (F_i)_{max} \dfrac{F_w}{F_{max}}}{2 L_w \delta_{ea}} \tag{6-130}$$

式中 δ_{ea}——球壳点 a 处的有效厚度，mm。

6.14.2 点 *a* 的纬向应力

操作状态下点 a 的纬向应力计算：

$$\sigma_{o1} = \frac{(P + P_{oa})(D_i + \delta_{ea})}{4 \delta_{ea}} \tag{6-131}$$

液压试验状态下点 a 的纬向应力计算：

$$\sigma_{T1} = \frac{(P_T + P_{Ta})(D_i + \delta_{ea})}{4 \delta_{ea}} \tag{6-132}$$

式中 P_{oa}——操作状态下介质在点 a 的液柱静压力，MPa；

P_{Ta}——液压试验状态下液体在点 a 的液柱静压力，MPa。

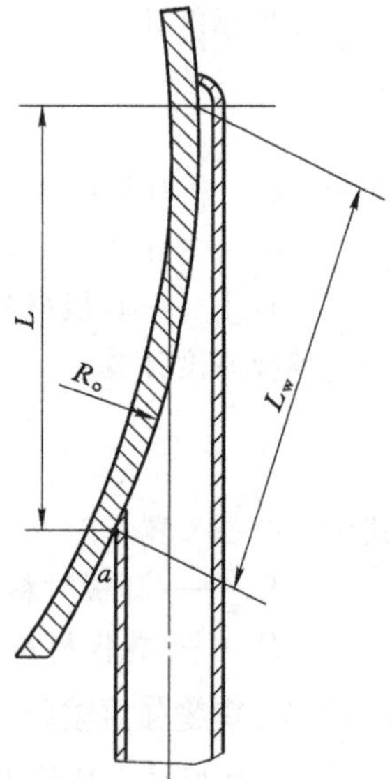

图 6-21 支柱与球壳连接部位

6.14.3 点 *a* 的应力校核

(1) 点 a 的组合应力计算

操作状态下点 a 的组合应力计算：

$$\sigma_{oa} = \sigma_{o1} + \tau_o \tag{6-133}$$

液压试验状态下点 a 的组合应力计算：

$$\sigma_{Ta} = \sigma_{T1} + \tau_T \tag{6-134}$$

(2) 应力校核

点 a 的组合应力校核：

$$\sigma_{oa} \leqslant [\sigma]^{t}\phi \tag{6-135}$$

$\sigma_{Ta} \leqslant 0.9R_{eL}\phi$(液压试验)或 $0.8R_{eL}\phi$(气压试验和气液组合压力试验)

式中　R_{eL}——试验温度条件下球壳材料的屈服强度(或0.2%非比例延伸强度),MPa。

6.15　支柱与球壳连接焊缝的强度校核

支柱与球壳连接焊缝所承受的剪切应力校核：

$$\tau_{w} = \frac{W}{1.41L_{w}S} \leqslant [\tau]_{w} \tag{6-136}$$

式中　τ_{w}——支柱与球壳连接焊缝所承受的剪切应力,MPa；

W——取 $G_0+(F_i)_{max}$ 和 $G_T+0.3(F_i)_{max}\dfrac{F_w}{F_{max}}$ 两者中的较大值,N；

S——支柱与球壳连接焊缝焊脚尺寸,mm；

$[\tau]_w$ 含义及计算公式同式(6-127)。

6.16　安全附件及附属设施

球罐的安全附件,包括直接连接在球罐上的超压泄放装置(包括安全阀、爆破片安全装置、安全阀与爆破片安全装置的组合装置)、紧急切断装置、压力表、液位计、测温仪表及其他安全设施。

球罐的附属设施,包括梯子平台、耐火隔热设施(包括支柱耐火层、消防喷淋装置)、接地装置、沉降测量板等。

6.16.1　超压泄放装置

超压泄放装置的设置应考虑以下规则：

(1) 盛装易爆液化气体的球罐,至少应设置两个安全阀,任意一个安全阀的泄放量应满足事故状态下球罐最大泄放量的要求。

(2) 两个或两个以上的安全阀装设在球罐的一个连接口时,该连接口的截面积,应不小于安全阀的进口截面积之和。

(3) 对液态烃或者毒性程度为极度,高度或者中度危害介质的球罐,必须在泄放装置的排出口装设导管,导管将泄放介质引至安全地点,并且进行妥善处理。

6.16.2　紧急切断装置

紧急切断装置是指紧急切断阀及其操作机构。盛装毒性为极度、高度危害或液态烃球罐的进出口应安装紧急切断装置。紧急切断装置的安装位置宜尽量靠近球罐第一道密封面。盛装液态烃的球罐,其液相进口管线上,应安装止回阀。

6.16.3　压力表

(1) 压力表的选用

① 选用的压力表，应与球罐储存的介质与压力相适应。

② 当球罐内有可能产生负压时，压力表应选用复合型压力表。

③ 压力表的精度不得低于 1.6 级。

④ 压力表盘刻度极限值应为设计压力的 1.5～3.0 倍，表盘直径不得小于 100 mm。

(2) 压力表的安装

① 压力表的装设位置应便于操作人员观察和清洗，并且应避免受到辐射热、冻结或震动等不利影响。

② 压力表与球罐之间，应装设三通旋塞或者针形阀(三通旋塞或者针形阀应有开启标记和锁紧装置)，并且不得连接其他用途的任何配件或者接管。

③ 用于具有腐蚀性或者高黏度介质的压力表，在压力表与球罐之间应装设隔离介质的缓冲装置。

6.16.4 液位计

液位计应根据球罐的储存介质压力、温度和液位高度选用。液位计应进行 1.5 倍液位计公称压力的液压试验。储存 0 ℃以下介质的球罐，宜选用防霜液位计。寒冷地区使用的液位计，宜选用夹套型或保温型结构的液位计。用于易爆、毒性程度为极度、高度危害介质的液化气体球罐上的液位计，应有防止泄漏的保护装置。用于盛装易爆、毒性程度为极度、高度危害介质的液化气体球罐，应设就地和远传的液位计，并应设高液位报警和高高液位连锁。液位计应安装在便于观察的位置，否则应增加其他辅助设施。液位计上最高和最低安全液位，应做出明显的标志。

6.16.5 温度计

温度计宜选用万向型温度计，并可以测量比最低使用温度低 10 ℃的温度。温度计应安装在便于观察的位置，盛装液化气体的球罐用温度计，应测量液相介质的温度。温度计保护管的强度，应能承受设计压力 1.5 倍以上的外压，并能承受使用过程中的最大载荷(流体阻力或外部冲击)。温度计保护管的外径不宜过大，其插入长度应满足温度计敏感元件的需要。低温球罐或寒冷地区的球罐，应有防止雨水、湿气等流入测温保护管内结冰的措施。

6.16.6 梯子平台

球罐应设置梯子平台。梯子平台应设置在便于操作的部位。梯子平台有联合梯子平台和独立梯子平台等形式。联合梯子平台宜为楼梯内置式联合梯子平台。独立梯子平台有盘梯、斜梯、直梯等形式。梯子平台踏步的宽度不宜小于 700 mm，斜梯的倾斜角度不宜大于 45°，踏步的间距宜为 200 mm。公称容积大于 5 000 m^3 的球罐可在球罐内部设置可旋转的内部梯子平台。梯子平台护栏高度宜为 1 200 mm。

6.16.7 耐火隔热设施

盛装液态烃的球罐。支柱应设置耐火层，其耐火极限应不低于 2 h。盛装液态烃的球罐，应设置消防喷淋装置。消防喷淋装置的供水强度应不小于 0.15 L/(s·m^2)。着火球罐的保护面积，按其表面积计算。距着火球罐直径 1.5 倍范围内的邻近罐的保护面积，按其表面积的 1/2 计算。消防喷淋装置的连续供水时间应为 6 h。

6.16.8 接地装置

接地装置数量宜不少于球罐支柱数量的 1/2，且不少于 2 个，并沿球罐周向均匀或对称布置。接地装置的接地电阻应不大于 30 Ω。

6.16.9 沉降测量板

球罐的每个支柱上均应焊接一个沉降测量板，且应在同一高度。

第 7 章　球罐计算示例

设计题目:3 000 m^3 液化石油气球罐,如图 7-1 所示。

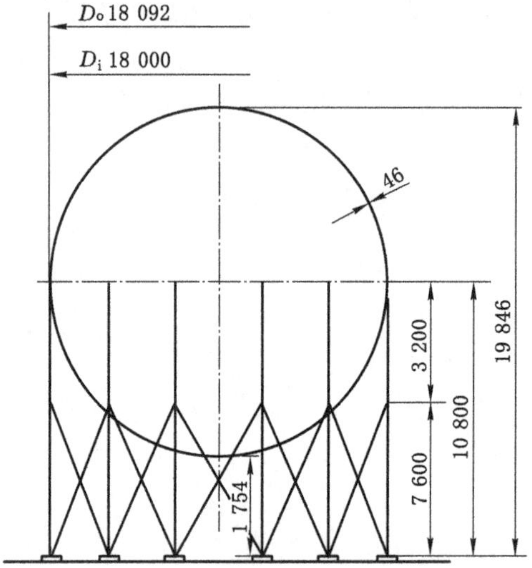

图 7-1　液化石油气球罐

主要设计条件如下:

设计压力:P=1.77 MPa。

设计温度:50 ℃/−19 ℃。

水压试验压力:

$$P_T = 1.25P\frac{[\sigma]}{[\sigma]^t} = 2.22\ \text{MPa}$$

球壳内直径:D_i=18 000 mm。

储存介质:液化石油气。

装量系数:k=0.90。

地震设防烈度/加速度/地震分组:7 度/0.10g/第二组。

基本风压值:q_0=600 N/m^2。

基本雪压值:q=600 N/m^2。

支柱数目:n=10。

支柱选用:ϕ630×12 Q345R,钢板卷制。

拉杆选用：ϕ60 圆钢。

球罐建造场地：场地类别Ⅱ、地面粗糙类别 B。

钢材厚度负偏差：$C_1=0$ mm。

腐蚀裕量：$C_2=1.0$ mm。

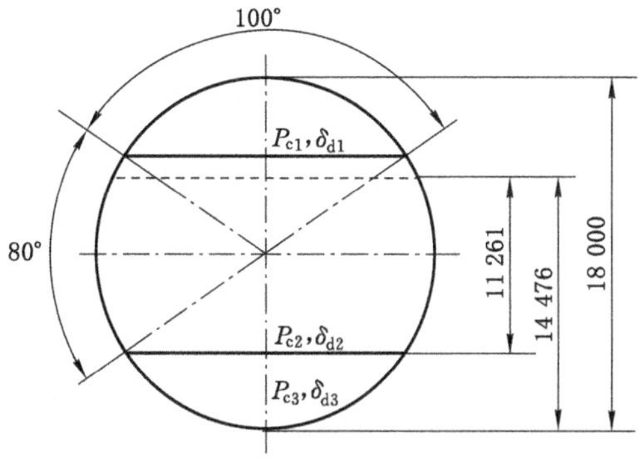

图 7-2　球体尺寸

7.1　球壳计算

球体的尺寸如下：

球罐半径：$R=9\ 000$ mm。

赤道带分瓣数：$N=20$。

赤道带周向球心角：$\alpha=18°$。

赤道带球心角：$\beta_0=75°$。

极中板球心角：$\beta_1=21°$。

极侧板球心角：$\beta_2=21°$。

极边板球心角：$\beta_3=21°$。

球壳的排板如图 7-3 所示。

7.1.1　计算压力

设计压力：$P=1.77$ MPa。

球壳各带的介质液柱高度：

$h_1=0$ mm

$h_2=11\ 261$ mm

$h_3=14\ 476$ mm

介质密度：$\rho_2=480\ \text{kg/m}^3$。

重力加速度：$g=9.81\ \text{m/s}^2$。

球壳各带的计算压力：$P_{ci}=p+h_1\rho_2 g\times10^{-9}$ MPa。

$P_{c1}=(1.77+0)\ \text{MPa}=1.770\ \text{MPa}$

$P_{c2}=(1.77+11\ 261\times480\times9.81\times10^{-9})\ \text{MPa}=1.823\ \text{MPa}$

$P_{c3}=(1.77+14\ 476\times480\times9.81\times10^{-9})\ \text{MPa}=1.838\ \text{MPa}$

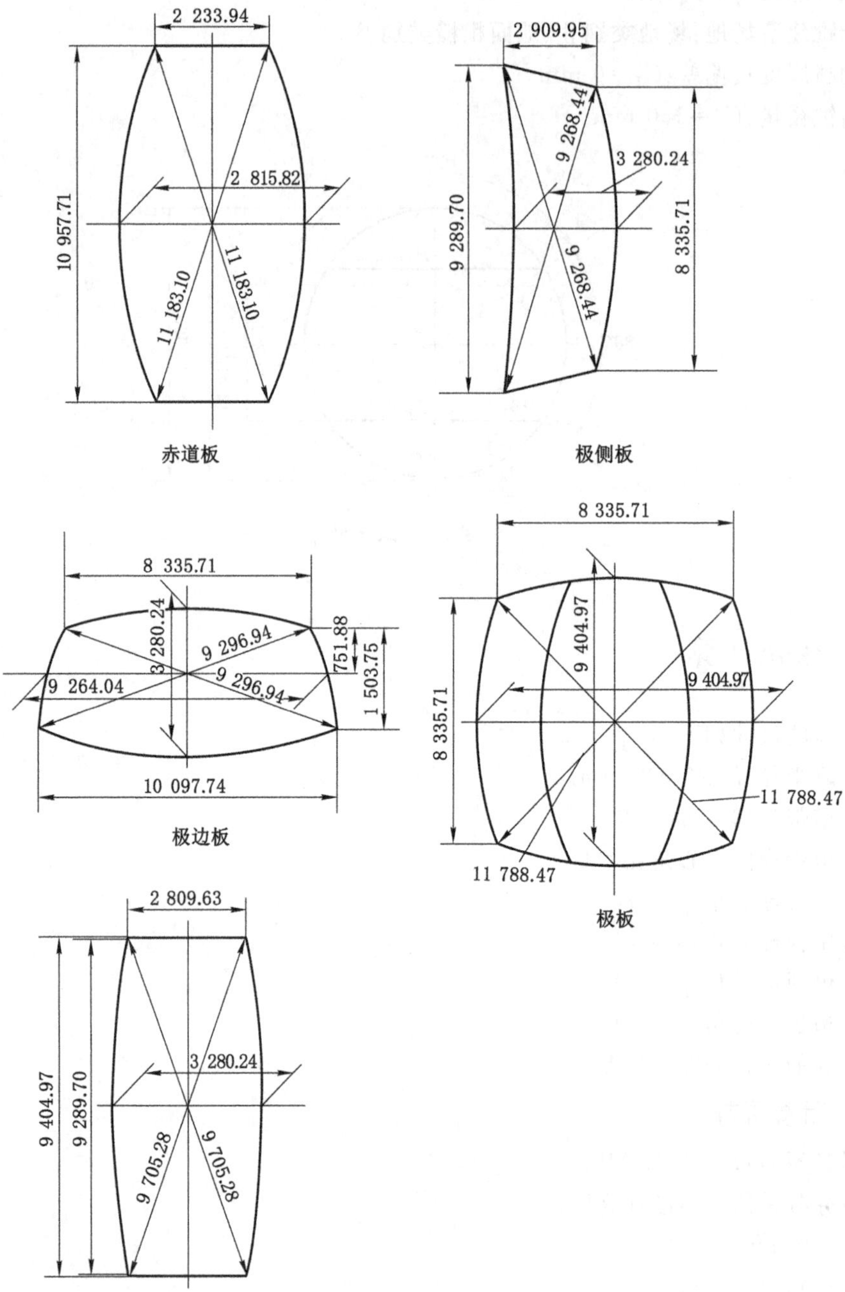

图 7-3 极板尺寸图

7.1.2 球壳各带的厚度

球壳内直径：$D_i = 18\ 000$ mm。

设计温度下球壳材料 Q370R 的许用应力：$[\sigma]^t = 193$ MPa。

焊接接头系数：$\phi = 1.0$。

厚度附加量：

$C=C_1+C_2=0+1.0=1.0$ mm

球壳各带的设计厚度：

$$\delta_{d_1}=\frac{P_{c1}D_i}{4[\sigma]^t\varphi-P_{c1}}+C_2=\left(\frac{1.77\times 18\ 000}{4\times 193\times 1.0-1.77}+1.0\right)\ \text{mm}=42.36\ \text{mm}$$

$$\delta_{d_2}=\frac{P_{c2}D_i}{4[\sigma]^t\varphi-P_{c2}}+C_2=\left(\frac{1.823\times 18\ 000}{4\times 193\times 1.0-1.823}+1.0\right)\ \text{mm}=43.61\ \text{mm}$$

$$\delta_{d3}=\frac{P_{c3}D_i}{4[\sigma]^t\varphi-P_{c3}}+C_2=\left(\frac{1.838\times 18\ 000}{4\times 193\times 1.0-1.838}+1.0\right)\ \text{mm}=43.96\ \text{mm}$$

球壳各带名义厚度：

$\delta_{n1}=46$ mm

$\delta_{n2}=46$ mm

$\delta_{n3}=46$ mm

7.1.3　外压校核

球壳的有效厚度：

$\delta_e=\delta_n-C=(46-1.0)$ mm$=45$ mm

球壳的外半径：$R_0=9\ 046$ mm。

系数 A：

$$A=\frac{0.125}{R_0/\delta_e}=\frac{0.125}{9\ 046/45}=0.000\ 621\ 8$$

系数 B：查 GB 150.3—2011。

许用外压力$[P]$：

$$[P]=\frac{B}{R_0/\delta_e}=\frac{82}{9\ 046/45}\ \text{MPa}=0.407\ 9\ \text{MPa}>0.1\ \text{MPa}$$

外压校核通过。

7.2　球罐质量计算

球壳平均直径(取最大值)：$D_{cp}=18\ 046$ mm。

球壳材料密度：$\rho_1=7\ 850\ \text{kg/m}^3$。

装量系数：$k=0.90$。

水的密度：$\rho_3=1\ 000\ \text{kg/m}^3$。

球壳外直径(当有保温层时，球壳外直径为保温层外直径)：$D_0=18\ 092$ mm。

基本雪压值：$q=600\ \text{N/m}^2$。

球面的积雪系数：$C_s=0.4$。

球壳质量 m_1：

$$m_1=\pi D_{cp}^2\delta_n\rho_1\times 10^{-9}=(\pi\times 18\ 046^2\times 46\times 7\ 850\times 10^{-9})\ \text{kg}=369\ 436\ \text{kg}$$

介质质量m_2：

$$m_2=\frac{\pi}{6}D_i^3\rho_2 k\times10^{-9}=\left(\frac{\pi}{6}\times18\ 000^3\times480\times0.90\times10^{-9}\right)\ \text{kg}=1\ 319\ 167\ \text{kg}$$

耐压试验时液体的质量 m_3：

$$m_3=\frac{\pi}{6}D_i^3\rho_3\times10^{-9}=\left(\frac{\pi}{6}\times18\ 000^3\times1\ 000\times10^{-9}\right)\ \text{kg}=3\ 053\ 628\ \text{kg}$$

积雪质量 m_4：

$$m_4=\frac{\pi}{4g}D_o^2 qC_s\times10^{-6}=\left(\frac{\pi}{4\times9.81}\times18\ 092^2\times600\times0.4\times10^{-6}\right)\ \text{kg}=6\ 289\ \text{kg}$$

保温层质量 m_5：

$m_5=0$(无保温)

支柱和拉杆的质量 m_6：

$m_6=24\ 509$ kg

附件质量 m_7，包括人孔、接管、液位计、内件、喷淋装置、安全阀和梯子平台等：

$m_7=33\ 962$ kg

① 操作状态下的球罐质量：

$$\begin{aligned}m_0&=m_1+m_2+m_4+m_5+m_6+m_7\\&=(369\ 436+1\ 319\ 167+6\ 289+0+24\ 509+33\ 962)\text{kg}\\&=1\ 753\ 363\ \text{kg}\end{aligned}$$

② 耐压试验状态下的球罐质量：

$$\begin{aligned}m_T&=m_1+m_3+m_6+m_7\\&=(369\ 436+3\ 053\ 628+24\ 509+33\ 962)\ \text{kg}\\&=3\ 481\ 535\ \text{kg}\end{aligned}$$

③ 球罐最小质量：

$$\begin{aligned}m_{\min}&=m_1+m_6+m_7\\&=369\ 436+24\ 509+33\ 962\ \text{kg}\\&=427\ 907\ \text{kg}\end{aligned}$$

7.3 地震载荷计算

7.3.1 自振周期

支柱底板底面至球壳中心的距离：$H_0=10\ 800$ mm。

支柱数目：$n=10$。

支柱材料 Q345R 的室温弹性模量：$E_s=201\times10^3$ MPa。

支柱外直径：$d_o=630$ mm。

支柱内直径：$d_i=606$ mm。

支柱横截面的惯性矩：

$$I=\frac{\pi}{64}(d_o^4-d_i^4)=\frac{\pi}{64}\times(630^4-606^4)\ \text{mm}^4=1.112\times10^9\ \text{mm}^4$$

支柱底板底面至上支耳销子中心的距离：$l=7\ 600$ mm。

拉杆影响系数：

$$\xi=1-\left(\frac{l}{H_0}\right)^2\left(3-\frac{2l}{H_0}\right)=1-\left(\frac{7\ 600}{10\ 800}\right)^2\times\left(3-\frac{2\times 7\ 600}{10\ 800}\right)=0.211\ 3$$

球罐的基本自振周期：

$$T=\pi\sqrt{\frac{m_0H_0^3\xi\times 10^{-3}}{3nE_sI}}=\pi\sqrt{\frac{1\ 753\ 363\times 10\ 800^3\times 0.211\ 3\times 10^{-3}}{3\times 10\times 201\times 10^3\times 1.112\times 10^9}}\ \mathrm{s}=0.828\ 8\ \mathrm{s}$$

7.3.2 地震载荷

地震影响系数的最大值：$a_{max}=0.08$（查表 6-11）。

特征周期：$T_g=0.40$ s（查表 6-12）。

曲线下降段的衰减指数 γ：

$$\gamma=0.9+\frac{0.05-\xi}{0.3+6\xi}=0.9+\frac{0.05-0.035}{0.3+6\times 0.035}=0.929\ 4$$

其中，ξ 为阻尼比，取 $\xi=0.035$。

阻尼调整系数 η_2：

$$\eta_2=1+\frac{0.05-\xi}{0.08+1.6\xi}=1+\frac{0.05-0.035}{0.08+1.6\times 0.035}=1.110$$

对应于自振周期 T 的地震影响系数：

$$a=\left(\frac{T_g}{T}\right)^{\gamma}\eta_2a_{max}=\left(\frac{0.40}{0.828\ 8}\right)^{0.929\ 4}\times 1.110\times 0.08=0.045\ 12$$

球罐的水平地震载荷：

$$F_e=am_0g=0.045\ 12\times 1\ 753\ 363\times 9.81\ \mathrm{N}=7.761\times 10^5\ \mathrm{N}$$

7.4 风载荷计算

风载荷体型系数：$k_1=0.4$。

系数：$\xi_1=1.597$（查表 6-13）。

球罐的风振系数：

$k_2=1+0.35\xi_1=1+0.35\times 1.597=1.559$

基本风压值：$q_0=600\ \mathrm{N/m^2}$。

支柱底板底面至球壳赤道平面的距离：$H_0=10.8$ m。

风压高度变化系数：$f_1=1.021$（查表 6-14）。

球罐附件增大系数：$f_2=1.1$。

球罐的水平风力：

$$\begin{aligned}F_w&=\frac{\pi}{4}D_0^2k_1k_2q_0f_1f_2\times 10^{-6}\\&=\frac{\pi}{4}\times 18\ 092^2\times 0.4\times 1.559\times 600\times 1.021\times 1.1\times 10^{-6}\ \mathrm{N}\\&=1.080\times 10^5\ \mathrm{N}\end{aligned}$$

7.5 弯矩计算

最大水平力F_{max}取(F_e+0.25 F_w)与F_w的较大值：

$F_e+0.25F_w=(7.761\times10^5+0.25\times1.080\times10^5)\ N=8.031\times10^5\ N$

$F_w=1.080\times10^5\ N$

$F_{max}=8.031\times10^5\ N$

力臂：$L=H_0-l=(10\ 800-7\ 600)\ mm=3\ 200\ mm$。

视地震载荷和风载荷为一作用于球壳中心的集中水平载荷，则由水平地震和水平风力引起的最大弯矩：

$M_{max}=F_{max}L=8.031\times10^5\times3\ 200\ N\cdot mm=2.570\times10^9\ N\cdot mm$

7.6 支柱计算

7.6.1 单个支柱的垂直载荷

(1) 重力载荷

操作状态下的重力载荷：

$$G_0=\frac{m_0g}{n}=\frac{1\ 753\ 363\times9.81}{10}N=1.720\times10^6\ N$$

耐压试验状态下的重力载荷：

$$G_T=\frac{m_Tg}{n}=\frac{3\ 481\ 535\times9.81}{10}\ N=3.415\times10^6\ N$$

(2) 支柱的最大垂直载荷

支柱中心圆半径：

$R=R_i=9\ 000\ mm$

最大弯矩对支柱产生的垂直载荷的最大值(查表6-15)：

$$(F_i)_{max}=0.200\ 0\frac{M_{max}}{R}=0.200\ 0\times\frac{2.570\times10^9}{9\ 000}N=5.711\times10^4\ N$$

拉杆作用在支柱上的垂直载荷的最大值(查表6-15)：

$$\begin{aligned}(P_{i-j})_{max}&=0.323\ 6\frac{lF_{max}}{R}\\&=0.323\ 6\times\frac{7\ 600\times8.031\times10^5}{9\ 000}\ N\\&=2.195\times10^5\ N\end{aligned}$$

以上两力之和的最大值(查表6-15)：

$$\begin{aligned}(F_i+P_{i-j})_{max}&=0.117\ 6\frac{M_{max}}{R}+0.307\ 8\frac{lF_{max}}{R}\\&=\left(0.117\ 6\times\frac{2.570\times10^9}{9\ 000}+0.307\ 8\times\frac{7\ 600\times8.031\times10^5}{9\ 000}\right)\ N\end{aligned}$$

$$=2.423\times10^5\ \text{N}$$

7.6.2 组合载荷

操作状态下支柱的最大垂直载荷：

$$W_o=G_o+(F_i+P_{i-j})_{max}=(1.720\times10^6+2.423\times10^5)\ \text{N}=1.962\times10^6\ \text{N}$$

耐压试验状态下支柱的最大垂直载荷：

$$W_T=G_T+0.3(F_i+P_{i-j})_{max}\frac{F_W}{F_{max}}$$

$$=(3.415\times10^6+0.3\times2.423\times10^5\times\frac{1.080\times10^5}{8.031\times10^5})\text{N}$$

$$=3.425\times10^6\ \text{N}$$

7.6.3 单个支柱弯矩

(1) 偏心弯矩

操作状态下赤道线的液柱高度：$h_{oe}=5\ 476$ mm。

耐压试验状态下赤道线的液柱高度：$h_{Te}=9\ 000$ mm。

操作状态下介质在赤道线的液柱静压力：

$$P_{oe}=h_{oe}\rho_2 g\times10^{-9}=5\ 476\times480\times9.81\times10^{-9}\ \text{MPa}=0.025\ 79\ \text{MPa}$$

耐压试验状态下介质在赤道线的液柱静压力：

$$P_{Te}=h_{Te}\rho_3 g\times10^{-9}=9\ 000\times1\ 000\times9.81\times10^{-9}\text{MPa}=0.088\ 29\ \text{MPa}$$

球壳有效厚度：

$$\delta_e=\delta_n-C=(46-1.0)\ \text{mm}=45\ \text{mm}$$

操作状态下球壳赤道线的薄膜应力 σ_{oe}：

$$\sigma_{oe}=\frac{(P+P_{oe})(D_i+\delta_e)}{4\delta_e}$$

$$=\frac{(1.77+0.025\ 79)\times(18\ 000+45)}{4\times45}\ \text{MPa}$$

$$=180.03\ \text{MPa}$$

耐压试验状态下球壳赤道线的薄膜应力 σ_{Te}：

$$\sigma_{Te}=\frac{(P_T+P_{Te})(D_i+\delta_e)}{4\delta_e}$$

$$=\frac{(2.22+0.088\ 29)\times(18\ 000+45)}{4\times45}\ \text{MPa}$$

$$=231.40\ \text{MPa}$$

球壳内半径：$R_i=9\ 000$ mm。

球壳材料的泊松比：$\mu=0.3$。

球壳材料 Q370R 的室温弹性模量：$E=201\times10^3$ MPa。

操作状态下支柱的偏心弯矩：

$$M_{o1}=\frac{\sigma_{oe}R_iW_o}{E}(1-\mu)$$

$$=\frac{180.03\times9\ 000\times1.962\times10^6}{201\times10^3}\times(1-0.3)\ \text{N}\cdot\text{mm}$$

$=1.107\times10^{7}\ \mathrm{N\cdot mm}$

液压试验状态下支柱的偏心弯矩计算：

$$M_{T1}=\frac{\sigma_{Te}R_iW_T}{E}(1-\mu)$$
$$=\frac{231.40\times9\ 000\times3.425\times10^{6}}{201\times10^{3}}\times(1-0.3)\ \mathrm{N\cdot mm}$$
$$=2.484\times10^{7}\ \mathrm{N\cdot mm}$$

(2) 附加弯矩

操作状态下支柱的附加弯矩：

$$M_{o2}=\frac{6E_sI\sigma_{oe}R_i}{H_o^2E}(1-\mu)$$
$$=\frac{6\times201\times10^{3}\times1.112\times10^{9}\times180.03\times9\ 000}{10\ 800^{2}\times201\times10^{3}}\times(1-0.3)\ \mathrm{N\cdot mm}$$
$$=6.488\times10^{7}\ \mathrm{N\cdot mm}$$

液压试验状态下支柱的附加弯矩：

$$M_{T2}=\frac{6E_sI\sigma_{Te}R_i}{H_o^2E}(1-\mu)$$
$$=\frac{6\times201\times10^{3}\times1.112\times10^{9}\times231.40\times9\ 000}{10\ 800^{2}\times201\times10^{3}}\times(1-0.3)\ \mathrm{N\cdot mm}$$
$$=8.339\times10^{7}\ \mathrm{N\cdot mm}$$

(3) 总弯矩

操作状态下支柱的总弯矩：

$$M_o=M_{o1}+M_{o2}=(1.107\times10^{7}+6.488\times10^{7})\ \mathrm{N\cdot mm}=7.595\times10^{7}\ \mathrm{N\cdot mm}$$

液压试验状态下支柱的总弯矩：

$$M_T=M_{T1}+M_{T2}=(2.484\times10^{7}+8.339\times10^{7})\ \mathrm{N\cdot mm}=1.082\times10^{8}\ \mathrm{N\cdot mm}$$

7.6.4 支柱稳定性校核

计算长度系数，取 $k_3=1$。

单个支柱的截面积：

$$A=\frac{\pi}{4}(d_o^2-d_i^2)=\frac{\pi}{4}\times(630^2-606^2)\ \mathrm{mm^2}=23\ 298\ \mathrm{mm^2}$$

支柱的惯性半径：

$$r_i=\sqrt{\frac{I}{A}}=\sqrt{\frac{1.112\times10^{9}}{23\ 298}}\ \mathrm{mm}=218.5\ \mathrm{mm}$$

支柱长细比：

$$\lambda=\frac{k_3H_o}{r_i}=\frac{1\times10\ 800}{218.5}=49.43$$

支柱材料 Q345R 的室温屈服强度：$R_{eL}=345$ MPa。

支柱换算细长比：

$$\bar{\lambda}=\frac{\lambda}{\pi}\sqrt{\frac{R_{eL}}{E_s}}=\frac{49.43}{\pi}\times\sqrt{\frac{345}{201\times10^{3}}}=0.651\ 9>0.215$$

系数：$\alpha_2=0.965$ $\alpha_3=0.300$。

弯矩作用平面内的轴心受压支柱稳定系数：

$$\phi_P=\frac{1}{2\bar{\lambda}^2}\left[(\alpha_2+\alpha_3\bar{\lambda}+\bar{\lambda}^2)-\sqrt{(\alpha_2+\alpha_3\bar{\lambda}+\bar{\lambda}^2)^2-4\bar{\lambda}^2}\right]$$

$$=\frac{1}{2\times 0.651\ 9^2}\times\left[(0.965+0.3\times 0.651\ 9+0.651\ 9^2)-\sqrt{(0.965+0.3\times 0.651\ 9+0.6519^2)^2-4\times 0.651\ 9^2}\right]$$

$$=0.803\ 9$$

等效弯矩系数：$\beta_m=1$。

截面塑性发展系数：$\gamma=1.15$。

单个支柱的截面系数 Z：

$$Z=\frac{\pi(d_o^4-d_i^4)}{32d_o}=\frac{\pi(630^4-606^4)}{32\times 630}\ \mathrm{mm^3}=3.53\times 10^6\ \mathrm{mm^3}$$

欧拉临界力W_{EX}：

$$W_{EX}=\frac{\pi^2E_sA}{\lambda^2}=\frac{\pi^2\times 201\times 10^3\times 23\ 298}{49.43^2}\mathrm{N}=1.892\times 10^7\ \mathrm{N}$$

支柱材料的许用应力：

$$[\sigma]_c=R_{eL}/1.5=230\ \mathrm{MPa}$$

操作状态下支柱的稳定性校核：

$$\frac{W_o}{\phi_pA}+\frac{\beta_mM_o}{\gamma Z\left(1-0.8\dfrac{W_o}{W_{EX}}\right)}=125.15\ \mathrm{MPa}\leqslant[\sigma]_c$$

校核合格。

液压试验状态下支柱的稳定性校核：

$$\frac{W_T}{\phi_pA}+\frac{\beta_mM_T}{\gamma Z\left(1-0.8\dfrac{W_T}{W_{EX}}\right)}=214.02\ \mathrm{MPa}\leqslant[\sigma]_c$$

结论：校核合格，稳定性校核通过。

7.7　地脚螺栓计算

7.7.1　拉杆作用在支柱上的水平力

拉杆和支柱间的夹角（图 6-13）：

$$\beta=\arctan\frac{2R\sin\dfrac{180^\circ}{n}}{l}=\arctan\frac{2\times 9\ 000\times\sin\dfrac{180^\circ}{10}}{7\ 600}=36.2^\circ$$

拉杆作用在支柱上的水平力计算：

$$F_c=(P_{i-j})_{max}\tan\beta=2.195\times 10^5\ \mathrm{N}\times\tan 36.2^\circ=1.607\times 10^5\ \mathrm{N}$$

7.7.2 支柱底板与基础的摩擦力

支柱底板与基础的摩擦系数：$f_s=0.3$(钢-钢)。

支柱底板与基础的摩擦力：

$$F_s=f_s\frac{m_{min}g}{n}=0.3\times\frac{427\ 907\times9.81}{10}\ \text{N}=1.259\times10^5\ \text{N}$$

7.7.3 地脚螺栓

因为$F_s<F_c$，球罐必须设置地脚螺栓。

每个支柱上的地脚螺栓个数：$n_d=2$。

地脚螺栓材料 Q235B 的室温屈服强度：$R_{eL}=215$ MPa。

地脚螺栓材料的许用剪应力：

$[\tau]_B=0.4R_{eL}=0.4\times215=86$ MPa

地脚螺栓的腐蚀裕量：$C_B=3.0$ mm。

地脚螺栓的螺纹小径：

$$\begin{aligned}d_B&=1.13\sqrt{\frac{F_c-F_s}{n_d[\tau]_B}}+C_B\\&=\left(1.13\times\sqrt{\frac{1.607\times10^5-1.259\times10^5}{2\times86}}+3.0\right)\ \text{mm}\\&=19.07\ \text{mm}\end{aligned}$$

选用 M42 的地脚螺栓。

7.8 支柱底板

7.8.1 支柱底板直径

基础采用钢筋混凝土，其许用压应力：$[\sigma]_{bc}=3.0$ MPa。

地脚螺栓直径：$d=42$ mm。

支柱底板直径(取 D_{b1}、D_{b2} 中较大值)：

$$D_{b1}=1.13\sqrt{\frac{W_{max}}{[\sigma]_{be}}}=1.13\times\sqrt{\frac{3.425\times10^6}{3.0}}\ \text{mm}=1\ 207.39\ \text{mm}$$

$$D_{b2}=(8\sim10)d+d_0=[(8\sim10)\times42+630]\ \text{mm}=966\sim1\ 050\ \text{mm}$$

选取支柱底板直径$D_b=1\ 250$ mm。

7.8.2 底板厚度

底板的压应力σ_{bc}：

$$\sigma_{bc}=\frac{4W_{max}}{\pi D_b^2}=\frac{4\times3.425\times10^6}{\pi\times1\ 250^2}\text{MPa}=2.790\ \text{MPa}$$

底板外边缘至支柱外表面的距离(图 6-19)：

$$l_b=\frac{1\ 250-630}{2}\ \text{mm}=310\ \text{mm}$$

底板材料 Q345R 的室温屈服强度：$R_{eL}=305$ MPa。

底板材料的许用弯曲应力：

$[\sigma]_b=R_{eL}/1.5=305/1.5\ \text{MPa}=203.3\ \text{MPa}$

底板的腐蚀裕量：$C_b=3.0$ mm。

底板厚度：

$$\delta_b=\sqrt{\frac{3\sigma_{bc}l_b^2}{[\sigma]_b}}+C_b=\left(\sqrt{\frac{3\times 2.790\times 310^2}{203.3}}+3.0\right)\ \text{mm}=65.90\ \text{mm}$$

选取底板厚度：$\delta_b=68$ mm。

7.9 拉杆计算

7.9.1 拉杆螺纹小径的计算

拉杆的最大拉力：

$$F_T=\frac{(P_{i-j})_{\max}}{\cos\beta}=\frac{2.195\times 10^5}{\cos 36.2^\circ}\text{N}=2.720\times 10^5\ \text{N}$$

拉杆材料 Q235B 的室温屈服强度：$R_{eL}=215$ MPa。

拉杆材料的许用应力：$[\sigma]_T=\dfrac{R_{eL}}{1.5}=215/1.5\ \text{MPa}=143.3\ \text{MPa}$

拉杆的腐蚀裕量：$C_T=2.0$ mm。

拉杆螺纹小径：

$$d_T=1.13\sqrt{\frac{F_T}{[\sigma]_T}}+C_T=\left(1.13\times\sqrt{\frac{2.720\times 10^5}{143.3}}+2.0\right)\ \text{mm}=51.23\ \text{mm}$$

选取拉杆的螺纹公称直径为 DN60。

7.9.2 拉杆连接部位的计算

(1) 销子直径

销子材料 35 钢号室温屈服强度：$R_{eL}=315$ MPa。

销子材料的许用剪切力：

$[\tau]_p=0.4R_{eL}=0.4\times 315\ \text{MPa}=126\ \text{MPa}$

销子直径：

$$d_p=0.8\sqrt{\frac{F_T}{[\tau]_p}}=0.8\times\sqrt{\frac{2.720\times 10^5}{126}}\ \text{mm}=37.17\ \text{mm}$$

选取销子直径 $d_p=42$ mm。

(2) 耳板厚度

耳板材料 Q235B 室温屈服强度：$R_{eL}=225$ MPa。

耳板材料的许用压应力：

$$[\sigma]_c=\frac{R_{eL}}{1.1}=225/1.1\ \text{MPa}=204.5\ \text{MPa}$$

耳板厚度：

$$\delta_c=\frac{F_T}{d_p[\sigma]_c}=\frac{2.720\times10^5}{42\times204.5}\ \text{mm}=31.67\ \text{mm}$$

选取耳板厚度为 36 mm。

(3) 翼板厚度

翼板材料 Q235B 室温屈服强度：$R'_{eL}=225$ MPa。

翼板厚度：

$$\delta_n=\frac{\delta_c}{2}\cdot\frac{R_{eL}}{R'_{eL}}=\frac{31.67}{2}\times\frac{225}{225}\ \text{mm}=15.84\ \text{mm}$$

选取翼板厚度为 18 mm。

(4) 连接焊缝强度验算

焊缝 A 单边长度(图 6-20)：$L_1=400$ mm。

焊缝 A 焊脚尺寸：$S_1=12$ mm。

支柱或耳板材料屈服强度的较小值：$R_{eL}=225$ MPa。

角焊缝系数：$\phi_a=0.60$。

焊缝的许用剪切应力：$[\tau]_w=0.4R_{eL}\phi_a=0.4\times225\times0.60\ \text{MPa}=54\ \text{MPa}$。

耳板与支柱链接焊缝 A 的剪切应力校核：

$$\frac{F_T}{1.41L_1S_1}=\frac{2.720\times10^5}{1.41\times400\times12}\ \text{MPa}=40.19\ \text{MPa}\leqslant[\tau]_w$$

校核合格。

焊缝 B 单边长度(图 6-20)：$L_2=300$ mm。

焊缝 B 焊脚尺寸：$S_2=20$ mm。

拉杆或翼板材料的屈服强度的较小值：$R_{eL}=215$ MPa。

焊缝的许用剪切应力：

$[\tau]_w=0.4R_{eL}\phi_a=0.4\times215\times0.60\ \text{MPa}=51.6\ \text{MPa}$

拉杆与翼板的焊缝 B 的剪切应力校核：

$$\frac{F_T}{2.82L_2S_2}=\frac{2.720\times10^5}{2.82\times300\times20}\ \text{MPa}=16.08\ \text{MPa}\leqslant[\tau]_w$$

结论：校核合格。

7.10 支柱与球壳连接最低点的应力校核

7.10.1 点 a 的剪切应力

支柱与球壳连接焊缝单边的弧长：$L_w=3\ 055$ mm。

球壳点 a 处的有效厚度：$\delta_{ea}=45.0$ mm。

操作状态下点 a 的剪切应力：

$$\tau_o=\frac{G_o+(F_i)_{max}}{2L_W\delta_{ea}}=\frac{1.720\times10^6+5.711\times10^4}{2\times3\ 055\times45.0}\ \text{MPa}=6.463\ \text{MPa}$$

液压试验状态下点 a 的剪切应力：

$$\tau_T = \frac{G_T + 0.3(F_i)_{max}\dfrac{F_w}{F_{max}}}{2L_w\delta_{ea}}$$

$$= \frac{3.415\times10^6 + 0.3\times5.711\times10^4\times\dfrac{1.080\times10^5}{8.031\times10^5}}{2\times3\,055\times45.0}\ \text{MPa}$$

$$=12.43\ \text{MPa}$$

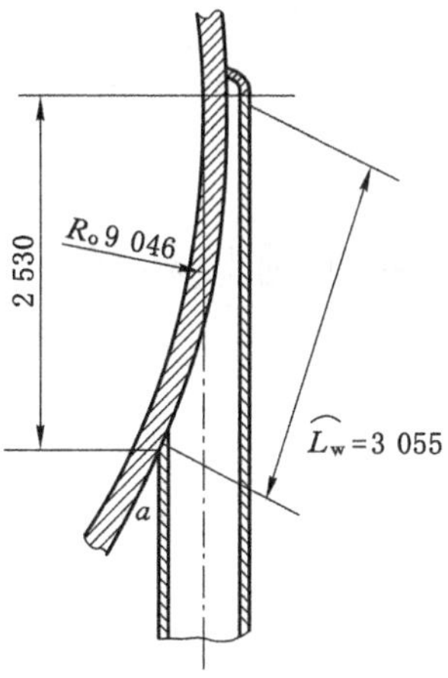

图 7-4　结构图

7.10.2　点 a 的纬向应力

操作状态下点 a 的液柱高度：$h_{oa}=8\,006$ mm。

液压试验状态下点 a 的液柱高度：$h_{Ta}=11\,530$ mm。

操作状态下介质在点 a 的液柱静压力：

$$P_{oa}=h_{oa}\rho_2 g\times10^{-9}=8\,006\times480\times9.81\times10^{-9}\ \text{MPa}=0.037\,7\ \text{MPa}$$

液压试验状态下介质在点 a 的液柱静压力：

$$P_{Ta}=h_{Ta}\rho_3 g\times10^{-9}=11\,530\times1\,000\times9.81\times10^{-9}\ \text{MPa}=0.113\,1\ \text{MPa}$$

操作状态下点 a 的纬向应力：

$$\sigma_{o1}=\frac{(P+P_{oa})(D_i+\delta_{ea})}{4\delta_{ea}}$$

$$=\frac{(1.77+0.037\,7)\times(18\,000+45.0)}{4\times45.0}\ \text{MPa}$$

$$=181.2\ \text{MPa}$$

液压试验状态下 a 点的纬向应力：

$$\sigma_{T1}=\frac{(P_T+P_{Ta})(D_i+\delta_{ea})}{4\delta_{ea}}$$

$$=\frac{(2.22+0.113\,1)\times(18\,000+45.0)}{4\times45.0}\ \text{MPa}$$

$$=233.9\ \text{MPa}$$

7.10.3 点 a 的应力校核

操作状态下点 a 的组合应力：

$\sigma_{oa}=\sigma_{o1}+\tau_{o}=(181.2+6.463)\ \text{MPa}=187.7\ \text{MPa}$

液压试验状态下点 a 的组合应力：

$\sigma_{Ta}=\sigma_{T1}+\tau_{T}=(233.9+12.43)\ \text{MPa}=246.3\ \text{MPa}$

点 a 的组合应力校核：

$\sigma_{oa}=187.7\ \text{MPa}\leqslant[\sigma]^{t}\phi=193\times1.0=193\ \text{MPa}$　　校核合格

$\sigma_{Ta}=246.3\ \text{MPa}\leqslant0.9R_{eL}\phi=0.9\times340\times1.0=306\ \text{MPa}$　　校核合格

结论：校核通过。

7.11 支柱与球壳连接焊缝的强度校核

W 取$G_0+(F_i)_{max}$和$G_T+0.3(F_i)_{max}\dfrac{F_w}{F_{max}}$两者中的较大值。

$G_0+(F_i)_{max}=(1.720\times10^6+5.711\times10^4)\ \text{N}=1.777\times10^6\ \text{N}$

$$G_T+0.3(F_i)_{max}\frac{F_w}{F_{max}}=\left(3.415\times10^6+0.3\times5.711\times10^4\times\frac{1.080\times10^5}{8.031\times10^5}\right)\ \text{N}=3.417\times10^6\ \text{N}$$

$$W=G_T+0.3(F_i)_{max}\frac{F_w}{F_{max}}=3.417\times10^6\ \text{N}$$

支柱与球壳连接焊缝的焊脚尺寸：$S=12$ mm。

支柱与球壳连接焊缝所承受的剪切应力：

$$\tau_w=\frac{W}{1.41L_wS}=\frac{3.417\times10^6}{1.41\times3\ 055\times12}\ \text{MPa}=66.11\ \text{MPa}$$

支柱或球壳材料屈服强度的较小值：$R_{eL}=340$ MPa。

焊缝许用剪切应力：

$[\tau]_w=0.4R_{eL}\phi_a=0.4\times340\times0.6\ \text{MPa}=81.6\ \text{MPa}$

应力校核：

$\tau_w=66.11\ \text{MPa}\leqslant[\tau]_w$

结论：校核通过。

第8章 SW6过程设备强度计算软件

8.1 概述

SW6软件包是化学工业部设备设计技术中心站编制的过程设备强度计算软件。SW6共有11个设备计算程序、1个零部件计算程序和1个用户材料数据库管理程序，在过程设备中的设备设计、方案比较、在役设备强度评定等工作中具有广泛的应用，并深受过程设备设计、制造、使用单位的欢迎，是目前大多数设计院进行容器常规设计必备的一款软件。

8.2 软件的计算功能

SW6主要的计算功能包括对过程设备的计算和强度校核，设备计算程序中的设备包括U形管换热器、非对称双鞍座及多鞍座卧式容器、非圆形容器、浮头式换热器、高压设备、固定管板换热器、立式容器、球形储罐、塔设备、填函式换热器和卧式容器。每一种设备计算程序都包括了该设备中常见的一些零部件的计算。除了塔器和球罐之外，各设备程序中的零部件可以单独计算，也可以由几个零部件组合成一台设备一起计算。

8.2.1 计算程序介绍

SW6的设备计算程序共11个，而在这每一个模块中又包含相应的过程设备的零部件的设计与校核。每一个计算程序根据相关的标准，在不同的领域中发挥着强大的功能，其具体功能如下：

(1) 卧式容器

计算程序按照《压力容器[合订本]》(GB150.1～GB150.4—2011)和(NB/T 47042—2014)《〈卧式容器〉标准释义与算例》等相关章节设计，包括对筒体、封头(锥形封头和球冠形封头将不能选择及进行计算)、设备法兰、开孔补强及鞍座的强度和刚度计算。

(2) 立式容器

计算程序可计算非裙座支撑的立式(带夹套或不带夹套)设备(带搅拌或不带搅拌)，包括：内圆筒及其上封头(包括平盖)，下封头的内、外压设计或校核；夹套筒体及其封头的内压设计或校核；内圆筒及其上、下封头，以及夹套及其封头的开孔补强设计或校核；设备法兰校核或厚度设计；搅拌轴设计或校核；腿式支座、耳式支座、支承式支座、刚性环支座的校核。

(3) 固定管板换热器

包括：筒体在壳程压力作用下的强度或刚度计算；固定管板的强度，换热管的强度、刚度和轴向应力以及拉脱力的计算;前、后端管箱在管程压力作用下的强度或刚度计算;筒体法兰和管箱法兰的强度校核计算;开孔补强计算;膨胀节的强度、刚度和疲劳寿命的计算;分程隔板的计算。

(4) 浮头式及填料函式换热器

计算程序包括:筒体在壳程压力作用下的强度或刚度计算;管板的强度,换热管轴向应力以及拉脱力的计算;前、后端管箱分别在管程和壳程压力作用下的强度或刚度计算;筒体法兰和管箱法兰的强度校核计算;开孔补强计算;浮头及其钩圈的强度计算(浮头式换热器);分程隔板的计算。

(5) U形管式换热器

计算程序包括:筒体在壳程压力作用下的强度或刚度计算;管板的强度,换热管的内外压计算,换热管轴向应力以及拉脱力的计算;前、后端管箱分别在管程和壳程压力作用下的强度或刚度计算;筒体法兰和管箱法兰的强度校核计算;开孔补强计算;分程隔板的计算。

(6) 高压设备

计算模块能对筒体(单层或多层)、上封头、下封头进行强度计算。其中,筒体能进行壁厚设计或强度校核。上、下封头的计算包括球形封头、锻制紧缩口、焊平盖的强度计算,还具有对卡箍、金属平垫、椭圆垫、八角垫和双锥密封等几种密封结构的校核计算功能。

(7) 塔设备

计算程序用于承受内压或外压作用的塔式容器的设计与校核,包括:对于等径塔可以进行设计和校核计算;可以进行上、下封头的计算以及开孔补强的计算;可以进行地震载荷和风载荷的计算;法兰计算;裙座和基础环板,地脚螺栓的计算;框架支撑塔的设计和计算。

(8) 球形储罐

计算程序包括:设计球壳;校核球壳;校核支柱;设计地脚螺栓、拉杆螺栓、销子直径、支柱底板直径和厚度、耳板厚度以及翼板厚度等;耳板和支柱、拉杆和翼板、支柱和球壳的焊接接头剪应力校核;球壳的外压校核。

(9) 非圆形容器

计算程序包括:非圆形截面壳体的厚度设计或强度校核(非圆形筒体包括无加强及有加强的对称矩形、非对称矩形、圆角矩形、长圆形、椭圆形、单撑、双撑加强矩形及单撑加强长圆形容器等12种结构);非圆形平盖的厚度设计或强度校核;非圆形法兰的设计和校核。

(10) 非对称双鞍座及多鞍座卧式容器

计算程序包括:支座反力、支座处剪力、各处弯矩、筒体应力、加强圈应力、支座应力的计算。程序按3种工况进行计算,分别是设计工况(无地震载荷)、设计工况(有地震载荷)和压力试验工况。

8.2.2 软件计算流程

(1)选择计算功能

SW6共有11个设备计算程序、1个零部件计算程序和1个用户材料数据库管理程序(图8-1),对设计任务进行综合分

图8-1 SW6中的设备计算程序

析后，可以对所需要的设计模块进行创建和打开。使用软件前，需要明确任务设备的设计条件、设计环境、设计形式等关键因素。

在文件操作一栏中，可以对所需要的设计模块进行创建和打开，同时可以对页面上计算后的输出结果进行打印。同时，为方便管理和保存文档，输出的数据文件名和存放路径可自行指定。SW6 对每一种设备的数据文件都规定了文件后缀名。11 个设备计算程序和 1 个零部件计算程序及其输出数据文件的后缀名名列表见表 8-1。

表 8-1　各程序输出文件名后缀

程序计算内容	数据文件后缀名	程序计算内容	数据文件后缀名
U 形管换热器	.ue3	非圆形容器	.nc2
浮头式换热器	.fe2	高压设备	.hp2
固定管板换热器	.fx3	球形储罐	.sp3
塔设备	.cn2	填函式换热器	.ef2
卧式容器	.ht2	零部件	.pa2
非对称双鞍座及多鞍座卧式容器	.msd	带夹套立式容器（带或不带搅拌）	.ra2

（2）用户材料数据库的使用与数据输入计算

根据 GB 150.2—2011 中所推荐的压力容器用钢，SW6 建立了一个标准材料数据库。该材料库的内容包括 GB 150.2—2011 中表 2 至表 18、“附录 A 材料的补充规定”以及“附录 B 钢材高温性能参考值”所提供数据组成。主要数据有所列材料在常温下的抗拉强度和屈服点、材料的相对密度、在指定温度下的许用应力、屈服点、弹性模量、平均线膨胀系数以及低合金钢(包括碳素钢)的持久强度或高合金钢的高温抗拉强度等。如果在设计中选用以上表中所列材料，那么程序将在数据输入和计算时自动在该标准材料数据库中取得计算所需的材料数据。

考虑到在实际工程中有些场合需用到 GB 150.1～GB 150.4—2011 所列表以外的材料，如国外牌号的材料，SW6 提供给两种方法来使用这样的材料。一种方法是可在数据输入界面上直接输入材料名及其有关的材料特性数据，计算所需要的所有材料特性数据都将在输入界面上列出。但这样输入的材料名及其对应的材料特性数据在计算采用相同材料的另一设备时需重新输入。另一种方法是通过用户材料数据库管理程序(图 8-2)建立自定义的材料数据库。该数据库可在进行强度计算前或在设备计算过程中进行输入或修改。该数据库可以长期保存，以便同一用户长期自动使用。

通过建立数据库，查阅数据库中所存数据和修改数据库中记录的数据，可以对数据输入过程中各种零件的材料及性能做符合设计要求的选用。在完成数据输入后，可点击“计算”来对所设计的各部分零件进行强度的校核。

（3）形成说明书

计算书可以通过菜单栏中的“形成计算书”得到，“形成计算书”中包括“设备计算书”以及该设备各部件计算书的子菜单项，见图 8-3(a)。在单击其中任何一项之后，会出现

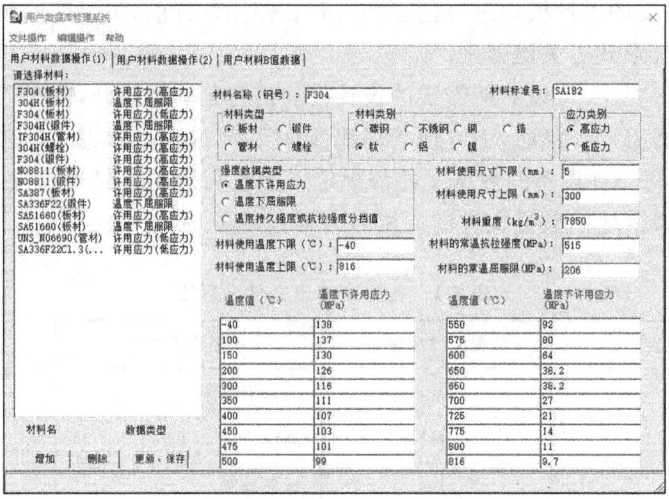

图 8-2 用户材料数据库管理程序

图 8-3(b)的样式，可选择用中文或英文形成计算书以及中文简明格式计算书。点击“确认”按钮后，将自动启动 Word，并打开已形成好的计算书文档。

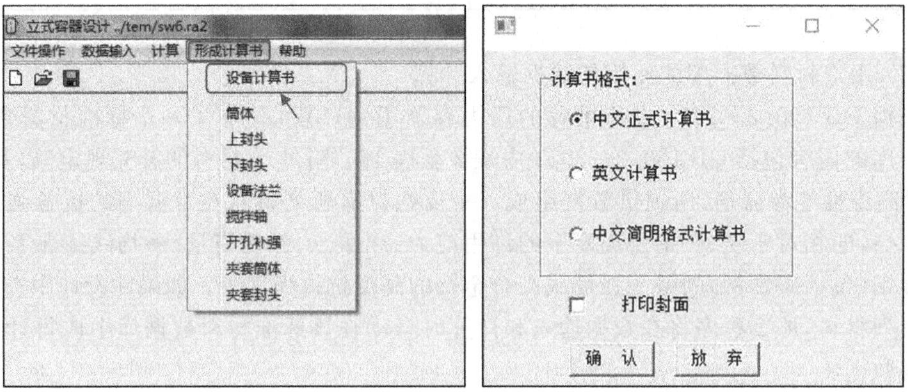

(a) (b)

图 8-3 计算说明书

8.3 卧式容器强度计算

8.3.1 卧式容器强度计算内容

卧式容器计算程序主要包括对筒体、左右封头、设备法兰、鞍座、接管开孔补强的设计和校核计算。

(1) 主体参数输入

根据给定的设计参数，结合具体的实施环境，在数据输入一栏对主体参数(设计压力、设计温度、压力试验类型与试验压力等)进行输入。在图 8-4 中，设计压力值以代数值输入，即内压计算输入正值，外压计算输入负值。

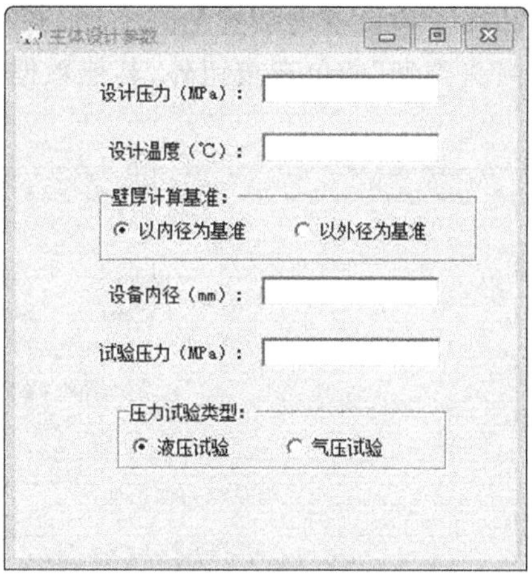

图 8-4　卧式容器主体设计参数输入

(2) 筒体数据输入

在筒体的设计中，若不考虑液柱静压力或腐蚀裕量，可在筒体数据输入程序（图 8-5）中不予输入。受内压筒体的筒体长度不予输入不会影响其强度计算，但筒体的质量程序将以 0 输出。筒体所采用的材料的选择可通过单击下拉框中寻找标准材料，也可直接输入非标材料名，同时输入此材料的许用应力和屈服点。此外，如果选择了“指定板材负偏差为 0”，则不管选什么材料和尺寸，在计算中负偏差将都取值为 0；反之不选，则程序会自动给出负偏差。如果所需要的负偏差值与程序给出的不一致时，可选中“指定板材负偏差为 0”，然后将所需的负偏差加到腐蚀裕量中去进行输入。

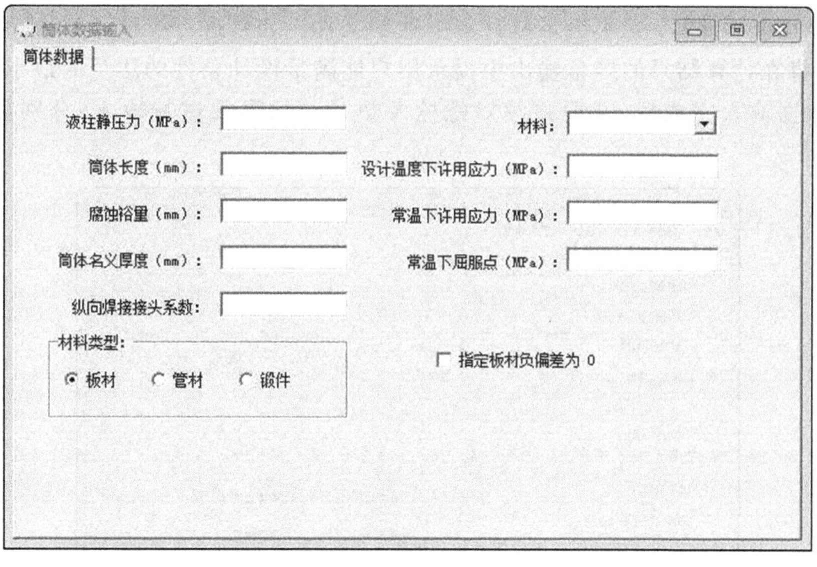

图 8-5　卧式容器筒体数据输入

(3) 左、右封头数据输入

在计算程序的主对话框中单击其菜单项中“参数输入”中的封头即可进入如图 8-6 所示

的封头数据输入和计算页面。由于各设备的结构形式不同，其对应的封头类型也不一定相同。在该页面中，除了一组“封头类型”的单选按钮外，其他数据都与筒体数据输入和计算对话框相同。

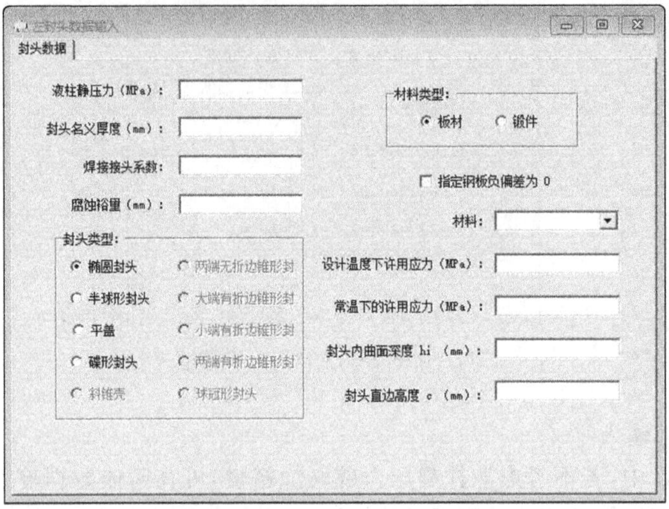

图 8-6　卧式容器封头数据输入

（4）设备法兰数据输入

在进行法兰应力计算之前，本模块将首先校核法兰螺栓间距是否满足 GB 150—2011 中第 7.5.2.1 条的要求。如不满足这一节中有关最大和最小间距的要求，本模块将继续计算。但在结果输出时，在屏幕上提示用户修改螺栓尺寸和个数。如果螺栓强度校核不合格，则程序将停止继续计算，并不会形成计算书数据文件。如果进行校核计算，则不管校核是否合格，都将在计算结果的屏幕输出中提示用户能满足设计条件的法兰的最小合格厚度。筒体法兰数据输入完成后，需要继续对螺栓及垫片结构参数进行输入，分别如图 8-7 和图 8-8 所示。

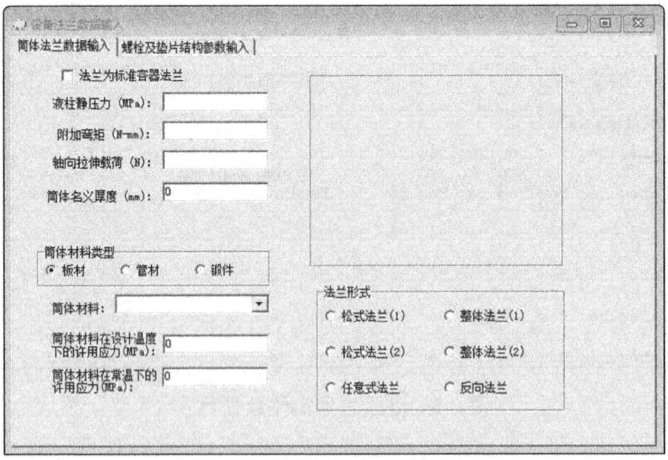

图 8-7　卧式容器筒体法兰数据输入

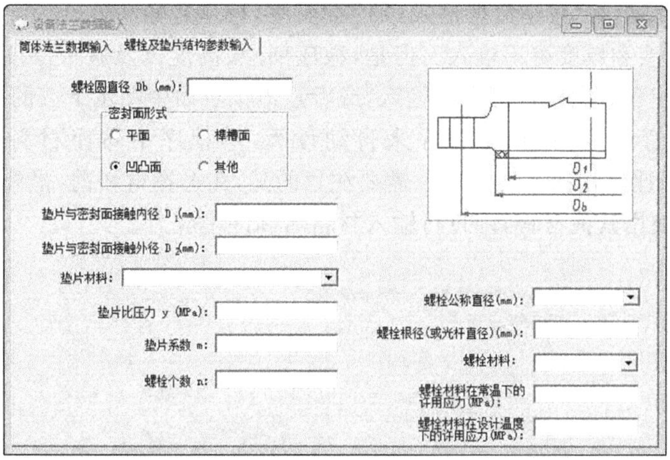

图 8-8　卧式容器螺栓及垫片结构参数输入

（5）鞍座数据输入

鞍座的模块是根据《卧式容器》(NB/T47042—2014)编制的。因此，在使用本程序的过程中，应满足该标准所规定的条件，即一般的对称双鞍座卧式容器和带集中载荷的卧式容器等两类容器的结构和载荷条件。

在"数据输入"菜单中单击"鞍座数据"后进入如图 8-9 所示的"鞍座数据输入(1)"页面。在该页面中，如果在筒体和封头界面中已输入其结构和材料等参数，则在此无需再输入；反之，则要求用户输入。无保温时，保温层材料名称、厚度、重度可不输入。介质密度和内件及附件重量按实际工况输入，否则会影响支座反力的计算。地震烈度当选择"低于七度"时，将不考虑地震工况，否则需考虑地震工况。

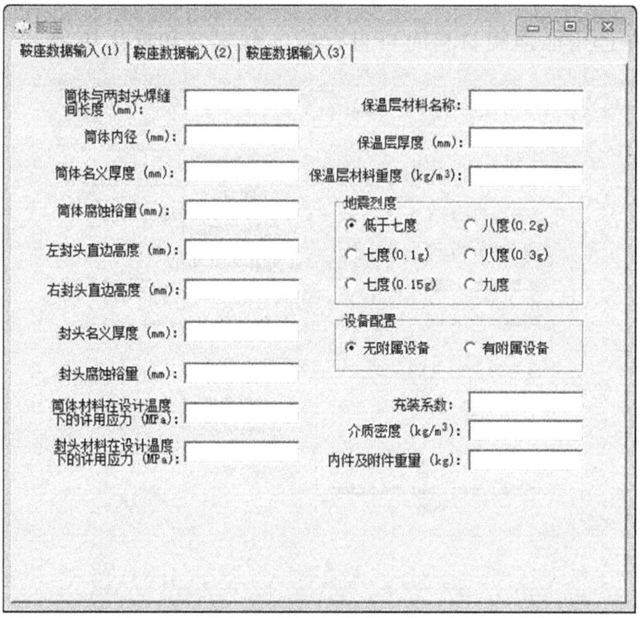

图 8-9　卧式容器鞍座数据输入(1)

在如图 8-10 所示的“鞍座数据输入(2)”页面中，鞍座包角应在 120°～180°。若结构上无垫板，则垫板宽度和厚度可不输入。但是，鞍座间距、高度以及腹板厚度必须输入。腹板与筋板组合截面积和抗弯模量可自行输入，或者点击该页面中图示下方的“计算腹板与筋板组合截面积和抗弯模量”按钮由程序来自动计算，本程序中鞍座材料只考虑了 NB/T 47042—2014 中鞍座常用的五种材料。需要注意的是，在选择材料前，需要先输入鞍座的设计温度值。如果使用其他材料，则自行输入材料名和许用应力。

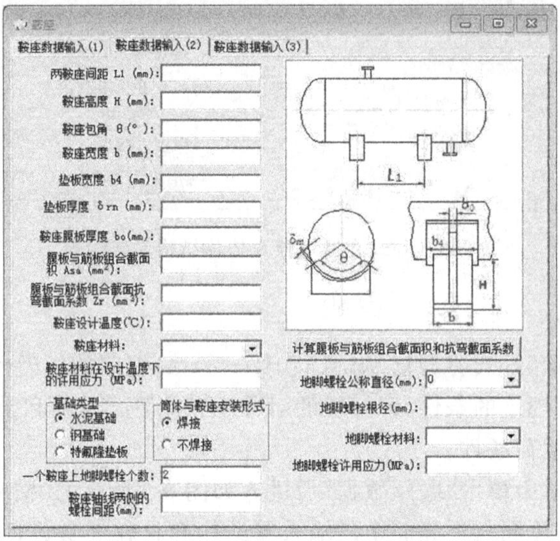

图 8-10　卧式容器鞍座数据输入(2)

如在鞍座截面或鞍座附近安置加强圈，需要进入“鞍座数据输入(3)”页面以输入有关加强圈的数据，如图 8-11 所示。该页面中可以输入加强圈数据，若不需要加强圈，则此页面中的数据可不输入，在选用加强圈材料时可自行输入材料名和许用应力。

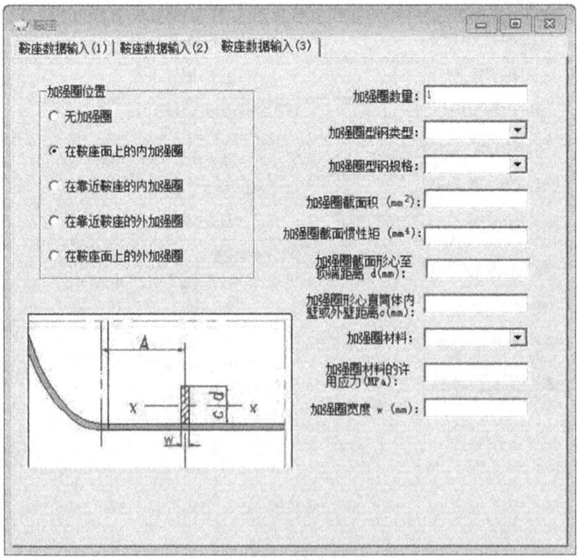

图 8-11　卧式容器加强圈数据输入

（6）接管开孔补强数据输入

对在筒体和各种封头上的开孔，按照 GB/T 150.3—2011 中的等面积补强法和分析法、HG/T 20582—2020 中的压力面积法。如图 8-12 和图 8-13 所示，当单独进行开孔补强计算时，每计算完一个开孔，如果计算不合格，程序就会将方案显示出来，以便进行选择。在整个设备一起运算时，针对开孔补强计算不合格的，方案会在全部计算完成之后同其他零部件的计算结果一起显示。

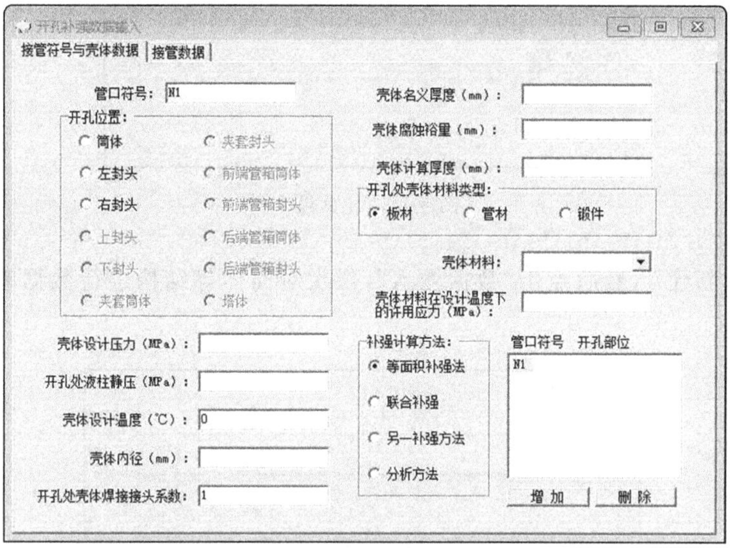

图 8-12　卧式容器接管符号与壳体数据

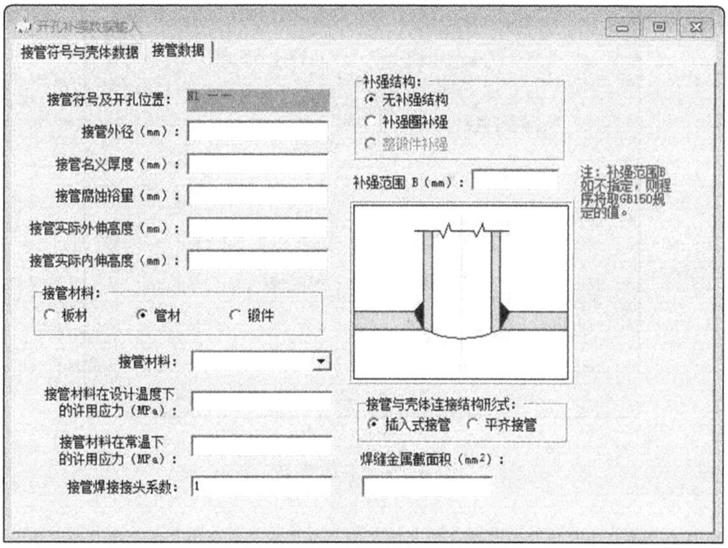

图 8-13　卧式容器接管数据

待所有参数都输入以后，用户可以单击菜单项“计算”中的“开孔补强”进行计算，并且单击“形成计算书”中相应的计算书。

8.3.2 卧式容器计算算例

(1) 设计任务

根据表 5-2 要求的设计参数,实现卧式储罐的设计。

(2) 基本数据输入

点击"卧式容器",进入卧式容器软件界面,如图 8-14 所示。

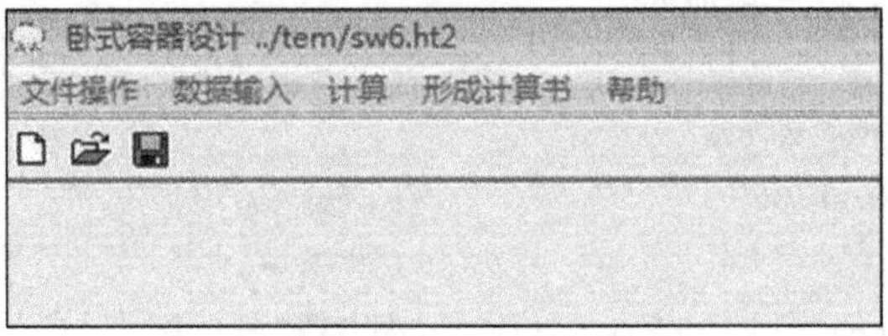

图 8-14 计算界面

首先点击"新建",然后点击"数据输入",依次对筒体等结构进行数据输入,如图 8-15 所示。

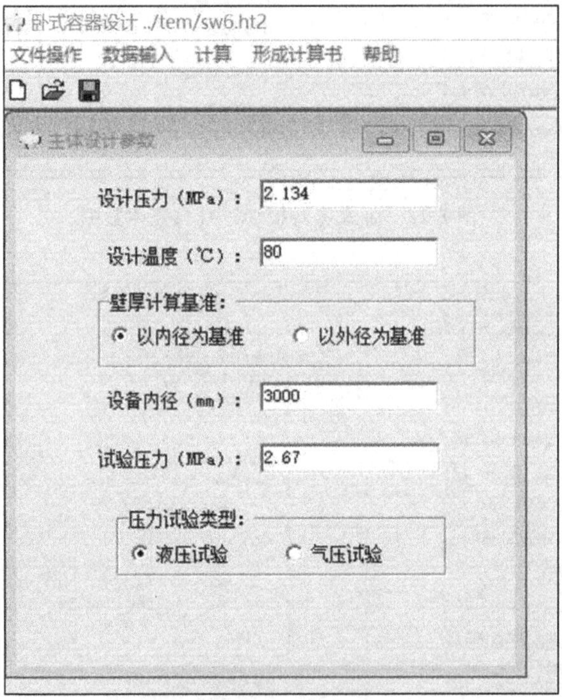

图 8-15 主体参数

(3) 筒体的设计与校核

筒体的设计数据见第 5 章。

筒体的材料选用为 Q345R,采用双面焊 100%无损探伤,焊接接头系数为 1.00。

筒体的内径 D_i=3 000 mm;筒体长度为 10 200 mm、封头深度为 750 mm、直边长度为 40 mm。

筒体的名义厚度δ_n=20 mm，钢板的负偏差为 0.3 mm，腐蚀裕量为 2 mm。

将设计数据输入点击菜单栏中“计算”，可得筒体校核结果如图 8-16 所示。

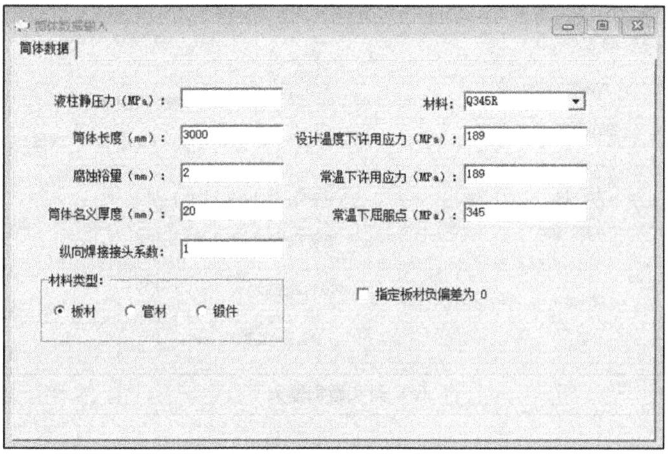

(a) 简体参数输入

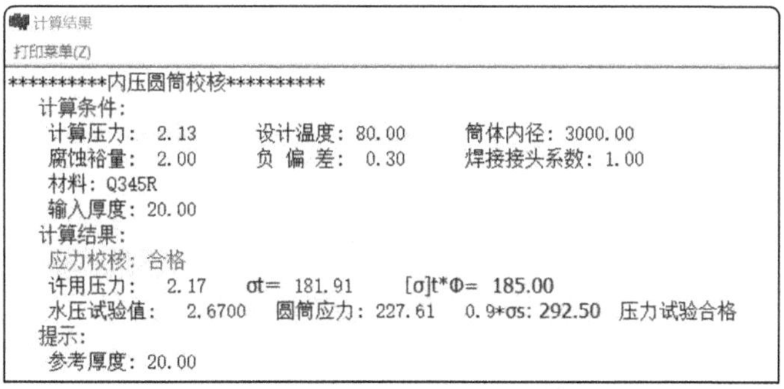

(b) 筒体计算结果

图 8-16　卧式容器筒体校核

(4) 左、右封头的设计与校核

本次设计封头选型为标准椭圆形封头。

左、右封头材料选用为 Q345R，采用双面焊 100%无损探伤，焊接接头系数为 1.00。

左、右封头为 DN3 000，深度为 750 mm、直边段长度为 40 mm。

左、右封头名义厚度 δ_n=20 mm，钢板的负偏差为 0.3 mm，腐蚀裕量为 2 mm。

将设计数据输入并校核，封头校核结果如图 8-17 所示。

(5) 支座的设计与校核

本次设计支座选型为双鞍式支座。

鞍座的材料选取的为 Q345R，鞍座所在平面无加强圈。

鞍座选型为轻式鞍座，其标号为：NB/T47065.1—2018 支座 A3000-F、鞍座 A3000-F 和 JB/T4712.1 鞍座 A3000-S。

鞍座与封头切线之间距离(A)为 750 mm，两鞍座间的距离为 L_1=10 170 mm。

鞍座的底板、腹板、筋板、垫板等参数参照附录 C。

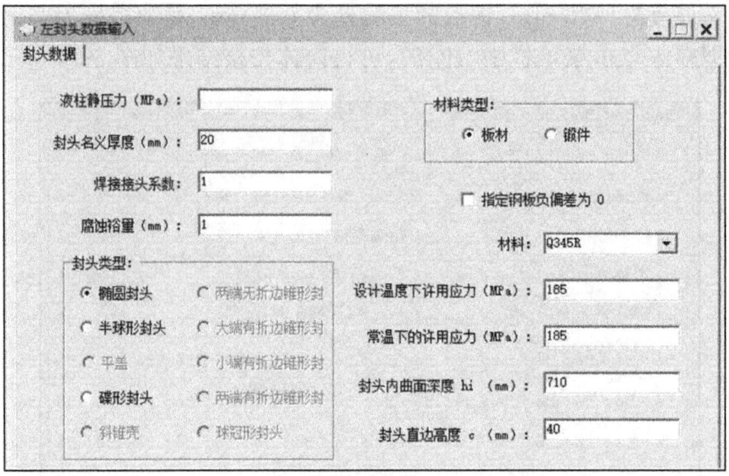

(a) 封头数据输入

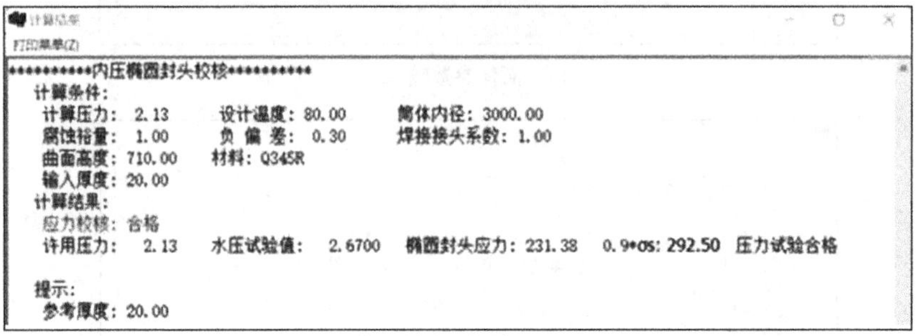

(b) 封头计算结果

图 8-17 卧式容器左、右封头校核

将设计数据输入并校核，鞍座校核结果如图 8-18 所示。

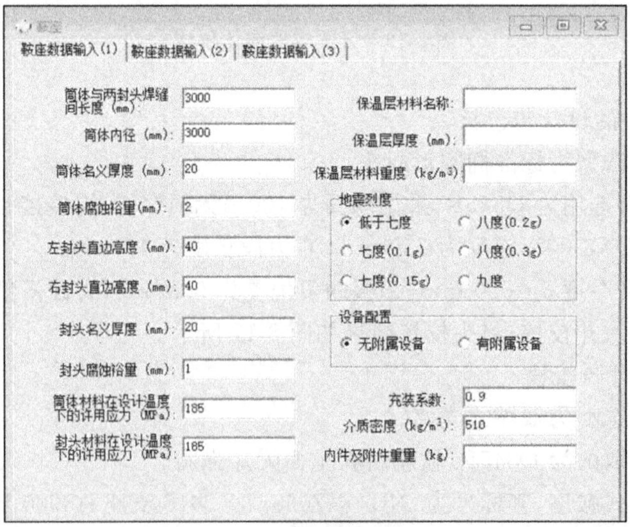

(a) 鞍座数据输入1

图 8-18 卧式容器鞍座校核

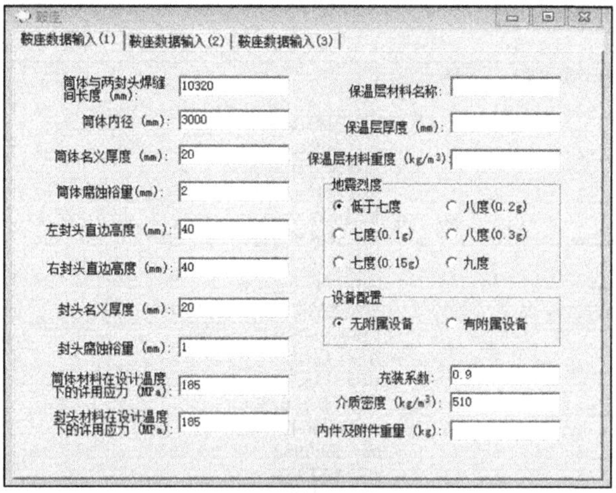

(b) 鞍座数据输入2

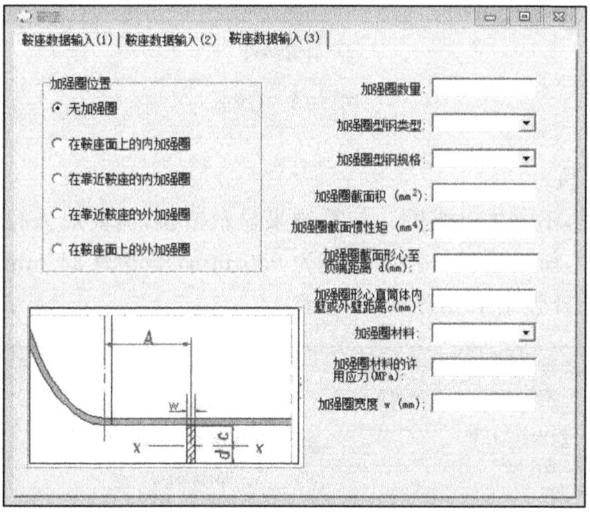

(c) 鞍座数据输入3

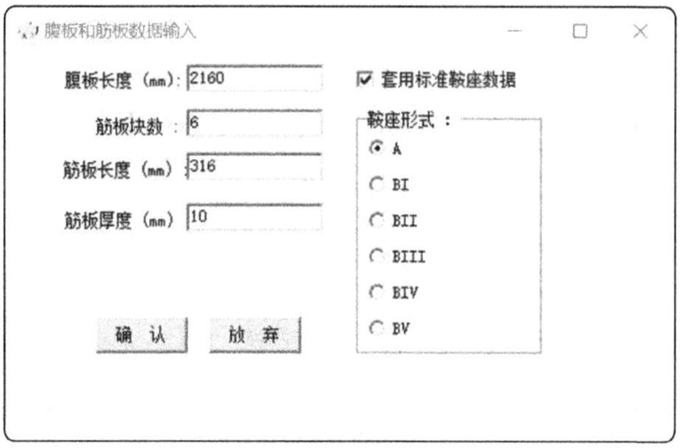

(d) 腹板和筋板数据输入

图 8-18 （续）

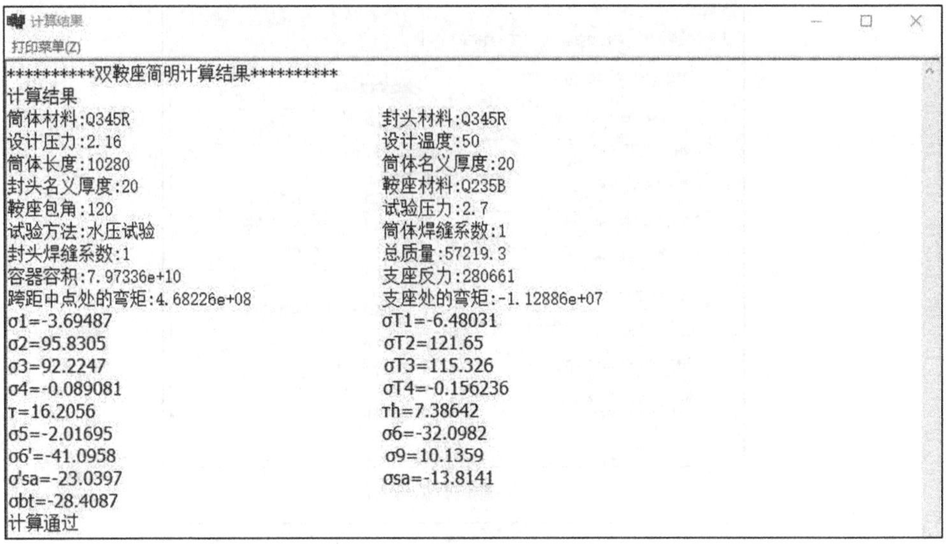

(e) 计算结果

图 8-18 (续)

(6) 开孔补强校核

先输入人孔数据,不添加补强圈。计算结果显示错误,需要对人孔进行补强。本次设计可以采用补强圈设计,所采用的补强圈外径为 980 mm,厚度为 24 mm,校核通过。

数据输入及开孔补强结果如图 8-19 所示。

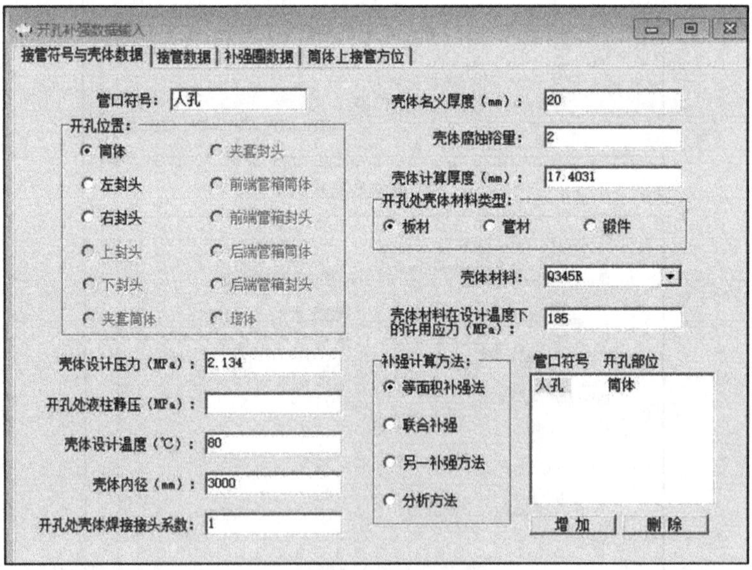

(a) 接管符号与壳体数据

图 8-19 卧式容器开孔补强校核

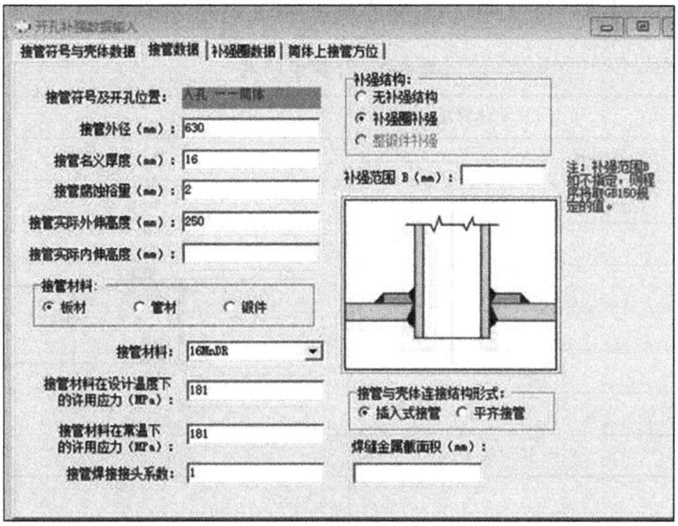

(b) 接管数据

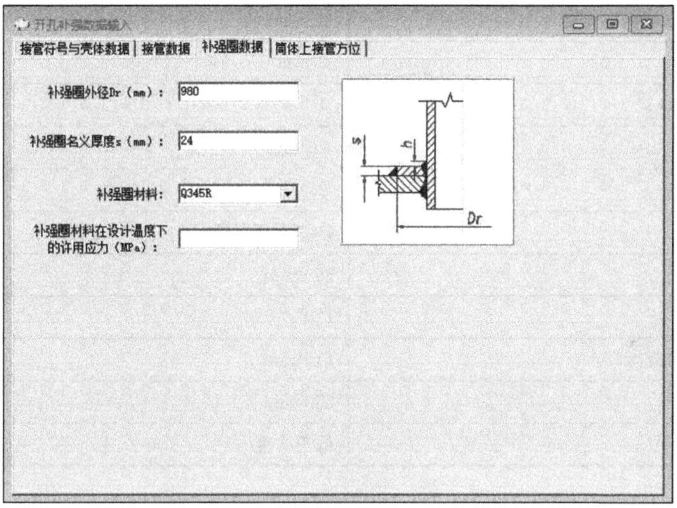

(c) 补强图数据

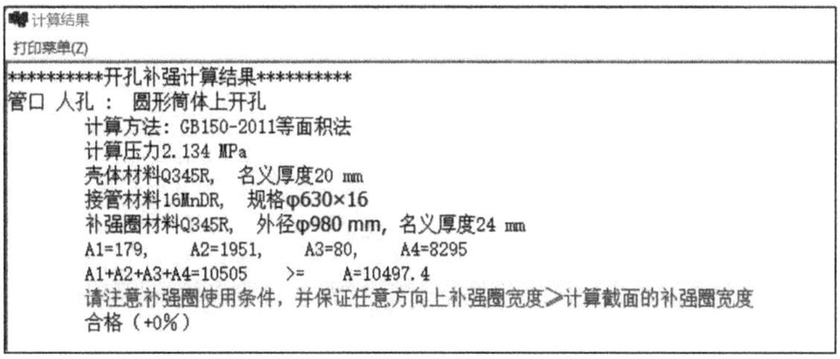

(d) 计算结果

图 8-19 （续）

所有数据输入完成后，可形成计算说明书，部分计算说明书如表 8-2 所列。

表 8-2　计算说明书

卧式容器	计算单位	
计算条件		简图
设计压力(P)	2.134 MPa	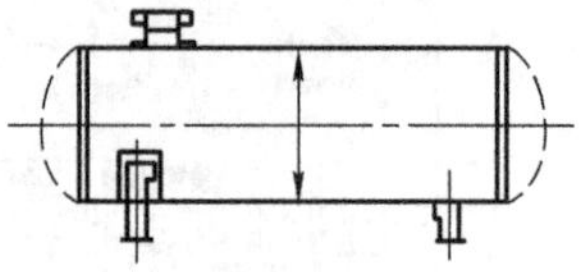
设计温度(t)	80 ℃	
筒体材料名称	Q345R	
封头材料名称	Q345R	
封头形式	椭圆形	
筒体内直径(D_i)	3 000 mm	
筒体长度(L)	10 320 mm	
筒体名义厚度(δ_n)		20 mm
支座垫板名义厚度(δ_{rn})		12 mm
筒体厚度附加量(C)		2.3 mm
腐蚀裕量(C_1)		2 mm
筒体焊接接头系数(ϕ)		1
封头名义厚度(δ_{hn})		20 mm
封头厚度附加量(C_h)		2.3 mm
鞍座材料名称		Q235B
鞍座宽度(b)		360 mm
鞍座包角(θ)		120°
支座形心至封头切线距离(A)		115 mm
鞍座高度(H)		250 mm
地震烈度		低于 7 度

第9章　安全附件及仪表

9.1　安全附件

9.1.1　设置原则

(1) 当压力容器在操作过程中有可能出现超压时，应装设安全超压泄放装置。超压泄放装置指安全阀、爆破片装置、安全阀与爆破片装置的组合装置。

(2) 当压力容器的压力来自压力容器外部，且能得到可靠控制时，安全超压泄放装置可以不直接装设在压力容器上。

(3) 当压力容器中介质为清洁、无颗粒、低黏度流体时，宜选用安全阀。

(4) 当压力容器中介质为易沉淀、易结晶、易聚合、压力增长迅速、含有颗粒、有强腐蚀性和高黏度流体时，宜选用爆破片装置。

(5) 当压力容器中介质十分昂贵，或介质有毒性、易燃、易爆等不允许有泄漏，或在工况特殊的场合时，宜选用安全阀与爆破片装置的组合装置。

泄放装置应设置在容器本体或其连接管线上容易安装、检查、维护的部位。安全阀的阀体应在容器或管线顶部并垂直向上。

9.1.2　超压泄放装置的安装要求

(1) 泄放装置应设置在靠近容器压力源的位置。若用于气体介质，应设置在气相空间(包括液体上方的气相空间)或与该空间相连通的管线上；若用于液体介质，应设置在正常液面以下。

(2) 容器和泄放装置之间的所有管道、管件的截面积应不小于泄放装置的泄放面积，其接管应尽可能短而直，以免产生过大的压力损失。若一个连接口上装设 2 个或 2 个以上的泄放装置(不包括备用安全阀)时，则该连接口入口的截面积应至少等于这些泄放装置进口截面积的总和。

(3) 容器与泄放装置之间一般不宜设置中间截断阀。对于连续操作的容器，可在容器与泄放装置之间设置截断阀专供检修用。容器在正常工作期间，截断阀应处于全开的位置并铅封。

(4) 泄放装置的支撑结构应有足够的强度(刚度)，以保证能承受该泄放装置泄放时所产生的反力。

9.1.3 泄放接管管口设置要求

(1) 压力容器上的超压泄放接管管口设置应是铅直的。泄放接管管口布置应避免位于介质的进、出口附近或有压力波动部位。

(2) 压力容器上的超压泄放接管管口与超压泄放装置之间不允许装设截止用阀门等。

9.1.4 泄放导管的安装要求

(1) 当压力容器的超压泄放物为有毒或易燃、易爆性介质时,应在超压泄放装置后装设泄放导管,并应将泄放物引至安全地点。

(2) 泄放导管的直径应大于泄放装置的出口直径,并应依据泄放流速和距离计算确定。

(3) 泄放导管宜是铅直的。泄放导管直接引入室外排放时应设有防止雨、雪、尘等聚集在出口处的装篮。

9.1.5 安全阀、爆破片

(1) 安全阀、爆破片的排放能力

安全阀、爆破片的排放能力,应当大于或等于压力容器的安全泄放量。排放能力和安全泄放量按照相应标准的规定进行计算,必要时还应当进行实验验证。对于充装处于饱和状态或过热状态的气液混合介质的压力容器,设计爆破片装置时应当计算泄放口径,确保不产生空间爆炸。

(2) 安全阀的整定压力

安全阀的整定压力一般不大于该压力容器的设计压力,设计图样或铭牌上标注有最高允许工作压力的,也可以采用最高允许工作压力确定安全阀的整定压力。

(3) 爆破片的爆破压力

压力容器上装有爆破片装置时,爆破片的设计爆破压力一般不大于该容器的设计压力,并且爆破片的最小爆破压力不得小于该容器的工作压力。当设计图样或铭牌上标注有最高允许工作压力时,爆破片的设计爆破压力不得大于压力容器的最高允许工作压力。

9.2 仪表

9.2.1 压力表

9.7.1.1 压力表选用

(1) 选用的压力表应与压力容器内的介质相适应。

(2) 设计压力小于 1.6 MPa 压力容器使用的压力表的精度不低于 2.5 级,设计压力大于或等于 1.6 MPa 压力容器使用的压力表的精度不得低于 1.6 级。

(3) 压力表表盘刻度极限值应为工作压力的 1.5～3.0 倍。

9.2.1.2 压力表检定

压力表的检定和维护应符合国家计量部门的有关规定,压力表安全前应进行检定,在刻度盘上应当画出只是工作压力的红线,注明下次检定日期。压力表检定后应加铅封。

9.2.1.3 压力表安装

(1) 压力表接管宜铅直装设于容器顶部空间。

(2) 容器内介质为气液共存物时,压力表宜装设于气相空间。

(3) 压力表应避免装设在容器介质的进、出口附近或有压力波动的部位。

9.2.2　液位计

9.2.2.1　液位计通用要求

压力容器用液位计应当符合一下要求：

(1) 根据压力容器的介质、设计压力(最高允许工作压力)和设计温度选用；

(2) 在安装使用前，设计压力小于 10 MPa 的压力容器用液位计，以 1.5 倍的液位计公称压力进行液压实验；设计压力大于或等于 10 MPa 的压力容器用液位计，以 1.25 倍的液位计公称压力进行液压实验。

(3) 储存 0 ℃以下介质的压力容器，选用防霜液位计。

(4) 寒冷地区室外使用的液位计，选用夹套型或者保温型结构的液位计。

(5) 用于易爆、毒性危害程度为极度或高度危害介质以及液化气体压力容器上的液位计，有防止泄漏的保护装置。

(6) 要求液面指示平稳的，不允许采用浮子(标)式液位计。

9.2.2.2　液位计安装

液位计应当安装在便于观察的位置，否则应增加其他辅助设施。大型压力容器还应有集中控制的设施和警报装置。液位计上最高和最低安全液位，应做出明显的标志。

9.2.3　测温仪表

9.2.3.1　测温仪表分类

温度检测根据敏感元件与被测介质接触与否分为接触式和非接触式两大类。接触式温度测量的特点是感温元件直接与被测对象相接触，两者进行充分的热交换，最后达到热平衡，此时感温元件的温度与被测介质的温度必然相等，温度计的示值就是被测介质的温度。接触式测温的测温精度相对较高，直观可靠，测温元件价格较低；若被测介质具有腐蚀性或温度太高也将严重影响感温元件的性能和寿命。根据测温转换的原理，接触式测温可分为膨胀式(如温度管水银温度计、双金属温度计)、热阻式、热电式等多种形式。

非接触式温度测量的特点是感温元件不与被测对象直接接触，而是通过接受被测物体的热辐射能来测量被测对象的温度。因此，非接触式测温具有不改变被测物体的温度分布，热惯性小，测温上限可设计得很高，便于测量运动物体的温度和快速变化的温度等优点。但是，测量精度低于接触式测温方法如，机场出口、学校门口用来测体温的红外温度计就属于非接触器式温度计。

在上述的测温方法中，如热电偶、热电阻及辐射温度计等常用的温度测量仪表在技术上已经成熟；如光纤、激光及遥感或存储等技术的新型温度计也已经实用化，出现了由表面到深度，由有线到无线的温度测量技术。而对于传统的热电偶测温仪，其热电偶本身和保护套管的材质、加工工艺都有新的变化，如出现了陶瓷或金属陶瓷保护管和抗氧化钨铼热电偶等。

表 9-1 给出了目前常用的温度检测方法的特点和测温范围。下面主要介绍热电偶和热电阻的测温原理。

表 9-1 主要的温度检测方法和特点

测温方式		温度测量仪器	测温范围/℃	主要特点
接触式	膨胀式	玻璃液体	−100～600	结构简单，使用方便。测量准确，价格低廉；测量上限和精度受玻璃质量的限制，易碎，不能远传
		双金属	−80～600	结构紧凑，可靠；测量精度低，量程和使用范围有限
	热电效应	热电偶	−200～1 800	测温范围广，测量精度高，便于远距离、多点、集中监测和自动控制，应用广泛；需要在自由端进行温度补偿，在低温段测量精度较低
	热阻效应	铂电阻	−200～600	测量精度高，便于远距离、多点、集中检测和自动控制，应用广泛，不能测高温
		铜电阻	−50～150	
		半导体热敏电阻	−50～150	灵敏度高，体积小，结构简单，使用方便；互换性较差，测量范围有一定限制
非接触式		辐射式	0～3 500	不破坏温度场，测温范围大，响应快，可测运动物体的温度，易受外界环境的影响，标定较困难。

9.2.3.2 测温仪表的选用

在选用温度检测仪表时，应注意每种仪表的特点和适用范围，这也是确保温度测量精度的第一个关键环节。

目前，工业上常见的温度检测仪表主要有双金属温度计、热电偶、热电阻和辐射式温度计等。双金属温度计一般用于温度信号的就地检测和指示，测量精度不高。热电阻、热电偶和辐射式温度计可用于温度信号的在线测量，其中热电阻和热电偶是工业上最常用的两种测温仪表，前者适用于测量 500 ℃以下的中、低温度，后者更适用于测量 500～1 800 ℃范围的中、高温度。辐射式温度计一般用于 2 000 ℃以上的高温测量。

另外，在选用温度检测仪表时，除了要综合考虑测量精度、信号制、稳定性等技术要求之外，还应该注意工作环境等因素的影响，如环境温度、介质特性（氧化性、还原性和腐蚀性）等，选择适当的保护套管、连接导线等附件。

9.2.3.3 测温仪表的安装

温度检测仪表的正确安装是保证仪表正常使用的另一个关键的环节。一般来说，温度检测仪表的安装需要遵循以下原则。

(1) 检测元件的安装应确保测量的准确性，选择有代表性的安装位置

对于接触式检测元件来说，检测元件应该有足够的插人深度，不应该把检测元件插入介质的死角，以确保检测元件与被测介质能进行充分的热交换；测量管道中的介质温度时，检测元件工作端应位于管道中心流速最大之处，检测元件应该迎着流体流动方向安装，非不得已时，切勿与被测介质顺流安装，否则容易产生测量误差，如图 9-1 所示；测量负压管道（设备）上的温度时，必须保证有密封性，以免外界空气的吸入而降低精度。

(2) 检测元件的安装应确保安全、可靠

为避免检测元件的损坏，接触式测量仪表的保护套管应该具有足够的机械强度，在使用时可以根据现场的工作压力、温度、腐蚀性等特性，合理地选择保护套管的材质、壁厚；当介质压力超过 10 MPa 时，必须安装保护外套，确保安全；为了减小测量的滞后，可在保护套管

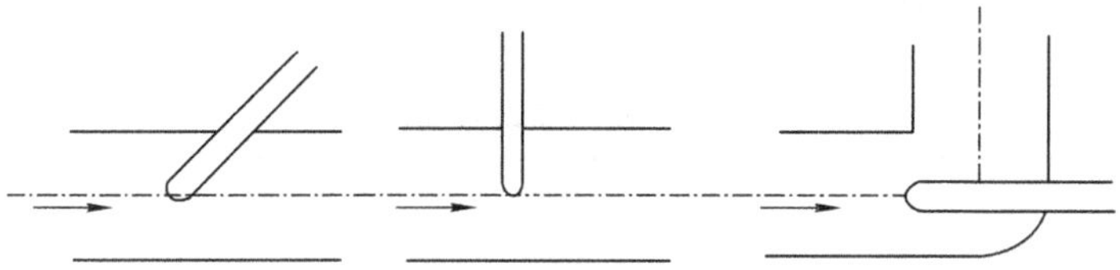

图 9-1 温度检测元件的安装示意图

内部加装传热良好的填充物，如硅油、石英砂等；接线盒出线孔应该朝下，以免因密封不良使水汽、灰尘等进入而降低测量精度。

(3) 检测元件的安装应综合考虑仪表维修、校验的方便

(略)。

9.3 阀门

9.3.1 阀门型号

阀门型号按照图 9-2 进行编号。

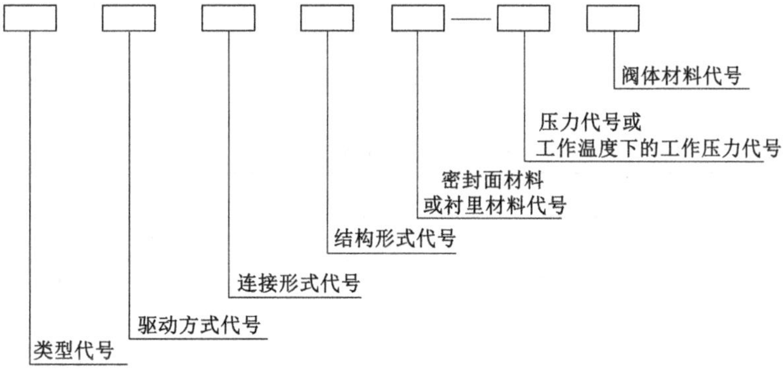

图 9-2 阀门代号

其中各部分参数意义及代号见表 9-2～表 9-9。

表 9-2 阀门类型代号

阀门类型	代号	阀门类型	代号
弹簧载荷安全阀	A	排污阀	P
蝶阀	D	球阀	Q
隔膜阀	G	蒸汽疏水阀	S
杠杆式安全阀	GA	柱塞阀	U
止回阀和底阀	H	旋塞阀	X
截止阀	J	减压阀	Y
节流阀	L	闸阀	Z

驱动方式代号用阿拉伯数字表示，按表 9-3 的规定。

表 9-3 阀门驱动方式代号

驱动方式	代号	驱动方式	代号
电磁动	0	锥齿轮	5
电磁-液动	1	气动	6
电-液动	2	液动	7
蜗轮	3	气-液动	8
正齿轮	4	电动	9

注：代号 1、代号 2 及代号 8 是用在阀门启闭时，需有两种动力源同时对阀门进行操作。

安全阀、减压阀、疏水阀、手轮直接连接阀杆操作结构形式的阀门，本代号省略，不表示。

对于气动或液动机构操作的阀门：常开式用 6K、7K 表示；常闭式用 6B、7B 表示。

防爆电动装置的阀门用 9B 表示。

表 9-4 阀门连接端连接形式代号

连接形式	代号	连接形式	代号
内螺纹	1	对 夹	7
外螺纹	2	卡 箍	8
法兰式	4	卡 套	9
焊接式	6	—	—

表 9-5 闸阀结构形式代号

<table>
<tr><th colspan="4">结构形式</th><th>代号</th></tr>
<tr><td rowspan="5">阀杆升降式(明杆)</td><td rowspan="3">楔式闸板</td><td colspan="2">弹性闸板</td><td>0</td></tr>
<tr><td rowspan="8">刚性闸板</td><td>单闸板</td><td>1</td></tr>
<tr><td>双闸板</td><td>2</td></tr>
<tr><td rowspan="2">平行式闸板</td><td>单闸板</td><td>3</td></tr>
<tr><td>双闸板</td><td>4</td></tr>
<tr><td rowspan="4">阀杆非升降式(暗杆)</td><td rowspan="2">楔式闸板</td><td>单闸板</td><td>5</td></tr>
<tr><td>双闸板</td><td>6</td></tr>
<tr><td rowspan="2">平行式闸板</td><td>单闸板</td><td>7</td></tr>
<tr><td>双闸板</td><td>8</td></tr>
</table>

表 9-6 止回阀结构形式代号

<table>
<tr><th colspan="2">结构形式</th><th>代号</th><th colspan="2">结构形式</th><th>代号</th></tr>
<tr><td rowspan="3">升降式阀瓣</td><td>直通流道</td><td>1</td><td rowspan="3">旋启式阀瓣</td><td>单瓣结构</td><td>4</td></tr>
<tr><td>立式结构</td><td>2</td><td>多瓣结构</td><td>5</td></tr>
<tr><td>角式流道</td><td>3</td><td>双瓣结构</td><td>6</td></tr>
<tr><td>—</td><td>—</td><td>—</td><td colspan="2">蝶形止回式</td><td>7</td></tr>
</table>

表 9-7 排污阀结构形式代号

结构形式		代号	结构形式		代号
液面连接排放	截止型直通式	1	液底间排放	截止型直流式	5
	截止型角式	2		截止型直通式	6
	—	—		截止型角式	7
	—	—		浮动闸板型直通式	8

表 9-8 密封面或衬里材料代号

密封面或衬里材料	代号	密封面或衬里材料	代号
锡基轴承合金(巴氏合金)	B	尼龙塑料	N
搪瓷	C	渗硼钢	P
渗氮钢	D	衬铅	Q
氟塑料	F	奥氏体不锈钢	R
陶瓷	G	塑料	S
Cr13 系不锈钢	H	铜合金	T
衬胶	J	橡胶	X
蒙乃尔合金	M	硬质合金	Y

阀门密封副材料均为阀门的本体材料时,密封面材料代号用“W”表示。

阀门使用的压力级 10 倍的兆帕单位(MPa)数值表示。公称压力小于或等于 1.6 MPa 的灰铸铁阀门、大于或等于 2.5 MPa 的碳素钢阀门的阀体材料代号在型号编制时予以省略。

表 9-9 阀体材料代号

阀体材料	代号	阀体材料	代号
碳钢	C	铬镍钼系不锈钢	R
Cr13 系不锈钢	H	塑料	S
铬钼系钢	I	铜及铜合金	T
可锻铸铁	K	钛及钛合金	Ti
铝合金	L	铬钼钒钢	V
铬镍系不锈钢	P	灰铸铁	Z
球墨铸铁	Q	—	—

注:CF3、CF8、CF3M、CF8M 等材料牌号可直接标注在阀体上。

9.3.2 阀门类型的特点及选用

(1) 闸阀

选用闸阀时应遵循下列原则:

① 应是管道切断用阀门的首选。

② 几乎不受温度和压力的限制，但对于大直径（DN 1000 及以上）、中低压场合（CLASS300 及以下），不如选用蝶阀经济，而且蝶阀质量轻，占空间小。

③ 阀门的开启高度与流通面积成非线性比例关系，一般只适用于全开或全闭的场合，不宜作调节用。

（2）截止阀

① 流阻大，关闭力大，价格高于闸阀，但低于金属密封球阀，较少做主管路切断用。

② 阀门开启高度与介质流量呈线性比例关系，故常用作调节阀旁路的切断，或者用于需要较准确控制流量的场合，如软管站终端、生活水终端、放空排液终端等。

③ 没有密闭阀腔，适合于低温介质或可能发生气化的介质工况条件。

（3）止回阀

① 升降式止回阀受工作原理的影响，只能安装在水平管道上；与旋启式止回阀相比，流阻大，不宜用于大直径（DN50 及以上）场合，一般情况下，适合于 DN40 及更小的阀门。

② 升降式止回阀流道复杂，冲刷严重，不宜用于含有固体颗粒的介质环境。

③ 旋启式止回阀尽可能水平安装，用于垂直管道上时，应保证介质流向为自下而上；旋启式式止回阀受结构限制，不宜用于 DN40 及以下的管道上。

（4）选用原则

阀门选用根据下列原则选择阀门类型。

① 一般开关情况下应首选闸阀。

② 对要求有一定调节作用的开关场合和输送液化石油气、液态烃介质的场合宜选用截止阀。

③ 对于要求能自动防止介质倒流的场合应选用止回阀。

④ 蝶阀在下列条件下可以代替闸阀：高温、大口径、有调节作用。

⑤ 其他特殊使用处采用相应种类的阀门。

阀门类型选好之后，根据所连接管道性质对公称压力、公称通径进行选择，具体参数可参照附录 E 进行。

附　　录

附录 A　压力容器材料

A.1　许用应力

表 A-1　部分碳素钢和低合金钢钢板许用应力

钢号	使用状态	厚度/mm	室温强度指标		在下列温度(℃)下的许用应力/MPa																备注
			R_m	R_{el}	≤20	100	150	200	250	300	350	400	425	450	475	500	525	550	575	600	
Q245R	热轧，控轧，正火	400	245	148	147	140	131	117	108	98	91	85	61	41							
		＞16～36	400	235	148	140	133	124	111	102	93	86	84	61	41						
		＞36～60	400	225	148	133	127	119	107	98	89	82	80	61	41						
		＞60～100	390	205	137	123	117	109	98	90	82	75	73	61	41						
		＞100～150	380	185	123	112	107	100	90	80	73	70	67	61	41						
Q345R	热轧，控轧，正火	3～16	510	345	189	189	189	183	167	153	143	125	93	66	43						
		＞16～36	500	325	185	185	183	170	157	143	133	125	93	66	43						
		＞36～60	490	315	181	181	173	160	147	133	123	117	93	66	43						
		＞60～100	490	305	181	181	167	150	137	123	117	110	93	66	43						
		＞100～150	480	285	178	173	160	147	133	120	113	107	93	66	43						
		＞150～200	470	265	174	163	153	143	130	118	110	103	93	66	43						
Q370R	正火	10～16	530	370	196	196	196	196	190	180	170										
		＞16～36	530	360	196	196	196	193	183	173	163										
		＞36～60	520	340	193	193	193	180	170	160	150										

表 A-2　部分碳素钢钢板许用应力

钢号	厚度/mm	在下列温度(℃)下的许用应力/MPa					
		≤20	100	150	200	250	300
Q235B	3～16	116	113	108	99	88	81
	＞16～30	116	108	102	94	82	75

表 A-2(续)

钢号	厚度/mm	在下列温度(℃)下的许用应力/MPa					
		≤20	100	150	200	250	300
Q235C	3～16	123	120	114	105	94	86
	16～40	123	114	108	100	87	79

注：Q235B 所列许用应力已乘质量系数 0.85，Q235C 所列许用应力已乘质量系数 0.90。

表 A-3 部分高合金钢钢板许用应力

钢号	厚度/mm	在下列温度(℃)下的许用应力/MPa																					
		≤20	100	150	200	250	300	350	400	450	500	525	550	575	600	625	650	675	700	725	750	775	800
S11306	1.5～25	137	126	123	120	119	117	112	109														
S11348	1.5～25	113	104	101	100	99	97	95	90														
S11972	1.5～8	154	154	149	142	136	131	125															
S21953	1.5～80	233	233	223	217	210	203																
S22253	1.5～80	230	230	230	230	223	215																
S22053	1.5～80	230	230	230	230	223	217																
S30408	1.5～80	137	137	137	130	122	114	111	107	103	100	98	91	79	64	53	42	32	27				
		137	114	103	96	90	85	82	79	76	74	73	71	67	62	52	42	32	27				
S30403	1.5～80	120	120	118	110	103	98	94	91	88													
		120	98	87	81	76	73	69	67	65													
S30409	1.5～80	137	137	137	130	122	111	111	107	103	100	98	91	79	64	52	42	32	27				
		137	114	103	96	91	85	82	79	76	74	73	70	67	62	52	42	32	27				
S31008	1.5～80	137	137	137	137	134	130	125	122	119	115	113	105	84	61	43	31	23	19	15	12	10	8
		137	121	111	105	99	96	93	90	88	85	84	83	81	61	43	31	23	19	15	12	10	8
S31608	1.5～80	137	137	137	134	125	118	113	111	109	107	106	105	96	81	65	50	38	30				
		137	117	107	99	93	87	84	82	81	79	78	78	76	73	65	50	38	30				
S31603	1.5～80	120	120	117	108	100	95	90	86	84													
		20	98	87	80	74	70	67	64	62													
S31668	1.5～80	137	137	137	134	125	118	113	111	109	107												
		137	117	107	99	93	87	84	82	81	79												

注：该表许用应力仅适用于允许产生微量永久变形之元件，对于法兰或其他有微量永久变形就引起泄漏或故障的场合不能采用。

表 A-4　部分碳素钢和低合金钢钢管许用应力

钢号	使用状态	壁厚/mm	室温强度指标/MPa		在下列温度(℃)下的许用应力/MPa																备注
			R_m	R_{el}	≤20	100	150	200	250	300	350	400	425	450	475	500	525	550	575	600	
10	热轧	≤10	335	205	124	121	115	108	98	89	82	75	70	61	41						
20	热轧	≤10	410	245	152	147	140	131	117	108	98	88	83	61	41						
Q345D	正火	≤10	470	345	174	174	174	174	167	153	143	125	93	66	43						
10	正火	≤16	835	205	124	121	115	108	98	89	82	80	70	61	41						
		>16～30	835	195	124	117	111	105	95	85	79	73	67	61	41						
20	正火	≤16	410	245	152	147	140	131	117	108	98	88	63	61	41						
		>16～30	410	235	152	140	133	124	111	102	93	83	78	61	41						
20	正火	≤16	410	345	152	147	140	131	117	108	98	88	83	61	41						
		>16～30	410	235	152	140	133	124	111	102	93	83	78	61	41						
16Mn	正火	≤16	490	320	181	181	180	167	153	140	130	123	93	66	43						
		>16～30	490	310	181	181	173	160	147	133	123	117	93	66	43						

A.2　钢材弹性模量

表 A-5　钢材弹性模量

钢类	在下列温度下(℃)下的弹性模量 $E/10^3$ MPa																
	−196	−100	−40	20	100	150	200	250	300	350	400	450	500	550	600	650	700
碳素钢、碳锰钢			205	201	197	194	191	188	183	178	170	160	149				
锰钼钢、镍钢	214	209	205	200	196	193	190	187	183	178	170	160	149				
铬(0.5%～2%)钼(0.2%～0.5%)钢			208	204	200	197	193	190	186	183	179	174	169	164			
铬(2.25%～3%)钼(1.0%)钢			215	210	206	202	199	196	192	188	184	180	175	169	162		
铬(5%～9%)钼(0.5%～1.0%)钢			218	213	208	205	201	198	195	191	187	183	179	174	168	161	
铬钢(12%～17%)			206	201	195	192	189	186	182	178	173	166	157	145	131		
奥氏体钢(Cr18Ni8～Cr25Ni20)	209	203	199	195	189	186	183	179	176	172	169	165	160	156	151	146	140
奥氏体-铁素体(Cr18Ni5～Cr25Ni7)				200	194	190	186	183	180								

A.3 高合金钢钢板的钢号近似对照

表 A-6 高合金钢钢板的钢号近似对照

序号	中国牌号 GB			美国牌号 ASME		英国牌号 EN	
	统一数字代号	新牌号	旧牌号	UNS 代号	型号	数字代号	牌号
1	S11306	06Cr13	0Cr13	S41008	410S	—	—
2	S11348	06Cr13A1	0Cr13A1	S40500	405	—	—
3	S11972	019Cr19Mo2NbTi	00Cr18Mo2	S44400	444	1.4521	X2CrMoTi18-2
4	S30408	06Cr19Ni10	0Cr18Ni9	S30400	304	1.4301	X5CrNi18-10
5	S30403	022Cr19Ni10	00Cr19Ni10	S30403	304L	1.4306	X2CrNi19-11
6	S30409	07Cr19Ni10	—	S30409	304H	1.4948	X6CrNi18-10
7	S31008	06Cr25Ni20	0Cr25Ni20	S31008	310S	1.4951	X6CrNi25-20
8	S31608	06Cr17Ni12Mo2	0Cr17Ni12Mo2	S31600	316	1.4401	X5CrNiMo17-12-2
9	S31603	022Cr17Ni12Mo2	00Cr17Ni14Mo2	S31603	316L	1.4404	X2CrNiMo17-12-2
10	S31668	06Cr17Nil2Mo2Ti	0Cr18Nil2Mo2Ti	S31635	316Ti	1.4571	X6CrNiMoTi17-12-2
11	S31708	06Cr19Ni13Mo3	0Cr19Ni13Mo3	S31700	317	—	—
12	S31703	022Cr19Ni13Mo3	00Cr19Ni13Mo3	S31703	317L	1.4438	X2CrNiMo18-15-4
13	S32168	06Cr18Nil1Ti	0Cr18Ni10Ti	S32100	321	1.4541	X6CrNiTi18-10
14	S39042	015Cr21Ni26Mo5Cu2	—	N08904	904L	1.4539	X1NiCrMoCu25-20-5
15	S21953	022Cr19Ni5Mo3Si2N	00Cr18Ni5Mo3Si2	—	—	—	—
16	S22253	022Cr22Ni5Mo3N	—	S31803	—	1.4462	X2CrNiMoN22-5-3
17	S22053	022Cr23Ni5Mo3N	—	S32205	2205	—	—

A.4 钢管的钢号近似对照

表 A7 高合金钢焊接管的钢号近似对照

序号	中国牌号 GB			美国牌号 ASME	
	统一数字代号	新牌号	旧牌号	UNS 代号	型号
1	S30408	06Cr19Ni10	0Cr18Ni9	S30400	TP304
2	S30403	022Cr19Ni10	00Cr19Ni10	S30403	TP304L
3	S31608	06Crl7Ni12Mo2	0Cr17Nil12Mo2	S31600	TP316
4	S31603	022Cr17Ni12Mo2	00Cr17Ni14Mo2	S31603	TP316L
5	S32168	06Cr18Ni11Ti	0Cr18Ni10Ti	S32100	TP321

表 A-8　双相钢无缝管的钢号近似对照

序号	中国牌号 GB			美国牌号 ASME	
	统一数字代号	新牌号	旧牌号	UNS 代号	型号
1	S21953	022Cr19Ni5Mo3Si2N	00Cr18Ni5Mo3Si2	S30400	—
2	S22253	022Cr22Ni5Mo3N	—	S30403	—
3	S22053	022Cr23Ni5Mo3N	—	S31600	—
4	S25073	022Cr25Ni7Mo4N	—	S31603	—

A.5　钢板厚度允许偏差

表 A-9　热轧钢板及钢带厚度允许偏差　　单位：mm

公称厚度	公称宽度							
	≤1 200		>1 200～1 500		>1 500～1 800		>1 800～2 100	
	PT.A	PT.B	PT.A	PT.B	PT.A	PT.B	PT.A	PT.B
2.00～2.50	+0.22 −0.22	+0.20 −0.20	+0.23 −0.23	+0.29 −0.29	+0.27 −0.27	—	—	
>2.50～3.00	+0.25 −0.25	+0.23 −0.23	+0.28 −0.28	+0.26 −0.26	+0.31 −0.30	+0.28 −0.28	+0.33 −0.30	+0.31 −0.30
>3.00～4.00	+0.28 −0.28	+0.26 −0.26	+0.31 −0.30	+0.28 −0.28	+0.33 −0.30	−0.31 0.30	+0.35 −0.30	+0.32 −0.30
>4.00～6.00	+0.31 −0.30	+0.28 −0.28	+0.33 −0.30	+0.30 −0.30	+0.36 −0.30	+0.33 −0.30	+0.38 −0.30	+0.35 −0.30

表 A-10　冷轧钢板及钢带厚度允许偏差　　单位：mm

公称厚度	公称宽度		
	≤1 000	>1 000～1 300	>1 300～2 100
0.30～0.60	±0.04	±0.04	±0.05
>0.60～0.80	±0.05	±0.05	±0.05
>0.80～1.00	±0.05	±0.05	±0.06
>1.00～1.25	±0.06	±0.07	±0.08
>1.25～1.50	±0.07	±0.08	±0.09
>1.50～2.00	±0.08	±0.09	±0.10
>2.00～2.50	±0.09	±0.10	±0.11
>2.50～3.00	±0.11	±0.12	±0.12
>3.00～4.00	±0.13	±0.14	±0.14
>4.00～5.00	±0.14	±0.15	±0.15
>5.00～6.50	±0.15	±0.16	±0.16
>6.50～8.00	±0.16	±0.17	±0.17

附录 B 压力容器常用零部件

B.1 筒体 0

表 B-1 部分以内径为基准的压力容器公称直径 单位:mm

300	350	400	450	500	550	600	650	700	750
800	850	900	950	1 000	1 100	1 200	1 300	1 400	1 500
1 600	1 700	1 800	1 900	2 000	2 100	2 200	2 300	2 400	2 500
2 600	2 700	2 800	2 900	3 000	3 100	3 200	3 300	3 400	3 500
3 600	3 700	3 800	3 900	4 000	4 100	4 200	4 300	4 400	4 500
4 600	4 700	4 800	4 900	5 000	5 100	5 200	5 300	5 400	5 500
5 600	5 700	5 800	5 900	6 000	—	—	—	—	—

用钢板卷焊的筒体,规定用筒体的内径作为它的公称直径,其容积、内表面积和质量见表 B-2。

表 B-2 筒体的容积、面积和质量

公称直径 /mm	1 m 高的容积 V/m^3	1 m 高的内表面积 F_B/m^2	1 m 高筒节钢板理论质量/kg															
			厚度 δ/mm															
			3	4	5	6	8	10	12	14	16	18	20	22	24	26	28	30
300	0.071	0.94	22	30	37	44	59											
400	0.126	1.26	30	40	50	60	79	99	119									
500	0.196	1.57	37	50	62	75	100	125	150	175								
600	0.283	1.88	45	60	75	90	121	150	180	211								
700	0.385	2.20		69	87	105	140	176	213	250								
800	0.503	2.51		79	99	119	159	200	240	280								
900	0.636	2.83		89	112	134	179	224	270	315	363	408						
1 000	0.785	3.14			124	149	199	249	296	348	399	450	503					
1 200	1.131	3.77			149	178	238	298	358	418	479	540	602	662				
1 400	1.539	4.40			173	208	278	348	418	487	567	630	700	770	840	914	986	1 058
1 600	2.017	5.03			198	238	317	397	476	556	636	720	800	880	960	1 040	1 124	1 206
1 800	2.545	5.66				267	356	446	536	627	716	806	897	987	1 080	1 170	1 263	1 353
2 000	3.142	6.28				296	397	495	596	695	795	895	995	1 095	1 200	1 300	1 400	1 501
2 200	3.801	6.81				322	436	545	655	714	874	984	1 093	1 204	1 318	1 429	1 540	1 650
2 400	4.524	7.55				356	475	596	714	834	960	1 080	1 194	1 314	1 435	1 556	1 677	1 798
2 600	5.309	8.17					514	644	774	903	1 030	1 160	1 290	1 422	1 553	1 684	1 815	1 946
2 800	6.159	8.80					554	693	831	970	1 110	1 250	1 390	1 531	1 671	1 812	1 953	2 094
3 000	7.030	9.43					593	742	881	1 040	1 190	1 338	1 490	1 640	1 790	1 940	2 091	2 242

表 B-2(续)

公称直径/mm	1 m高的容积 V/m^3	1 m高的内表面积 F_B/m^2	1 m高筒节钢板理论质量/kg															
			厚度 δ/mm															
			3	4	5	6	8	10	12	14	16	18	20	22	24	26	28	30
3 200	8.050	10.05					632	791	950	1 108	1 267	1 425	1 587	1 745	1 908	2 069	2 229	2 390
3 400	9.075	10.08					672	841	1 008	1 177	1 346	1 517	1 687	1 857	2 027	2 197	2 367	2 533
3 600	10.180	11.32					711	890	1 070	1 246	1 424	1 606	1 785	1 965	2 145	2 325	2 505	2 685
3 800	11.340	11.83					751	939	1 126	1 315	1 514	1 693	1 884	2 074	2 263	2 453	2 643	2 834
4 000	12.566	12.57					790	988	1 186	1 383	1 582	1 780	1 980	2 185	2 380	2 585	2 785	2 985

B.2 椭圆封头

表 B-3 EHA 椭圆形封头总深度、内表面积、容积

序号	公称直径 DN/mm	总深度 H/mm	内表面积 A/m^2	容积 V/m^3	序号	公称直径 DN/mm	总深度 H/mm	内表面积 A/m^2	容积 V/m^3
1	300	100	0.121 1	0.005 3	34	2 900	765	9.480 7	3.456 7
2	350	113	0.160 3	0.008	35	3 000	790	10.132 9	3.817
3	400	125	0.204 9	0.011 5	36	3 100	815	10.806 7	4.201 5
4	450	138	0.254 8	0.015 9	37	3 200	840	11.502 1	4.611
5	500	150	0.310 3	0.021 3	38	3 300	865	12.219 3	5.046 3
6	550	163	0.371 1	0.027 7	39	3 400	890	12.958 1	5.508
7	600	175	0.437	0.035 3	40	3 500	915	13.718 6	5.997 2
8	650	188	0.509	0.044 2	41	3 600	940	14.500 8	6.514 4
9	700	200	0.585 1	0.054 5	42	3 700	955	15.304 7	7.060 5
10	750	213	0.668 6	0.066 3	43	3 800	990	16.130 3	7.635 4
11	800	225	0.756 6	0.079 6	44	3 900	1015	16.977 5	8.242 7
12	850	238	0.849 9	0.094 6	45	4 000	1 040	17.846 4	8.880 2
13	900	250	0.948 7	0.111 3	46	4 100	1 065	18.737 0	9.549 8
14	950	263	1.052 9	0.13	47	4 200	1 090	19.649 3	10.252 3
15	1 000	275	1.162 5	0.150 5	48	4 300	1 115	20.583 2	10.988 3
16	1 100	300	1.398	0.198	49	4 400	1 140	21.538 9	11.758 8
17	1 200	325	1.655 2	0.254 5	50	4 500	1 165	22.516 2	12.564 4
18	1 300	350	1.934	0.320 8	51	4 600	1 190	23.515 2	13.406
19	1 400	375	2.234 6	0.397 7	52	4 700	1 215	24.535 9	14.284 4
20	1 500	400	2.556 8	0.486	53	4 800	1 240	25.578 2	15.200 3
21	1 600	425	2.900 7	0.586 4	54	4 900	1 265	26.642 2	16.154 5

表 B-3(续)

序号	公称直径 DN/mm	总深度 H/mm	内表面积 A/m^2	容积 V/m^3	序号	公称直径 DN/mm	总深度 H/mm	内表面积 A/m^2	容积 V/m^3
22	1 700	450	3.266 2	0.699 9	55	5 000	1 290	27.728	17.147 9
23	1 800	475	3.653 5	0.827	56	5 100	1 315	28.835 3	18.181 1
24	1 900	500	4.062 4	0.968 7	57	5 200	1 340	29.964 4	19.255
25	2 000	525	4.493	1.125 7	58	5 300	1 365	31.115 2	20.370 4
26	2 100	565	5.044 3	1.350 8	59	5 400	1 390	32.287 6	21.528 1
27	2 200	590	5.522 9	1.545 9	60	5 500	1 415	33.481 7	22.728 8
28	2 300	615	6.023 3	1.758 8	61	5 600	1 440	34.697 5	23.973 3
29	2 400	640	6.545 3	1.990 5	62	5 700	1 465	35.935	25.262 4
30	2 500	665	7.089 1	2.241 7	63	5 800	1 490	37.194 1	26.596 9
31	2 600	690	7.654 5	2.513 1	64	5 900	1 515	38.474 9	27.977 6
32	2 700	715	8.241 5	2.805 5	65	6 000	1 540	39.777 5	29.405 3
33	2 800	740	8.850 3	3.119 8	—	—	—	—	—

注:当封头公称直径小于或等于 DN2 000 时,直边高度 h 宜为 25 mm;当封头公称直径大于 DN2 000 时,直边高度 h 宜为 40 mm。

表 B-4 EHA 椭圆形封头质量

序号	公称直径 /mm	封头名义厚度 δ_n/mm																
		2	3	4	5	6	8	10	12	14	16	18	20	22	24	26	28	30	32
1	300	1.9	2.8	3.8	4.8	5.8	7.8	9.9	12.1	14.3									
2	350	2.5	3.7	5.0	6.3	7.6	10.3	13.0	15.8	18.7	21.6								
3	400	3.2	4.8	6.4	8.0	9.7	13.1	16.5	20.0	23.6	27.3								
4	450	3.9	5.9	7.9	10.0	12.0	16.2	20.4	24.8	29.2	33.7								
5	500	4.8	7.2	9.6	12.1	14.6	19.6	24.7	30.0	35.3	40.7								
6	550	5.7	8.6	11.5	14.4	17.4	23.4	29.5	35.7	41.9	48.3								
7	600	6.7	10.1	13.5	17.0	20.4	27.5	34.6	41.8	49.2	56.7								
8	650	7.8	11.7	15.7	19.7	23.8	31.9	40.2	48.5	57.0	65.6	74.4	83.2	92.2					
9	700	9.0	13.5	18.1	22.7	27.3	36.6	46.1	55.7	65.4	75.3	85.2	95.3	105.5					
10	750	10.2	15.4	20.6	25.8	31.1	41.7	52.5	63.4	74.4	85.6	96.8	108.3	119.8					
11	800	11.6	17.4	23.3	29.2	35.1	47.1	59.3	71.5	83.9	96.5	109.2	122.0	135.0	148.2	161.4	174.9		
12	850		19.6	26.1	32.8	39.4	52.9	66.5	80.2	94.1	108.1	122.3	136.6	151.1	165.8	180.6	195.5		
13	900		21.8	29.2	36.5	44.0	58.9	74.1	89.3	104.8	120.4	136.1	152.0	168.1	184.4	200.8	217.3		
14	950		24.2	32.3	40.5	48.8	65.3	82.1	99.0	116.1	133.3	150.7	168.3	186.0	203.9	222.0	240.3		
15	1 000		26.7	35.7	44.7	53.8	72.1	90.5	109.1	127.9	146.9	166.0	185.3	204.8	224.5	244.4	264.4	284.6	305.0
16	1 100		32.1	42.9	53.7	64.6	86.5	108.6	130.9	153.3	176.0	198.9	221.9	245.2	268.6	292.2	316.1	340.1	364.3
17	1 200		38.0	50.7	63.5	76.4	102.2	128.3	154.6	181.1	207.8	234.7	261.8	289.1	316.6	344.4	372.3	400.5	428.9

表 B-4(续)

序号	公称直径/mm	封头名义厚度 δ_n/mm																	
		2	3	4	5	6	8	10	12	14	16	18	20	22	24	26	28	30	32
18	1 300		44.3	59.2	74.2	89.2	119.3	149.7	180.3	211.1	242.2	273.4	304.9	336.7	368.6	400.8	433.2	465.9	498.7
19	1 400		51.2	68.4	85.6	102.9	137.7	172.7	208.0	243.5	279.2	315.2	351.4	387.9	424.6	461.5	498.7	536.2	573.8
20	1 500		58.5	78.2	97.9	117.7	157.4	197.4	237.6	278.1	318.9	359.9	401.1	442.7	484.4	526.5	568.8	611.4	654.2
21	1 600		66.4	88.7	111.0	133.4	178.4	223.7	269.2	315.0	361.1	407.5	454.1	501.1	548.3	595.7	643.5	691.5	739.8
22	1 700		74.7	99.8	124.9	150.1	200.7	251.6	302.8	354.3	406.1	458.1	510.5	563.1	616.0	669.3	722.8	776.6	830.7
23	1 800		83.6	111.6	139.7	167.8	224.4	281.2	338.4	395.8	453.6	511.7	570.1	628.7	687.8	747.1	806.7	866.6	926.9
24	1 900			124.0	155.2	186.5	249.3	312.5	375.9	439.7	503.8	568.2	632.9	698.0	763.4	829.1	895.2	961.6	1 028.3
25	2 000			137.1	171.6	206.2	275.6	345.3	415.4	485.8	556.6	627.7	699.1	770.9	843.0	915.5	988.3	1 061.4	1 134.9
26	2 100			154.0	192.7	231.5	309.4	387.7	466.3	545.2	624.6	704.2	784.3	864.7	945.4	1 026.6	1 108.0	1 189.9	1 272.1
27	2 200			168.6	210.9	253.4	338.6	424.2	510.2	596.5	683.2	770.3	857.8	945.6	1 033.8	1 122.4	1 211.4	1 300.7	1 390.5
28	2 300			183.8	230.0	276.3	369.1	462.4	556.0	650.1	744.5	839.3	934.5	1 030.1	1 126.1	1 222.5	1 319.3	1 416.5	1 514.1
29	2 400				249.8	300.1	401.0	502.2	603.9	706.0	808.4	911.3	1 014.6	1 118.3	1 222.4	1 327.0	1 431.9	1 537.3	1 643.0
30	2 500				270.5	325.0	434.1	543.7	653.7	764.1	875.0	986.3	1 098.0	1 210.1	1 322.7	1 435.6	1 549.1	1 662.9	1 777.2
31	2 600					350.8	468.6	586.8	705.5	824.6	944.2	1 064.2	1 184.6	1 305.5	1 426.8	1 548.6	1 670.8	1 793.5	1 916.6
32	2 700					377.6	504.3	631.6	759.3	887.4	1 016.0	1 145.0	1 274.5	1 404.5	1 534.9	1 665.8	1 797.2	1 929.0	2 061.3
33	2 800					405.4	541.4	678.0	815.0	952.5	1 090.4	1 228.9	1 367.8	1 507.1	1 647.0	1 787.3	1 928.2	2 069.4	2 211.2
34	2 900					434.2	579.8	726.0	872.7	1 019.9	1 167.5	1 315.6	1 464.3	1 613.4	1 763.0	1 913.1	2 063.7	2 214.8	2 366.4
35	3 000					463.9	619.6	775.7	932.4	1 089.5	1 247.2	1 405.4	1 564.1	1 723.3	1 883.0	2 043.2	2 203.9	2 365.1	2 526.9
36	3 100						660.6	827.1	994.0	1 161.5	1 329.5	1 498.1	1 667.2	1 836.7	2 006.9	2 177.5	2 348.7	2 520.4	2 692.6
37	3 200						703.0	880.0	1 057.7	1 235.8	1 414.5	1 593.7	1 773.5	1 953.8	2 134.7	2 316.1	2 498.1	2 680.6	2 863.6
38	3 300						746.6	934.7	1 123.3	1 312.4	1 502.1	1 692.4	1 883.2	2 074.6	2 266.5	2 459.0	2 652.0	2 845.7	3 039.8
39	3 400						791.6	990.9	1 190.8	1 391.3	1 592.3	1 793.9	1 996.1	2 198.9	2 402.2	2 606.1	2 810.6	3 015.7	3 221.4
40	3 500						837.9	1 048.8	1 260.4	1 472.5	1 685.2	1 898.5	2 112.4	2 326.8	2 541.9	2 757.6	2 973.8	3 190.7	3 408.1
41	3 600						885.5	1 108.4	1 331.9	1 556.0	1 780.7	2 006.0	2 231.9	2 458.4	2 685.5	2 913.3	3 141.6	3 370.6	3 600.2
42	3 700							1 169.6	1 405.4	1 641.8	1 878.8	2 116.4	2 354.7	2 593.6	2 833.1	3 073.3	3 314.0	3 555.4	3 797.4
43	3 800							1 232.5	1 480.8	1 729.9	1 979.6	2 229.9	2 480.8	2 732.4	2 984.6	3 237.5	3 491.0	3 745.2	4 000.0
44	3 900							1 296.9	1 558.3	1 820.3	2 082.9	2 346.2	2 610.2	2 874.8	3 140.1	3 406.0	3 672.6	3 939.9	4 207.8
45	4 000							1 363.1	1 637.7	1 913.0	2 188.9	2 465.6	2 742.9	3 020.9	3 299.5	3 578.8	3 858.9	4 139.5	4 420.9
46	4 100							1 430.9	1 719.1	2 008.0	2 297.6	2 587.9	2 878.9	3 170.5	3 462.9	3 755.9	4 049.7	4 344.1	4 639.2
47	4 200							1 500.3	1 802.4	2 105.3	2 408.9	2 713.1	3 018.1	3 323.8	3 630.2	3 937.3	4 245.1	4 553.6	4 862.8
48	4 300								1 887.8	2 204.9	2 522.8	2 841.3	3 160.7	3 480.7	3 801.4	4 122.9	4 445.1	4 768.0	5 091.7
49	4 400								1 975.1	2 306.8	2 639.3	2 972.5	3 306.5	3 641.2	3 976.6	4 312.8	4 649.7	4 987.4	5 325.8
50	4 500								2 064.3	2 411.0	2 758.5	3 106.7	3 455.6	3 805.3	4 155.8	4 507.0	4 859.0	5 211.7	5 565.2
51	4 600								2 155.6	2 517.5	2 880.3	3 243.7	3 608.0	3 973.0	4 338.9	4 705.4	5 072.8	5 440.9	5 809.8
52	4 700								2 248.8	2 626.4	3 004.7	3 383.8	3 763.7	4 144.4	4 525.9	4 908.2	5 291.2	5 675.1	6 059.7

表 B-4(续)

序号	公称直径/mm	封头名义厚度 δ_n/mm																	
		2	3	4	5	6	8	10	12	14	16	18	20	22	24	26	28	30	32
53	4 800								2 344.0	2 737.5	3 131.7	3 526.8	3 922.7	4 319.4	4 716.9	5 115.2	5 514.3	5 914.2	6 314.9
54	4 900								2 441.2	2 850.9	3 261.4	3 672.8	4 085.0	4 498.0	4 911.8	5 326.4	5 741.9	6 158.2	6 575.3
55	5 000								2 540.3	2 966.6	3 393.7	3 821.7	4 250.5	4 680.2	5 110.7	5 542.0	5 974.2	6 407.2	6 841.0
56	5 100								2 641.4	3 084.6	3 528.7	3 973.6	4 419.4	4 866.0	5 313.5	5 761.8	6 211.0	6 661.0	7 112.0
57	5 200								2 744.5	3 205.0	3 666.3	4 128.5	4 591.5	5 055.4	5 520.2	5 985.9	6 452.5	6 919.9	7 388.2
58	5 300								2 849.6	3 327.6	3 806.5	4 286.3	4 766.9	5 248.5	5 730.9	6 214.3	6 698.5	7 183.6	7 669.6
59	5 400								2 956.6	3 452.5	3 949.3	4 447.0	4 945.7	5 445.2	5 945.6	6 446.9	6 949.2	7 452.3	7 956.4
60	5 500								3 065.6	3 579.7	4 094.8	4 610.8	5 127.7	5 645.5	6 164.2	6 683.9	7 204.4	7 725.9	8 248.4
61	5 600								3 176.6	3 709.3	4 242.9	4 777.4	5 312.9	5 849.4	6 386.7	6 925.1	7 464.3	8 004.5	8 545.6
62	5 700								3 289.5	3 841.1	4 393.6	4 947.1	5 501.5	6 056.9	6 613.2	7 170.5	7 728.8	8 288.0	8 848.1
63	5 800								3 404.4	3 975.2	4 547.0	5 119.7	5 693.4	6 268.0	6 843.7	7 420.3	7 997.8	8 576.4	9 155.9
64	5 900								3 521.3	4 111.7	4 703.0	5 295.3	5 888.5	6 482.8	7 078.1	7 674.3	8 271.5	8 869.7	9 468.9
65	6 000								3 640.2	4 250.4	4 861.6	5 473.8	6 087.0	6 701.2	7 316.4	7 932.6	8 549.8	9 168.0	9 787.2

表 B-5 EHB 椭圆形封头的总高度 、内表面积、容积和质量

序号	公称直径/mm	总高度 H/mm	名义厚度 δ_n/mm	内表面积 A/m^2	容积 V/m^3	质量/kg
1	159	65	4	0.036 1	0.000 9	1.162 3
2			5	0.035 1	0.000 8	1.434 2
3			6	0.034 2	0.000 8	1.698 8
4			8	0.032 4	0.000 7	2.206 6
5	219	80	5	0.062 9	0.002 0	2.520 5
6			6	0.061 6	0.001 9	2.995 0
7			8	0.059 2	0.001 8	3.915 2
8	273	93	6	0.093 0	0.003 6	4.465 3
9			8	0.090 0	0.003 4	5.857 7
10			10	0.087 1	0.003 2	7.203 5
11			12	0.084 2	0.003 0	8.503 5
12	325	106	6	0.129 2	0.005 8	6.152 9
13			8	0.125 6	0.005 5	8.090 8
14			10	0.122 2	0.005 3	9.973 5
15			12	0.118 8	0.005 1	11.801 8
16	377	119	8	0.167 1	0.008 4	10.679 5
17			10	0.163 1	0.008 1	13.188 1
18			12	0.159 2	0.007 8	15.633 6
19			14	0.155 3	0.007 5	18.017 0

表 B-5(续)

序号	公称直径/mm	总高度 H/mm	名义厚度 δ_n/mm	内表面积 A/m^2	容积 V/m^3	质量/kg
20	426	132	8	0.211 6	0.012 0	13.444 4
21			10	0.207 1	0.011 6	16.624 0
22			12	0.202 6	0.011 2	19.732 6
23			14	0.198 2	0.010 8	22.770 9

B.3　人孔

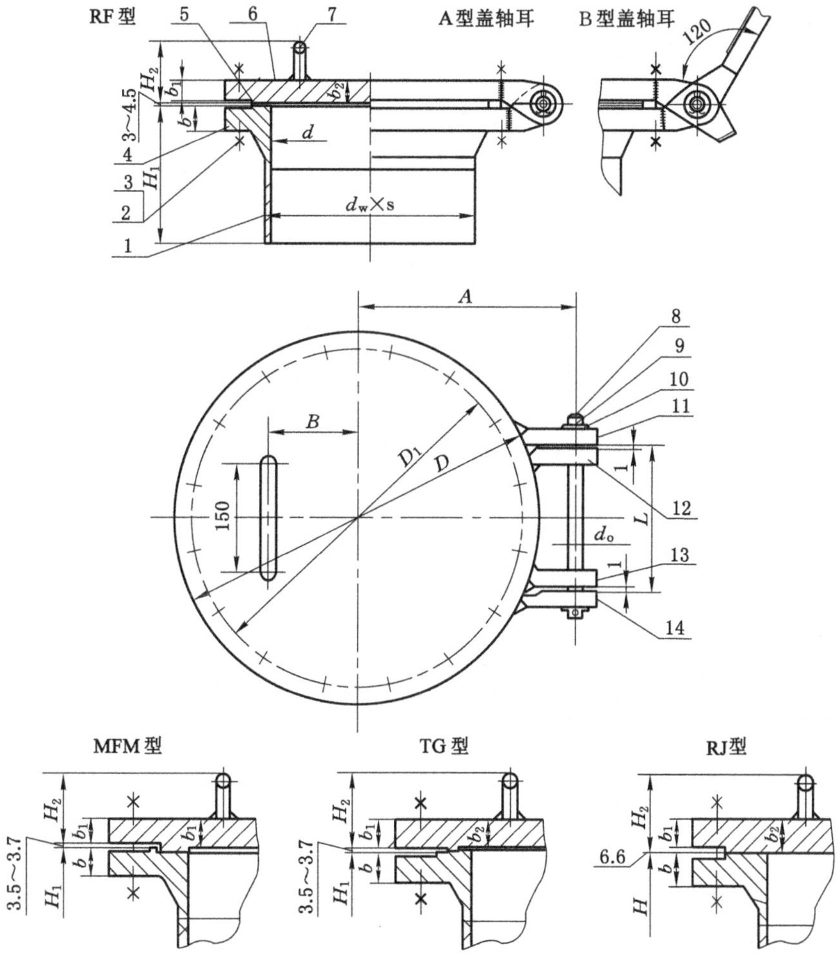

1—筒节；2—全螺纹螺柱；3—螺母；4—法兰；5—垫片；6—法兰盖；7—把手；8—轴销；9—销；10—垫图；11—盖轴耳(1)；12—法兰轴耳(1)；13—法兰轴耳(2)；14—盖轴耳。

图 B-1　回转盖带颈对焊法兰人孔的结构形式

B.3.1 回转盖带颈对焊法兰人孔

表 B-6 回转盖带颈对焊法兰人孔材料明细表

<table>
<tr><th rowspan="2">件号</th><th rowspan="2" colspan="2">名称</th><th rowspan="2">数量</th><th colspan="5">材料类别及代号</th></tr>
<tr><th>Ⅱ</th><th>Ⅲ</th><th>Ⅳ</th><th>Ⅴ</th><th>Ⅵ</th></tr>
<tr><td>1</td><td colspan="2">筒节</td><td>1</td><td>Q245R</td><td>Q345R</td><td>15CrMoR</td><td>16MnDR</td><td>09MnNiDR</td></tr>
<tr><td>2</td><td colspan="2">全螺纹螺柱</td><td>见尺寸表</td><td colspan="5">35CrMoA</td></tr>
<tr><td>3</td><td colspan="2">螺母</td><td>见尺寸表</td><td colspan="5">30CrMoA</td></tr>
<tr><td>4</td><td colspan="2">法兰(WN)</td><td>1</td><td>20Ⅱ
(锻件)</td><td>16MoⅡ
(锻件)</td><td>15CrNoⅡ(锻件)
15CrMoⅡ(锻件)</td><td>16MnDⅢ
(锻件)</td><td>09MnNiⅢ
(锻件)</td></tr>
<tr><td rowspan="5">5</td><td rowspan="5" colspan="2">垫片</td><td rowspan="5">1</td><td colspan="5">非金属平垫片</td></tr>
<tr><td colspan="2">聚四氟乙烯包覆垫片</td><td>—</td><td colspan="2">聚四氟乙烯包覆垫片</td></tr>
<tr><td colspan="5">金属包覆垫片</td></tr>
<tr><td colspan="5">缠绕式垫片</td></tr>
<tr><td colspan="5">全属环形垫片</td></tr>
<tr><td>6</td><td colspan="2">法兰盖(BL)</td><td>1</td><td>Q245R</td><td>Q345R</td><td>15CrMoR</td><td>15MnDR</td><td>09MnNiDR</td></tr>
<tr><td>7</td><td colspan="2">把手</td><td>1</td><td>Q235B</td><td></td><td></td><td></td><td></td></tr>
<tr><td>8</td><td colspan="2">轴销</td><td>1</td><td>Q235B</td><td></td><td></td><td></td><td></td></tr>
<tr><td>9</td><td colspan="2">销</td><td>2</td><td>Q215</td><td></td><td></td><td></td><td></td></tr>
<tr><td>10</td><td colspan="2">GB/T 95—2002</td><td>垫圈</td><td>2</td><td>100HV</td><td></td><td></td><td></td></tr>
<tr><td rowspan="2">11</td><td rowspan="2">盖轴耳(1)</td><td>A</td><td rowspan="2">1</td><td rowspan="2" colspan="5">Q235B</td></tr>
<tr><td>B</td></tr>
<tr><td>12</td><td colspan="2">法兰轴耳(1)</td><td>1</td><td colspan="5">Q235B</td></tr>
<tr><td>13</td><td colspan="2">法兰轴耳(2)</td><td>1</td><td colspan="5">Q235B</td></tr>
<tr><td>14</td><td colspan="2">盖轴耳(2)</td><td>1</td><td colspan="5">Q235B</td></tr>
</table>

注:Ⅳ类材料中公称压力 PN16~PN40 的人孔法兰材料采用Ⅱ级锻件,公称压力 PN63 的人孔法兰材料采用Ⅲ级锻件。

表 B-7　回转盖带颈对焊法兰人孔的形式尺寸

密封面形式	公称压力	公称直径/mm	$d_w \times s$	d	D	D_1	H_1	H_2	b	b_1	b_2	A	B	L	d_0	螺柱	螺母	螺柱	总质量/kg
			mm													数量		直径×长度/mm	
突面（RF型）	16	450	480×10	460	540	585	240	120	40	38	40	350	175	250	24	20	40	M27×155	199
		500	530×12	506	715	650	260	124	44	42	44	390	200	300	24	20	40	M30×170	272
		600	630×12	606	840	770	280	134	54	52	54	450	250	350	30	20	40	M33×200	430
	25	(400)	426×12	402	620	550	240	120	40	38	40	350	150	250	24	16	32	M33×170	206
		450	480×12	456	670	600	250	126	46	44	46	375	175	250	24	20	40	M33×180	263
		500	530×12	506	730	660	280	128	48	46	48	405	200	300	30	20	40	M33×185	320
		600	630×12	606	845	770	290	138	58	56	58	460	250	350	30	20	40	M36×3×205	480
	40	400	426×14	398	650	585	260	130	50	48	50	375	175	250	24	16	32	M36×3×190	292
		450	480×14	452	685	610	270	137	57	55	57	390	175	250	30	20	40	M36×3×205	343
		500	530×14	501.6	755	670	290	137	57	55	57	425	225	300	30	20	40	M39×3×215	419
		600	630×16	598	890	795	310	152	72	70	72	485	250	350	30	20	40	M45×3×260	692
	63	400	426×18	390	670	585	280	140	60	58	60	385	175	250	30	16	32	M39×3×220	366
凹凸面（MFM型）	16	450	480×10	460	640	585	240	115	40	34.5	40	350	175	250	24	20	40	M27×155	199
		500	530×12	506	715	650	260	119	44	38.5	44	390	200	300	24	20	40	M30×170	272
		600	630×12	606	840	770	280	129	54	48.5	54	450	250	350	30	20	40	M33×200	430
	25	(400)	426×12	402	620	550	240	115	40	34.5	40	350	150	250	24	16	32	M33×170	206
		450	480×12	456	670	600	250	121	46	40.5	46	375	175	250	24	20	40	M33×180	262
		500	530×12	506	730	650	280	123	48	42.5	48	405	200	300	30	20	40	M33×185	320
		600	630×12	606	845	770	290	133	58	52.5	58	460	250	350	30	20	40	M36×3×205	480
	40	400	426×14	398	660	585	260	125	50	44.5	50	375	175	250	24	16	32	M36×3×190	292
		450	480×14	452	685	610	270	132	57	51.5	57	390	175	250	30	20	40	M36×3×205	343
		500	530×14	501.6	755	670	290	132	57	51.5	57	425	225	300	30	20	40	M39×3×215	419
	63	600	630×16	598	890	795	310	147	72	66.5	72	495	250	350	30	20	40	M45×3×260	692
		400	426×18	390	670	585	280	135	60	54.5	60	385	175	250	30	16	32	M39×3×220	366
榫槽面（TG型）	25	(400)	426×12	402	620	550	240	115	40	34.5	40	350	150	250	24	16	32	M33×170	206
		(450)	480×12	456	670	500	250	121	46	40.5	46	375	175	250	24	20	40	M33×180	262
		(500)	530×12	506	730	660	280	123	48	42.5	48	405	200	300	30	20	40	M33×185	320
	40	(400)	426×14	398	650	585	260	125	50	44.5	50	380	175	250	24	16	32	M36×3×190	292
		(450)	480×14	452	685	610	270	132	57	51.5	57	390	175	250	30	20	40	M36×3×205	343
		(500)	530×14	501.6	755	670	290	132	57	51.5	57	425	225	300	30	20	40	M39×3×215	419
	63	(400)	426×18	390	670	585	280	135	60	54.5	60	385	175	250	30	16	32	M39×3×220	366
环连接面（RJ型）	63	400	426×18	390	670	585	280	148	68	60	68	385	175	250	30	16	32	M39×3×240	369

注：1. 人孔高度 H_1 系根据容器的直径不小于人孔公称直径的两倍而定；如有特殊要求，允许改变，但需注明改变后的 H_1 尺寸，并修正人孔总质量。

2. 表中带括号的公称直径不宜采用。

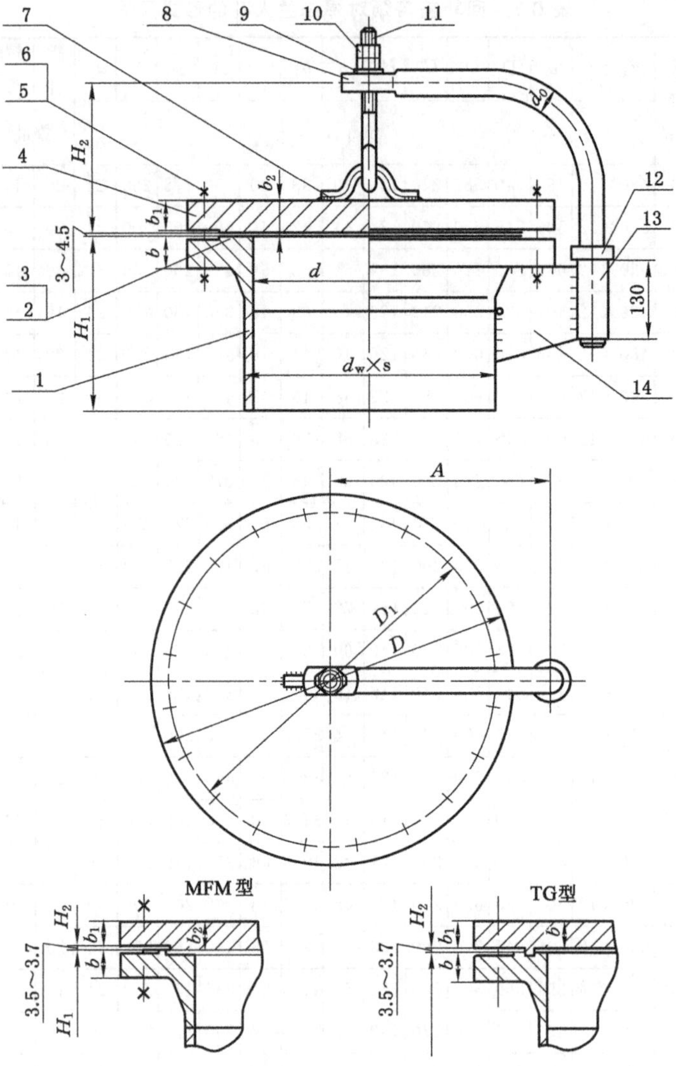

1—筒节；2—法兰；3—垫片；4—法兰盖；5—全螺纹螺柱；6—螺母；7—吊环；8—转臂；9—垫圈；10—螺母；11—吊钩；12—环；13—无缝钢管；14—支承板。

图 B-2　水平吊盖带颈对焊法兰人孔的结构形式

B.3.2　水平吊盖带颈对焊法兰人孔

表 B-8　水平吊盖带颈对焊法兰人孔材料明细表

件号	名称	数量	材料类别及代号				
			Ⅱ	Ⅲ	Ⅳ	Ⅴ	Ⅵ
1	筒节	1	Q245R	Q345R	15CrMoR	16MnDR	09MnNiDR
4	法兰(WN)	1	20Ⅱ (锻件)	16MoⅡ (锻件)	15CrNoⅡ(锻件) 15CrMoⅡ(锻件)	16MnDⅢ (锻件)	09MnNiⅢ (锻件)

表 B-8(续)

件号	名称	数量	材料类别及代号				
			Ⅱ	Ⅲ	Ⅳ	Ⅴ	Ⅵ
5	垫片	1	非金属平垫片				
			聚四氟乙烯包覆垫片		—	聚四氟乙烯包覆垫片	
			金属包覆垫片				
			缠绕式垫片				
6	法兰盖(BL)	1	Q245R	Q345R	15CrMoR	15MnDR	09MnNiDR
2	全螺纹螺柱	见尺寸表	35CrMoA				
3	螺母	见尺寸表	30CrMoA				
7	吊环	1	Q235B				
8	转臂	1	Q235B				
9	垫圈	1	Q215				
10	螺母	2	100HV				
	吊钩	1	Q235B				
	环	1	Q235B				
12	无缝钢管	1	20				
13	支撑板	1	Q245R	Q345R	15CrMoR	15MnDR	09MnNiDR

表 B-9　水平吊盖带颈对焊法兰人孔的形式尺寸

密封面形式	公称压力	公称直径/mm	$d_w \times s$	d	D	D_1	H_1	H_2	b	b_1	b_2	A	d_0	螺柱	螺母	螺柱	总质量/kg
			mm											数量		直径×长度/mm	
突面(RF型)	16	450	480×10	460	640	585	300	210	40	38	40	365	36	20	40	M27×155	209
		500	530×12	506	715	650	320	214	44	42	44	405	36	20	40	M30×170	284
		600	630×12	606	840	770	340	224	54	52	54	470	48	20	40	M33×200	448
	25	450	480×12	456	670	600	320	216	46	44	46	380	36	20	40	M33×180	276
		500	530×12	506	730	660	350	218	48	46	48	415	48	20	40	M33×185	338
		600	630×12	606	845	770	360	228	58	56	58	475	48	20	40	M36×3×205	497
	40	450	480×14	452	685	610	340	227	57	55	57	395	48	20	40	M36×3×205	362
		500	530×14	501.6	755	670	360	227	57	55	57	430	48	20	40	M39×3×215	438
		600	630×16	598	890	795	380	242	72	70	72	455	48	20	40	M45×3×260	714

表 B-9(续)

密封面形式	公称压力	公称直径/mm	$d_w \times s$	d	D	D_1	H_1	H_2	b	b_1	b_2	A	d_0	螺柱	螺母	螺柱	总质量/kg
			mm											数量		直径×长度/mm	
凹凸面(MFM型)	16	450	480×10	460	640	585	300	205	40	34.5	40	365	36	20	40	M27×155	209
		500	530×12	506	715	650	320	209	44	38.5	44	405	36	20	40	M30×170	284
		600	630×12	606	840	770	340	219	54	48.5	54	470	48	20	40	M33×200	448
	25	450	480×12	456	670	600	320	211	46	40.5	46	380	36	20	40	M33×170	276
		500	530×12	506	730	660	350	213	48	42.5	48	415	48	20	40	M33×180	338
		600	630×12	606	845	770	360	223	58	52.5	58	475	48	20	40	M36×3×205	497
	40	450	480×14	452	685	610	340	222	57	51.5	57	395	48	20	40	M36×3×205	362
		500	530×14	501.6	755	670	360	222	57	51.5	57	430	48	20	40	M39×3×215	438
		600	630×16	598	890	795	380	237	72	66.5	72	495	48	20	40	M45×3×260	714
榫槽面(TG型)	25	(450)	480×12	456	670	600	320	211	46	40.5	46	380	36	20	40	M33×180	276
		(500)	530×12	506	730	660	350	213	48	42.5	48	415	48	20	40	M33×185	338
	40	(450)	480×14	452	685	610	340	222	57	51.5	57	395	48	20	40	M36×3×205	362
		(500)	530×14	501.6	755	670	360	222	57	51.5	57	430	48	20	40	M39×3×215	438

注:1. 人孔高度 H_1 是根据容器的直径不小于人孔公称直径的两倍而定;如有特殊要求,允许改变,但需要注明改变后的 H_1 尺寸,并修正人孔总质量。

2. 表中带括号的公称直径不宜采用。

B.4 钢制管法兰

B.4.1 密封面类型及尺寸

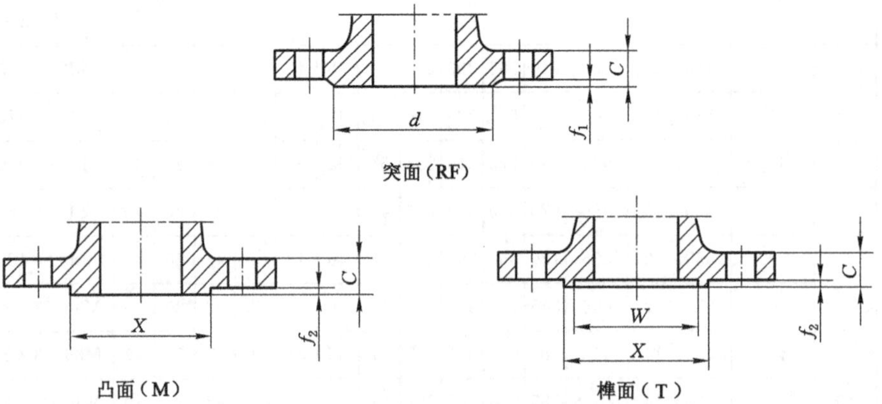

图 B-3 密封面类型及尺寸

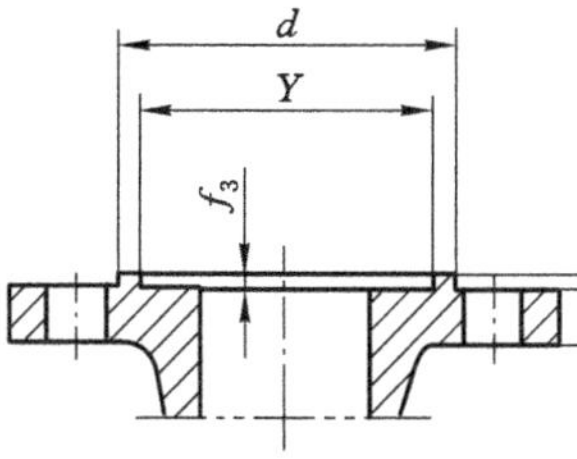

凹面(FM)

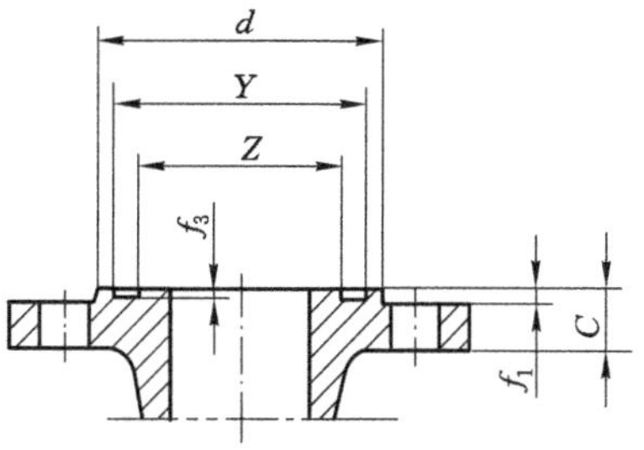

槽面(G)

图 B-3 (续)

表 B-10 密封面尺寸(突面、凹面/凸面、榫面/槽面) 单位:mm

公称尺寸	d						f_1	f_2	f_3	W	X	Y	Z
	公称压力												
	2.5	6	10	16	25	≥40							
10	35	35	40	40	40	40	2	4.5	4.0	24	34	35	23
15	40	40	45	45	45	45	2	4.5	4.0	29	39	40	28
20	50	50	58	58	58	58	2	4.5	4.0	36	50	51	35
25	60	60	68	68	68	68	2	4.5	4.0	43	57	58	42
32	70	70	78	78	78	78	2	4.5	4.0	51	65	66	50
40	80	80	88	88	88	88	2	4.5	4.0	61	75	76	60
50	90	90	102	102	102	102	2	4.5	4.0	73	87	88	72
65	110	110	122	122	122	122	2	4.5	4.0	95	109	110	94
80	128	128	138	138	138	138	2	4.5	4.0	106	120	121	105
100	148	148	158	158	162	162	2	5.0	4.5	129	149	150	128
125	178	178	188	188	188	188	2	5.0	4.5	155	175	176	154
150	202	202	212	212	218	218	2	5.0	4.5	183	203	204	182
200	258	258	268	268	278	285	2	5.0	4.5	239	259	260	238
250	312	312	320	320	335	345	2	5.0	4.5	292	312	313	291
300	365	365	370	378	395	410	2	5.0	4.5	343	363	364	342
350	415	415	430	428	450	465	2	5.5	5.0	395	421	422	394
400	465	465	482	490	505	535	2	5.5	5.0	447	473	474	446
450	520	520	532	550	555	560	2	5.5	5.0	497	523	524	496
500	570	570	585	610	615	615	2	5.5	5.0	549	575	576	548
600	670	670	685	725	720	735	2	5.5	5.0	649	675	676	648

表 B-10(续)

公称尺寸	d						f_1	f_2	f_3	W	X	Y	Z
	公称压力												
	2.5	6	10	16	25	≥40							
700	775	775	800	795	820		2						
800	880	880	905	900	930		2						
900	980	980	1 005	1 000	1 030		2						
1 000	1 080	1 080	1 110	1 115	1 140		2						
1 200	1 280	1 295	1 330	1 330	1 350	—	2	—					
1 400	1 480	1 510	1 535	1 530			2						
1 600	1 690	1 710	1 760	1 750			2						
1 800	1 890	1 920	1 960	1 950			2						
2 000	2 090	2 125	2 170	2 150			2						

B.4.2 板式平焊钢制管法兰

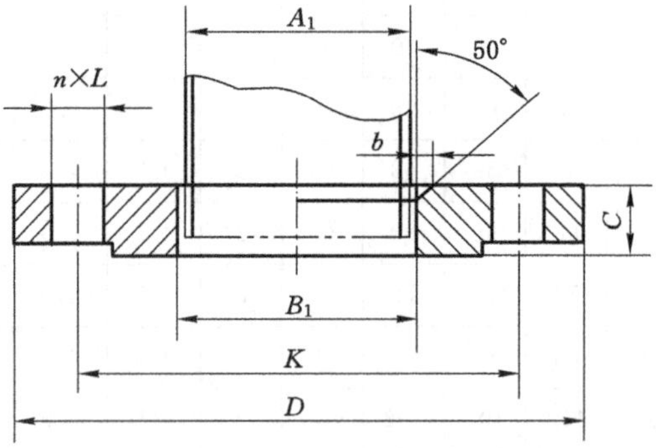

图 B-4 板式平焊钢制管法兰

表 B-11 PN2.5 板式平焊钢制管法兰 单位:mm

公称尺寸	钢管外径 A_1		连接尺寸					法兰厚度 C	法兰内径 B_1	
	A	B	法兰外径 D	螺栓孔中心圆直径 K	螺栓孔直径 L	螺栓孔数量 n/个	螺栓		A	B
10	17.2	14	75	50	11	4	M10	12	18	15
15	21.3	18	80	55	11	4	M10	12	22.5	19
20	26.9	25	90	65	11	4	M10	14	27.5	26
25	33.7	32	100	75	11	4	M10	14	34.5	33
32	42.4	38	120	90	14	4	M12	16	43.5	39
40	48.3	45	130	100	14	4	M12	16	49.5	46
50	60.3	57	140	110	14	4	M12	16	61.5	59
65	76.1	76	160	130	14	4	M12	16	77.5	78

表 B-11(续)

公称尺寸	钢管外径 A_1		连接尺寸					法兰厚度 C	法兰内径 B_1	
	A	B	法兰外径 D	螺栓孔中心圆直径 K	螺栓孔直径 L	螺栓孔数量 n/个	螺栓		A	B
80	88.9	89	190	150	18	4	M16	18	90.5	91
100	114.3	108	210	170	18	4	M16	18	116	110
125	139.7	133	240	200	18	8	M16	20	143.5	135
150	168.3	159	265	225	18	8	M16	20	170.5	161
200	219.1	219	320	280	18	8	M16	22	221.5	222
250	273	273	375	335	18	12	M16	24	276.5	276
300	323.9	325	440	395	22	12	M20	24	328	328
350	355.6	377	490	445	22	12	M20	26	360	381
400	406.4	426	540	495	22	16	M20	28	411	430
450	457	480	595	550	22	16	M20	30	462	485
500	508	530	645	600	22	20	M20	30	513.5	535
600	610	630	755	705	26	20	M24	32	616.5	636
700	711	720	860	810	26	24	M24	36	715	724
800	813	820	975	920	30	24	M27	38	817	824
900	914	920	1 075	1 020	30	24	M27	40	918	924
1 000	1 016	1 020	1 175	1 120	30	28	M27	42	1 020	1 024
1 200	1 219	1 220	1 375	1 320	30	32	M27	44	1 223	1 224
1 400	1 422	1 420	1 575	1 520	30	36	M27	48	1 426	1 424
1 600	1 626	1 620	1 790	1 730	30	40	M27	51	1 630	1 624
1 800	1 829	1 820	1 990	1 930	30	44	M27	54	1 833	1 824
2 000	2 032	2 020	2 190	2 130	30	48	M27	58	2 036	2 024

表 B-12 PN6 板式平焊钢制管法兰

单位:mm

公称尺寸	钢管外径 A_1		连接尺寸					法兰厚度 C	法兰内径 B_1	
	A	B	法兰外径 D	螺栓孔中心圆直径 K	螺栓孔直径 L	螺栓孔数量 n/个	螺栓		A	B
10	17.2	14	75	50	11	4	M10	12	18	15
15	21.3	18	80	55	11	4	M10	12	22.5	19
20	26.9	25	90	65	11	4	M10	14	27.5	26
25	33.7	32	100	75	11	4	M10	14	34.5	33
32	42.4	38	120	90	14	4	M12	16	43.5	39
40	48,3	45	130	100	14	4	M12	16	49.5	46
50	60.3	57	140	110	14	4	M12	16	61.5	59

表 B-12(续)

公称尺寸	钢管外径 A_1		连接尺寸					法兰厚度 C	法兰内径 B_1	
	A	B	法兰外径 D	螺栓孔中心圆直径 K	螺栓孔直径 L	螺栓孔数量 n/个	螺栓		A	B
65	76.1	76	160	130	14	4	M12	16	77,5	78
80	88.9	89	190	150	18	4	M16	18	90.5	91
100	114.3	108	210	170	18	4	M16	18	116	110
125	139.7	133	240	200	18	8	M16	20	143.5	135
150	168.3	159	265	225	18	8	M16	20	170.5	161
200	219.1	219	320	280	18	8	M16	22	221.5	222
250	273	273	375	335	18	12	M16	24	276.5	276
300	323.9	325	440	395	22	12	M20	24	328	328
350	355.6	377	490	445	22	12	M20	26	360	381
400	406.4	426	540	495	22	16	M20	28	411	430
450	457	480	595	550	22	16	M20	30	462	485
500	508	530	645	600	22	20	M20	30	513.5	535
600	610	630	755	705	26	20	M24	32	616.5	636

表 B-13　PN10 板式平焊钢制管法兰　　单位:mm

公称尺寸	钢管外径 A_1		连接尺寸					法兰厚度 C	法兰内径 B_1	
	A	B	法兰外径 D	螺栓孔中心圆直径 K	螺栓孔直径 L	螺栓孔数量 n/个	螺栓		A	B
10	17.2	14	90	60	14	4	M12	14	18	15
15	21.3	18	95	65	14	4	M12	14	22.5	19
20	26.9	25	105	75	14	4	M12	16	27.5	26
25	33.7	32	115	85	14	4	M12	16	34.5	33
32	42.4	38	140	100	18	4	M16	18	43.5	39
40	48.3	45	150	110	18	4	M16	18	49.5	46
50	60.3	57	165	125	18	4	M16	19	61.5	59
65	76.1	76	185	145	18	8	M16	20	77.5	78
80	88.9	89	200	160	18	8	M16	20	90.5	91
100	114.3	108	220	180	18	8	M16	22	116	110
125	139.7	133	250	210	18	8	M16	22	143.5	135
150	168.3	159	285	240	22	8	M20	24	170.5	161
200	219.1	219	340	295	22	8	M20	24	221.5	222
250	273	273	395	350	22	12	M20	26	276.5	276

表 B-13(续)

公称尺寸	钢管外径 A_1		连接尺寸					法兰厚度 C	法兰内径 B_1	
	A	B	法兰外径 D	螺栓孔中心圆直径 K	螺栓孔直径 L	螺栓孔数量 n/个	螺栓		A	B
300	323.9	325	445	400	22	12	M20	26	328	328
350	355.6	377	505	460	22	16	M20.	28	360	381
400	406.4	426	565	515	26	16	M24	32	411	430
450	457	480	615	565	26	20	M24	36	462	485
500	508	530	670	620	26	20	M24	38	513.5	535
600	610	630	780	725	30	20	M27	42	616.5	636

表 B-14 PN25 板式平焊钢制管法兰

单位:mm

公称尺寸	钢管外径 A_1		连接尺寸					法兰厚度 C	法兰内径 B_1	
	A	B	法兰外径 D	螺栓孔中心圆直径 K	螺栓孔直径 L	螺栓孔数量 n/个	螺栓		A	B
10	17.2	14	90	60	14	4	M12	14	18	15
15	21.3	18	95	65	14	4	M12	14	22.5	19
20	26.9	25	105	75	14	4	M12	16	27.5	26
25	33.7	32	115	85	14	4	M12	16	34.5	33
32	42.4	38	140	100	18	4	M16	18	43.5	39
40	48.3	45	150	110	18	4	M16.	18	49.5	46
50	60.3	57	165	125	18	4	M16	19	61.5	59
65	76.1	76	185	145	18	8	M16	20	77.5	78
80	88.9	89	200	160	18	8	M16	20	90.5	91
100	114.3	108	220	180	18	8	M16	22	116	110
125	139.7	133	250	210	18	8	M16	22	143.5	135
150	168.3	159	285	240	22	8	M20	24	170.5	161
200	219.1	219	340	295	22	12	M20	26	221.5	222
250	273	273	405	355	26	12	M24	29	276.5	276
300	323.9	325	460	410	26	12	M24	32	328	328
350	355.6	377	520	470	26	16	M24	35	360	381
400	406.4	426	580	525	30	16	M27	38	411	430
450	457	480	640	585	30	20	M27	42	462	485
500	508	530	715	650	33	20	M30	46	513.5	535
600	610	630	840	770	33	20	M30	52	616.5	636

表 B-15　PN25 板式平焊钢制管法兰　　单位:mm

公称尺寸	钢管外径 A_1		连接尺寸					法兰厚度 C	法兰内径 B_1	
	A	B	法兰外径 D	螺栓孔中心圆直径 K	螺栓孔直径 L	螺栓孔数量 n/个	螺栓		A	B
10	17.2	14	90	60	14	4	M12	14	18	15
15	21.3	18	95	65	14	4	M12	14	22.5	19
20	26.9	25	105	75	14	4	M12	16	27.5	26
25	33.7	32	115	85	14	4	M12	16	34.5	33
32	42.4	38	140	100	18	4	M16	18	43.5	39
40	48.3	45	150	110	18	4	M16	18	49.5	46
50	60.3	57	165	125	18	4	M16	20	61.5	59
65	76.1	76	185	145	18	8	M16	22	77.5	78
80	88.9	89	200	160	18	8	M16	24	90.5	91
100	114.3	108	235	190	22	8	M20	26	116	110
125	139.7	133	270	220	26	8	M24	28	143.5	135
150	168.3	159	300	250	26	8	M24	30	170.5	161
200	219.1	219	360	310	26	12	M24	32	221.5	222
250	273	273	425	370	30	12	M27	35	276.5	276
300	323.9	325	485	430	30	16	M27	38	328	328
350	355.6	377	555	490	33	16	M30	42	360	381
400	406.4	426	620	550	36	16	M33	46	411	430
450	457	480	670	600	36	20	M33	50	462	485
500	508	530	730	660	36	20	M33	56	513.5	535
600	610	630	845	770	39	20	M36×3	68	616.5	636

表 B-16　PN40 板式平焊钢制管法兰　　单位:mm

公称尺寸	钢管外径 A_1		连接尺寸					法兰厚度 C	法兰内径 B_1	
	A	B	法兰外径 D	螺栓孔中心圆直径 K	螺栓孔直径 L	螺栓孔数量 n/个	螺栓		A	B
10	17.2	14	90	60	14	4	M12	14	18	15
15	21.3	18	95	65	14	4	M12	14	22.5	19
20	26.9	25	105	75	14	4	M12	16	27.5	26
25	33.7	32	115	85	14	4	M12	16	34.5	33
32	42.4	38	140	100	18	4	M16	18	43.5	39
40	48.3	45	150	110	18	4	M16	18	49.5	46

表 B-16(续)

公称尺寸	钢管外径 A_1		连接尺寸					法兰厚度 C	法兰内径 B_1	
	A	B	法兰外径 D	螺栓孔中心圆直径 K	螺栓孔直径 L	螺栓孔数量 n/个	螺栓		A	B
50	60.3	57	165	125	18	4	M16	20	61.5	59
65	76.1	76	185	145	18	8	M16	22	77.5	78
80	88.9	89	200	160	18	8	M16	24	90.5	91
100	114.3	108	235	190	22	8	M20	26	116	110
125	139.7	133	270	220°	26	8	M24	28	143.5	135
150	168.3	159	300	250	26	8	M24	30	170.5	161
200	219.1	219	375	320	30	12	M27	36	221.5	222
250	273	273	450	385	33	12	M30	42	276.5	276
300	323.9	325	515	450	33	16	M30	48	328	328
350	355.6	377	580	510	36	16	M33	54	360	381
400	406.4	426	660	585	39	16	M36×3	60	411	430
450	457	480	685	610	39	20	M36×3	66	462	485
500	508	530	755	670	42	20	M39×3	72	513.5	535
600	610	630	890	795	48	20	M45×3	84	616.5	636

B.4.3　带颈平焊钢制管法兰

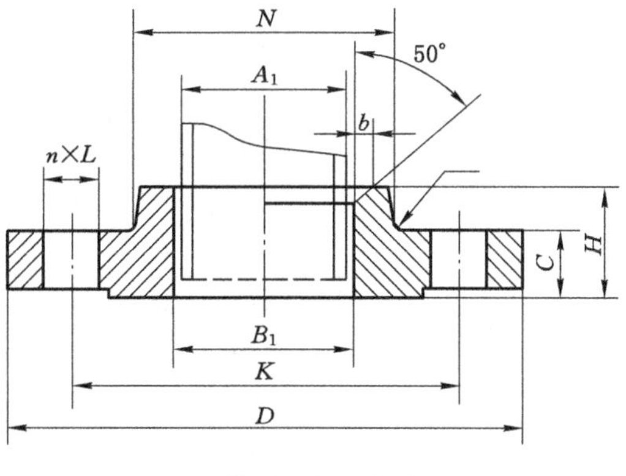

图 B-5　带颈平焊钢制管法兰

表 B-17　PN6 带颈平焊钢制管法兰　　单位：mm

公称尺寸	钢管外径 A_1 A	钢管外径 A_1 B	连接尺寸 法兰外径 D	连接尺寸 螺栓孔中心圆直径 K	连接尺寸 螺栓孔直径 L	连接尺寸 螺栓孔数量 n/个	连接尺寸 螺栓	法兰厚度 C	法兰内径 B_1 A	法兰内径 B_1 B	法兰颈 N A	法兰颈 N B	法兰颈 R	法兰高度 H
10	17.2	14	75	50	11	4	M10	12	18	15	25	25	4	20
15	21.3	18	80	SS	11	4	M10	12	22.5	19	30	30	4	20
20	26.9	25	90	65	11	4	M10	14	27.5	26	40	40	4	24
25	33.7	32	100	75	11	4	M10	14	34.5	33	50	50	4	24
32	42.4	38	120	90	14	4	M12	14	43.5	39	60	60	6	26
40	48.3	45	130	100	14	4	M12	14	49.5	46	70	70	6	26
50	60.3	57	140	110	14	4	M12	14	61.5	59	80	80	6	28
65	76.1	76	160	130	14	4	M12	14	77.5	78	100	100	6	32
80	88.9	89	190	150	18	4	M16	16	90.5	91	110	110	8	34
100	114.3	108	210	170	18	4	M16	16	116	110	130	130	8	40
125	139.7	133	240	200	18	8	M16	18	143.5	135	160	160	8	44
150	168.3	159	265	225	18	8	M16	18	170.5	161	185	185	10	44
200	219.1	219	320	280	18	8	M16	20	221.5	222	240	240	10	44
250	273	273	375	335	18	12	M16	22	276.5	276	295	295	12	44
300	323.9	325	440	395	22	12	M20	22	328	328	355	355	12	44

表 B-18　PN10 带颈平焊钢制管法兰　　单位：mm

公称尺寸	钢管外径 A_1 A	钢管外径 A_1 B	连接尺寸 法兰外径 D	连接尺寸 螺栓孔中心圆直径 K	连接尺寸 螺栓孔直径 L	连接尺寸 螺栓孔数量 n/个	连接尺寸 螺栓	法兰厚度 C	法兰内径 B_1 A	法兰内径 B_1 B	法兰颈 N A	法兰颈 N B	法兰颈 R	法兰高度 H	坡口宽度 B
10	17.2	14	90	60	14	4	M12	16	18	15	30	30	4	22	—
15	21.3	18	95	65	14	4	M12	16	22.5	19	35	35	4	22	
20	26.9	25	105	75	14	4	M12	18	27.5	26	45	45	4	26	
25	33.7	32	115	85	14	4	M12	18	34.5	33	52	52	4	28	—
32	42.4	38	140	100	18	4	M16	18	43.5	39	60	60	6	30	
40	48.3	45	150	110	18	4	M16	18	49.5	46	70	70	6	32	
50	60.3	57	165	125	18	4	M16	18	61.5	59	84	84	5	28	—
65	76.1	76	185	145	18	8	M16	18	77.5	78	104	104	6	32	—
80	88.9	89	200	160	18	8	M16	20	90.5	91	118	118	6	34	—
100	114.3	108	220	180	18	8	M16	20	116	110	140	140	8	40	—
125	139.7	133	250	210	18	8	M16	22	143.5	135	168	168	8	44	—
150	168.3	159	285	240	22	8	M20	22	170.5	161	195	195	10	44	—

表 B-18(续)

公称尺寸	钢管外径 A_1		连接尺寸					法兰厚度 C	法兰内径 B_1		法兰颈			法兰高度 H	坡口宽度 B
			法兰外径 D	螺栓孔中心圆直径 K	螺栓孔直径 L	螺栓孔数量 n/个	螺栓				N		R		
	A	B							A	B	A	B			
200	219.1	219	340	295	22	8	M20	24	221.5	222	246	246	10	44	—
250	273	273	395	350	22	12	M20	26	276.5	276	298	298	12	46	—
300	323.9	325	445	400	22	12	M20	26	328	328	350	350	12	46	—
350	355.6	377	505	460	22	16	M20	26	360	381	400	412	12	53	—
400	406.4	426	565	S15	26	16	M24	26	411	430	456	475	12	57	—
450	457	480	615	565	26	20	M24	28	462	485	502	525	12	63	12
500	508	530	670	620	26	20	M24	28	513.5	535	559	581	12	67	12
600	610	630	780	725	30	20	M27	28	616.5	636	658	678	12	75	12

表 B-19　PN16 带颈平焊钢制管法兰

公称尺寸	钢管外径 A_1		连接尺寸					法兰厚度 C	法兰内径 B_1		法兰颈			法兰高度 H	坡口宽度 B
			法兰外径 D	螺栓孔中心圆直径 K	螺栓孔直径 L	螺栓孔数量 n/个	螺栓				N		R		
	A	B							A	B	A	B			
10	17.2	14	90	60	14	4	M12	16	18	15	30	30	4	22	4
15	21.3	18	95	65	14	4	M12	16	22.5	19	35	35	4	22	4
20	26.9	25	105	75	14	4	M12	18	27.5	26	45	45	4	26	4
25	33.7	32	115	85	14	4	M12	18	34.5	33	52	52	4	28	5
32	42.4	38	140	100	18	4	M16	18	43.5	39	60	60	6	30	5
40	48.3	45	150	110	18	4	M16	18	49.5	46	70	70	6	32	5
50	60.3	57	165	125	18	4	M16	18	61.5	59	84	84	5	28	5
65	76.1	76	185	145	18	8	M16	18	77.5	78	104	104	6	32	6
80	88.9	89	200	160	18	8	M16	20	90.5	91	118	118	6	34	6
100	114.3	108	220	180	18	8	M16	20	116	110	140	140	8	40	6
125	139.7	133	250	210	18	8	M16	22	143.5	135	168	168	8	44	6
150	168.3	159	285	240	22	8	M20	22	170.5	161	195	195	10	44	6
200	219.1	219	340	295	22	12	M20	24	221.5	222	246	246	10	44	8
250	273	273	405	355	26	12	M24	26	276.5	276	298	298	12	46	10
300	323.9	325	460	410	26	12	M24	28	328	328	350	350	12	46	11
350	355.6	377	520	470	26	16	M24	30	360	381	400	412	12	57	12
400	406.4	426	580	525	30	16	M27	32	411	430	456	475	12	63	12

表 B-19(续)

公称尺寸	钢管外径 A_1		连接尺寸					法兰厚度 C	法兰内径 B_1		法兰颈			法兰高度 H	坡口宽度 B
	A	B	法兰外径 D	螺栓孔中心圆直径 K	螺栓孔直径 L	螺栓孔数量 n/个	螺栓		A	B	N A	N B	R		
450	457	480	640	585	30	20	M27	40	462	485	502	525	12	68	12
500	508	530	715	650	33	20	M30	44	513.5	535	559	581	12	73	12
600	610	630	840	770	36	20	M33	54	616.5	636	658	678	12	83	12

表 B-20　PN25 带颈平焊钢制管法兰　　单位:mm

公称尺寸	钢管外径 A_1		连接尺寸					法兰厚度 C	法兰内径 B_1		法兰颈			法兰高度 H	坡口宽度 B
	A	B	法兰外径 D	螺栓孔中心圆直径 K	螺栓孔直径 L	螺栓孔数量 n/个	螺栓		A	B	N A	N B	R		
10	17.2	14	90	60	14	4	M12	16	18	15	30	30	4	22	4
15	21.3	18	95	65	14	4	M12	16	22.5	19	35	35	4	22	4
20	26.9	25	105	75	14	4	M12	18	27.5	26	45	45	4	26	4
25	33.7	32	115	85	14	4	M12	18	34.5	33	52	52	4	28	5
32	42.4	38	140	100	18	4	M16	18	43.5	39	60	60	6	30	5
40	48.3	45	150	110	18	4	M16	18	49.5	46	70	70	6	32	5
50	60.3	57	165	125	18	4	M16	20	61.5	59	84	84	6	34	5
65	76.1	76	185	145	18	8	M16	22	77.5	78	104	104	6	38	6
80	88.9	89	200	160	18	8	M16	24	90.5	91	118	118	8	40	6
100	114.3	108	235	190	22	8	M20	24	116	110	145	145	8	44	6
125	139.7	133	270	220	26	8	M24	26	143.5	135	170	170	8	48	6
150	168.3	159	300	250	26	8	M24	28	170.5	161	200	200	10	52	6
200	219.1	219	360	310	26	12	M24	30	221.5	222	256	256	10	52	8
250	273	273	425	370	30	12	M27	32	276.5	276	310	310	12	60	10
300	323.9	325	485	430	30	16	M27	34	328	328	364	364	12	67	11
350	355.6	377	555	490	33	16	M30	38	360	381	418	430	12	72	12
400	406.4	426	620	550	36	16	M33	40	411	430	472	492	12	78	12
450	457	480	670	600	36	20	M33	46	462	485	520	542	12	84	12
500	508	530	730	660	36	20	M33	48	513.5	535	580	602	12	90	12
600	610	630	845	770	39	20	M36×3	58	616.5	636	684	704	12	100	12

表 B-21 PN40 带颈平焊钢制管法兰 单位:mm

公称尺寸	钢管外径 A_1		连接尺寸					法兰厚度 C	法兰内径 B_1		法兰颈			法兰高度 H	坡口宽度 B
											N		R		
	A	B	法兰外径 D	螺栓孔中心圆直径 K	螺栓孔直径 L	螺栓孔数量 n/个	螺栓		A	B	A	B			
10	17.2	14	90	60	14	4	M12	16	18	15	30	30	4	22	4
15	21.3	18	95	65	14	4	M12	16	22.5	19	35	35	4	22	4
20	26.9	25	105	75	14	4	M12	18	27.5	26	45	45	4	26	4
25	33.7	32	115	85	14	4	M12	18	34.5	33	52	52	4	28	5
32	42.4	38	140	100	18	4	M16	18	43.5	39	60	60	6	30	5
40	48.3	45	150	110	18	4	M16	18	49.5	46	70	70	6	32	5
50	60.3	57	165	125	18	4	M16	20	61.5	59	84	84	6	34	5
65	76.1	76	185	145	18	8	M16	22	77.5	78	104	104	6	38	6
80	88.9	89	200	160	18	8	M16	24	90.5	91	118	118	8	40	6
100	114.3	108	235	190	22	8	M20	24	116	110	145	145	8	44	6
125	139.7	133	270	220	26	8	M24	26	143.5	135	170	170	8	48	7
150	168.3	159	300	250	26	8	M24	28	170.5	161	200	200	10	52	8
200	219.1	219	375	320	30	12	M27	34	221.5	222	260	260	10	52	10
250	273	273	450	385	33	12	M30	38	276.5	276	312	312	12	60	11
300	323.9	325	515	450	33	16	M30	42	328	328	380	380	12	67	12
350	355.6	377	580	510	36	16	M33	46	360	381	424	444	12	72	13
400	406.4	426	660	585	39	16	M36×3	50	411	430	478	518	12	78	14
450	457	480	685	610	39	20	M36×3	57	462	485	522	545	12	84	16
500	508	530	755	670	42	20	M39×3	57	513.5	535	576	598	12	90	17
600	610	630	890	795	48	20	M45×3	72	616.5	636	686	706	12	100	18

B.4.4 带颈对焊钢制管法兰

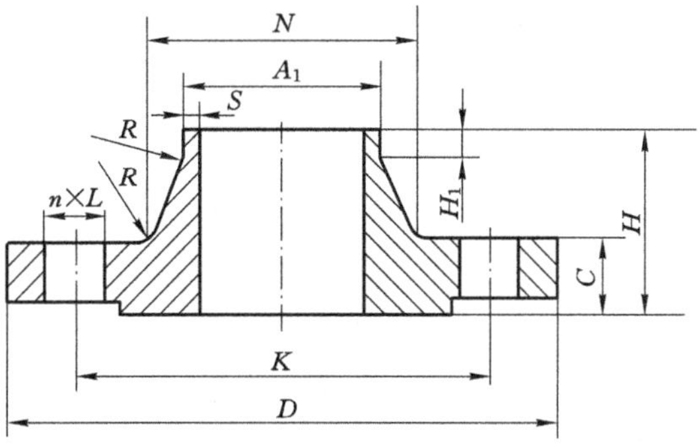

图 B-6 带颈对焊钢制管法兰

表 B-22　PN10 带颈对焊钢制管法兰　　单位:mm

公称尺寸	钢管外径法兰焊端外径 A_1		连接尺寸					法兰厚度 C	法兰颈					法兰高度 H
	A	B	法兰外径 D	螺栓孔中心圆直径 K	螺栓孔直径 L	螺栓孔数量 n/个	螺栓		N A	N B	$S\geqslant$	$H\approx$	R	
10	17.2	14	90	60	14	4	M12	16	28	28	1.8	6	4	35
15	21.3	18	95	65	14	4	M12	16	32	32	2.0	6	4	38
20	26.9	25	105	75	14	4	M12	18	40	40	2.3	6	4	40
25	33.7	32	115	85	14	4	M12	18	46	46	2.6	6	4	40
32	42.4	38	140	100	18	4	M16	18	56	56	2.6	6	6	42
40	48.3	45	150	110	18	4	M16	18	64	64	2.6	7	6	45
50	60.3	57	165	125	18	4	M16	18	74	74	2.9	8	5	45
65	76.1	65	185	145	18	8	M16	18	92	92	2.9	10	6	45
80	88.9	89	200	160	18	8	M16	20	105	105	3.2	10	6	50
100	114.3	108	220	180	18	8	M16	20	131	131	3.6	12	8	52
125	139.7	133	250	210	18	8	M16	22	156	156	4	12	8	55
150	168.3	159	285	240	22	8	M20	22	184	184	4.5	12	10	55
200	219.1	219	340	295	22	8	M20	24	234	234	6.3	16	10	62
250	273	273	395	350	22	12	M20	26	292	292	6.3	16	12	70
300	323.9	325	445	400	22	12	M20	26	342	342	7.1	16	12	78
350	355.6	377	505	460	22	16	M20	26	385	402	7.1	16	12	82
400	406.4	426	565	515	26	16	M24	26	440	458	7.1	16	12	85
450	457	480	615	565	26	20	M24	28	488	510	7.1	16	12	87
500	508	530	670	620	26	20	M24	28	542	562	7.1	16	12	90
600	610	630	780	725	30	20	M27	28	642	660	7.1	18	12	95
700	711	720	895	840	30	24	M27	30	746	755	8	18	12	100
800	813	820	1015	950	33	24	M30	32	850	855	8	18	12	105
900	914	920	1115	1050	33	28	M30	34	950	954	10	20	12	110
1000	1 016	1020	1230	1160	36	28	M33	34	1 052	1 054	10	20	16	120
1200	1 219	1220	1455	1380	39	32	M36×3	38	1 256	1 256	11	25	16	130
1400	1 422	1420	1675	1590	42	36	M39×3	42	1 460	1 460	12	25	16	145
1600	1 626	1620	1915	1820	48	40	M45×3	46	1 666	1 666	14	25	16	160
1800	1 829	1820	2115	2020	48	44	M45×3	50	1 868	1 866	15	30	16	170
2000	2 032	2020	2325	2230	48	48	M45×3	54	2 072	2 070	16	30	16	180

表 B-23　PN16 带颈对焊钢制管法兰

单位：mm

公称尺寸	钢管外径法兰焊端外径 A_1		连接尺寸					法兰厚度 C	法兰颈					法兰高度 H
									N					
	A	B	法兰外径 D	螺栓孔中心圆直径 K	螺栓孔直径 L	螺栓孔数量 n/个	螺栓		A	B	$S\geqslant$	$H\approx$	R	
10	17.2	14	90	60	14	4	M12	16	28	28	1.8	6	4	35
15	21.3	18	95	65	14	4	M12	16	32	32	2	6	4	38
20	26.9	25	105	75	14	4	M12	18	40	40	2.3	6	4	40
25	33.7	32	115	85	14	4	M12	18	46	46	2.6	6	4	40
32	42.4	38	140	100	18	4	M16	18	56	56	2.6	6	6	42
40	48.3	45	150	110	18	4	M16	18	64	64	2.6	7	6	45
50	60.3	57	165	125	18	4	M16	18	74	74	2.9	8	5	45
65	76.1	65	185	145	18	8	M16	18	92	92	2.9	10	6	45
80	88.9	89	200	160	18	8	M16	20	105	105	3.2	10	6	50
100	114.3	108	220	180	18	8	M16	20	131	131	3.6	12	8	52
125	139.7	133	250	210	18	8	M16	22	156	156	4	12	8	55
150	168.3	159	285	240	22	8	M20	22	184	184	4.5	12	10	55
200	219.1	219	340	295	22	12	M20	24	235	235	6.3	16	10	62
250	273	273	405	355	26	12	M24	26	292	292	6.3	16	12	70
300	323.9	325	460	410	26	12	M24	28	344	344	7.1	16	12	78
350	355.6	377	520	470	26	16	M24	30	390	410	8	16	12	82
400	406.4	426	580	525	30	16	M27	32	445	464	8	16	12	85
450	457	480	640	585	30	20	M27	40	490	512	8	16	12	87
500	508	530	715	650	33	20	M30	44	548	578	8	16	12	90
600	610	630	840	770	36	20	M33	54	652	670	8.8	18	12	95
700	711	720	910	840	36	24	M33	36	755	759	8.8	18	12	100
800	813	820	1 025	950	39	24	M36×3	38	855	855	10	20	12	105
900	914	920	1 125	1 050	39	28	M36×3	40	955	954	10	20	12	110
1000	1 016	1 020	1 255	1 170	42	28	M39×3	42	1 058	1 060	10	22	16	120
1200	1 219	1 220	1 485	1 390	48	32	M45×3	48	1 262	1 260	12.5	30	16	130
1400	1 422	1 420	1 685	1 590	48	36	M45×3	52	1 465	1 465	14.2	30	16	145
1600	1 626	1 620	1 930	1 820	56	40	M52×4	58	1 668	1 668	16	35	16	160
1800	1 829	1 820	2 130	2 020	56	44	M52×4	62	1 870	1 870	17.5	35	16	170
2000	2 032	2 020	2 345	2 230	62	48	M56×4	66	2 072	2 072	20	40	16	180

表 B-25　PN25 带颈对焊钢制管法兰　　单位：mm

公称尺寸	钢管外径 法兰焊端外径 A_1		连接尺寸					法兰厚度 C	法兰颈					法兰高度 H
			法兰外径 D	螺栓孔中心圆直径 K	螺栓孔直径 L	螺栓孔数量 n/个	螺栓		N		S ≥	H ≈	R	
	A	B							A	B				
10	17.2	14	90	60	14	4	M12	16	28	28	1.8	6	4	35
15	21.3	18	95	65	14	4	M12	16	32	32	2	6	4	38
20	26.9	25	105	75	14	4	M12	18	40	40	2.3	6	4	40
25	33.7	32	115	85	14	4	M12	18	46	46	2.6	6	4	40
32	42.4	38	140	100	18	4	M16	18	56	56	2.6	6	6	42
40	48.3	45	150	110	18	4	M16	18	64	64	2.6	7	6	45
50	60.3	57	165	125	18	4	M16	20	5	75	2.9	8	6	48
65	76.1	65	185	145	18	8	M16	22	90	90	2.9	10	6	52
80	88.9	89	200	160	18	8	M16	24	105	105	3.2	12	8	58
100	114.3	108	235	190	22	8	M20	24	134	134	3.6	12	8	65
125	139.7	133	270	220	26	8	M24	26	162	162	4	12	8	68
150	168.3	159	300	250	26	8	M24	28	192	190	4.5	12	10	75
200	219.1	219	360	310	26	12	M24	30	244	244	6.3	16	10	80
250	273	273	425	370	30	12	M27	32	298	298	7.1	18	12	88
300	323.9	325	485	430	30	16	M27	34	352	352	8	18	12	92
350	355.6	377	555	490	33	16	M30	38	398	420	8	20	12	100
400	406.4	426	620	550	36	16	M33	40	452	472	8.8	20	12	110
450	457	480	670	600	36	20	M33	46	500	522	8.8	20	12	110
500	508	530	730	660	36	20	M33	48	558	580	10	20	12	125
600	610	630	845	770	39	20	M36×3	58	660	680	11	20	12	125

表 B-26　PN40 带颈对焊钢制管法兰　　单位：mm

公称尺寸	钢管外径 法兰焊端外径 A_1		连接尺寸					法兰厚度 C	法兰颈					法兰高度 H
			法兰外径 D	螺栓孔中心圆直径 K	螺栓孔直径 L	螺栓孔数量 n/个	螺栓		N		S ≥	H ≈	R	
	A	B							A	B				
10	17.2	14	90	60	14	4	M12	16	28	28	1.8	6	4	35
15	21.3	18	95	65	14	4	M12	16	32	32	2	6	4	38
20	26.9	25	105	75	14	4	M12	18	40	40	2.3	6	4	40
25	33.7	32	115	85	14	4	M12	18	46	46	2.6	6	4	40
32	42.4	38	140	100	18	4	M16	18	56	56	2.6	6	6	42
40	48.3	45	150	110	18	4	M16	18	64	64	2.6	7	6	45
50	60.3	57	165	125	18	4	M16	20	75	75	2.9	8	6	48

表 B-26(续)

公称尺寸	钢管外径法兰焊端外径 A_1		连接尺寸					法兰厚度 C	法兰颈					法兰高度 H
	A	B	法兰外径 D	螺栓孔中心圆直径 K	螺栓孔直径 L	螺栓孔数量 n/个	螺栓		N A	N B	S ≥	H ≈	R	
65	76.1	65	185	145	18	8	M16	22	90	90	2.9	10	6	52
80	88.9	89	200	160	18	8	M16	24	105	105	3.2	12	8	58
100	114.3	108	235	190	22	8	M20	24	134	134	3.6	12	8	65
125	139.?	133	270	220	26	8	M24	26	162	162	4	12	8	68
150	168.3	159	300	250	26	8	M24	28	192	192	4.5	12	10	75
200	219.1	219	375	320	30	12	M27	34	244	244	6.3	16	10	88
250	273	273	450	385	33	12	M30	38	306	306	7.1	18	12	105
300	323.9	325	515	450	33	16	M30	42	362	362	8	18	12	115
350	355.6	377	580	510	36	16	M33	46	408	430	8.8	20	12	125
400	406.4	426	660	585	39	16	M36×3	50	462	482	11	20	12	135
450	457	480	685	610	39	20	M36×3	57	500	522	12.5	20	12	135
500	508	530	755	670	42	20	M39×3	57	562	584	14.2	20	12	140
600	610	630	890	795	48	20	M45×3	72	666	686	16	20	12	150

表 B-26　PN63 带颈对焊钢制管法兰　　单位:mm

公称尺寸	钢管外径法兰焊端外径 A_1		连接尺寸					法兰厚度 C	法兰颈					法兰高度 H
	A	B	法兰外径 D	螺栓孔中心圆直径 K	螺栓孔直径 L	螺栓孔数量 n/个	螺栓		N A	N B	S ≥	H ≈	R	
10	17.2	14	100	70	14	4	M12	20	32	32	1.8	6	4	45
15	21.3	18	105	75	14	4	M12	20	34	34	2	6	4	45
20	26.9	25	130	90	18	4	M16	22	42	42	2.6	8	4	48
25	33.7	32	140	100	18	4	M16	24	52	52	2,6	8	4	58
32	42.4	38	155	110	22	4	M20	24	62	62	2.9	8	6	60
40	48.3	45	170	125	22	4	M20	26	70	70	2.9	10	6	62
50	60.3	57	180	135	22	4	M20	26	82	82	2.9	10	6	62
65	76.1	65	205	160	22	8	M20	26	98	98	3.2	12	6	68
80	88.9	8g	215	170	22	8	M20	28	112	112	3.6	12	8	72
100	114.3	108	250	200	26	8	M24	30	138	138	4	12	8	78
125	139.7	133	295	240	30	8	M27	34	168	168	4.5	12	8	88
150	168.3	159	345	280	33	8	M30	36	202	202	5.6	12	10	95

表 B-26(续)

公称尺寸	钢管外径法兰焊端外径 A_1		连接尺寸					法兰厚度 C	法兰颈					法兰高度 H
	A	B	法兰外径 D	螺栓孔中心圆直径 K	螺栓孔直径 L	螺栓孔数量 n/个	螺栓		N A	N B	S ⩾	H ≈	R	
200	219.1	219	415	345	36	12	M33	42	256	256	7.1	16	10	110
250	273	273	470	400	36	12	M33	46	316	316	8.8	18	12	125
300	323.9	325	530	460	36	16	M33	52	372	372	11	18	12	140
350	355.6	377	600	525	39	16	M36×3	56	420	442	12.5	20	12	150
400	406.4	426	670	585	42	16	M39×3	60	475	495	14.2	20	12	160

表 B-27　PN100 带颈对焊钢制管法兰　　单位:mm

公称尺寸	钢管外径法兰焊端外径 A_1		连接尺寸					法兰厚度 C	法兰颈					法兰高度 H
	A	B	法兰外径 D	螺栓孔中心圆直径 K	螺栓孔直径 L	螺栓孔数量 n/个	螺栓		N A	N B	S ⩾	H ≈	R	
10	17.2	14	100	70	14	4	M12	20	32	32	1.8	6	4	45
15	21.3	18	105	75	14	4	M12	20	34	34	2	6	4	45
20	26.9	25	130	90	18	4	M16	22	42	42	2.6	8	4	48
25	33.7	32	140	100	18	4	M16	24	52	52	2.6	8	4	58
32	42.4	38	155	110	22	4	M20	24	62	62	2.9	8	6	60
40	48.3	45	170	125	22	4	M20	26	70	70	2.9	10	6	62
50	60.3	57	195	145	26	4	M24	28	90	90	3.2	10	6	68
65	76.1	65	220	170	26	8	M24	30	108	108	3.6	12	6	76
80	88.9	89	230	180	26	8	M24	32	120	120	4	12	8	78
100	114.3	108	265	210	30	8	M27	36	150	150	5	12	8	90
125	139.7	133	315	250	33	8	M30	40	180	180	6.3	12	8	105
150	168.3	159	355	290	33	12	M30	44	210	210	7.1	12	10	115
200	219.1	219	430	360	36	12	M33	52	278	278	10	16	10	130
250	273	273	505	430	39	12	M36×3	60	340	340	12.5	18	12	157
300	323.9	325	585	500	42	16	M39×3	68	400	400	14.2	18	12	170
350	355.6	377	655	560	48	16	M45×3	74	460	482	16	20	12	189

表 B-28　PN160 带颈对焊钢制管法兰　　单位：mm

公称尺寸	钢管外径 法兰焊端外径 A_1		连接尺寸					法兰厚度 C	法兰颈					法兰高度 H
	A	B	法兰外径 D	螺栓孔中心圆直径 K	螺栓孔直径 L	螺栓孔数量 n/个	螺栓		N A	N B	S ≥	H ≈	R	
10	17.2	14	100	70	14	4	M12	20	32	32	2	6	4	45
15	21.3	18	105	75	14	4	M12	20	34	34	2	6	4	45
20	26.9	25	130	90	18	4	M16	24	42	42	2.9	6	4	52
25	33.7	32	140	100	18	4	M16	24	52	52	2.9	8	4	58
32	42.4	38	155	110	22	4	M20	28	60	60	3.6	8	5	60
40	48.3	45	170	125	22	4	M20	28	70	70	3.6	10	6	64
50	60.3	57	195	145	26	4	M24	30	90	90	4	10	6	75
65	76.1	65	220	170	26	8	M24	34	108	108	5	12	6	82
80	88.9	89	230	180	26	8	M24	36	120	120	6.3	12	8	86
100	114.3	108	265	210	30	8	M27	40	150	150	8	12	8	100
125	139.7	133	315	250	33	8	M30	44	180	180	10	14	8	115
150	168.3	159	355	290	33	12	M30	50	210	210	12.5	14	10	128
200	219.1	219	430	360	36	12	M33	60	278	278	16	16	10	140
250	273	273	515	430	42	12	M39×3	68	340	340	20	18	12	155
300	323.9	325	585	500	42	16	M39×3	78	400	400	22.2	18	12	175

B.4.5　管法兰垫片类型选用表

表 B-29　垫片类型选配表

垫片形式		公称压力/MPa	公称尺寸/mm	最高使用温度/℃	密封面形式	密封面的表面粗糙度 R_a/μm	法兰形式
非金属	橡胶垫片	≤16	10～2 000	200[a]	突面 凹面/凸面 中面/槽面 全平面	3.2～12.5	各种形式
	石棉橡胶板	≤25		300			各种形式
	非石棉纤维橡胶板	≤40		290[b]			各种形式
	聚四氟乙烯板	≤16		100			各种形式
	膨胀或填充改性聚四氟乙烯板或带	≤40		200			各种形式
	增强柔性石墨板	10～63		650 (450)[c]	突面凹面/凸面 榫面/槽面	3.2～6.3	各种形式
	高温云母复合板	10～63		900	突面凹面/凸面 面/槽面		各种形式
	聚四氟乙烯包覆垫	6～40	10～600	150	突面		各种形式

表 B-29(续)

<table>
<tr><th colspan="2">垫片形式</th><th>公称压力/MPa</th><th>公称尺寸/mm</th><th>最高使用温度/℃</th><th>密封面形式</th><th>密封面的表面粗糙度 $R_a/\mu m$</th><th>法兰形式</th></tr>
<tr><td rowspan="2">半金属</td><td>缠绕垫</td><td>16～160</td><td rowspan="2">10～2 000</td><td>e</td><td rowspan="2">突面
凹面/凸面
榫面/槽面</td><td rowspan="2">3.2～6.3</td><td rowspan="2">带颈平焊法兰、带颈对焊法兰、整体法兰、承插焊法兰、法兰盖</td></tr>
<tr><td>齿形组合垫</td><td>16～160</td><td>f</td></tr>
<tr><td>半金属/金属</td><td>金属包覆垫</td><td>25～100</td><td>10～900</td><td>d</td><td>突面</td><td>1.6～3.2(碳钢、有色金属)0.8～1.6(不锈钢、镍基合金)</td><td>带颈对焊法兰、整体法兰、法兰盖</td></tr>
<tr><td>金属</td><td>金属环垫</td><td>63～160</td><td>15～400</td><td>700</td><td>环连接面</td><td>0.8～1.6(碳钢,铬钢)0.4～0.8(不锈钢)</td><td>带颈对焊法兰、整体法兰、法兰盖</td></tr>
</table>

(1) 各种天然橡胶及合成橡胶使用温度范围不同。

(2) 非石棉纤维橡胶板的主要原材料组成不同,使用温度范围不同,并可向生产厂咨询。

(3) 增强柔性石墨板用于氧化性介质时,最高使用温度为 450 ℃。

(4) 金属包覆垫根据包覆金属和填充材料的不同组合,使用温度范围不同。

(5) 缠绕垫根据金属带和填充材料的不同组合,使用温度范围不同。

(6) 齿形组合垫根据金属齿形环和覆盖层材料的不同组合,使用温度范围不同。

B.4.6 管法兰垫片尺寸

表 B-30 凹面/凸面法兰用 MFM 型垫片尺寸　　单位:mm

<table>
<tr><th>公称尺寸</th><th>垫片内径 D_1</th><th>垫片外径 D_2</th><th>垫片厚度 T</th><th>公称尺寸</th><th>垫片内径 D_1</th><th>垫片外径 D_2</th><th>垫片厚度 T</th></tr>
<tr><td>10</td><td>18</td><td>34</td><td rowspan="10">1.5</td><td>125</td><td>141</td><td>175</td><td rowspan="5">1.5</td></tr>
<tr><td>15</td><td>22</td><td>39</td><td>150</td><td>169</td><td>203</td></tr>
<tr><td>20</td><td>27</td><td>50</td><td>200</td><td>220</td><td>259</td></tr>
<tr><td>25</td><td>34</td><td>57</td><td>250</td><td>273</td><td>312</td></tr>
<tr><td>32</td><td>43</td><td>65</td><td>300</td><td>324</td><td>363</td></tr>
<tr><td>40</td><td>49</td><td>75</td><td>350</td><td>377</td><td>421</td><td rowspan="5">3</td></tr>
<tr><td>50</td><td>61</td><td>87</td><td>400</td><td>426</td><td>473</td></tr>
<tr><td>65</td><td>77</td><td>109</td><td>450</td><td>480</td><td>523</td></tr>
<tr><td>80</td><td>80</td><td>120</td><td>500</td><td>530</td><td>575</td></tr>
<tr><td>100</td><td>115</td><td>149</td><td>600</td><td>630</td><td>675</td></tr>
</table>

B.5　补强圈

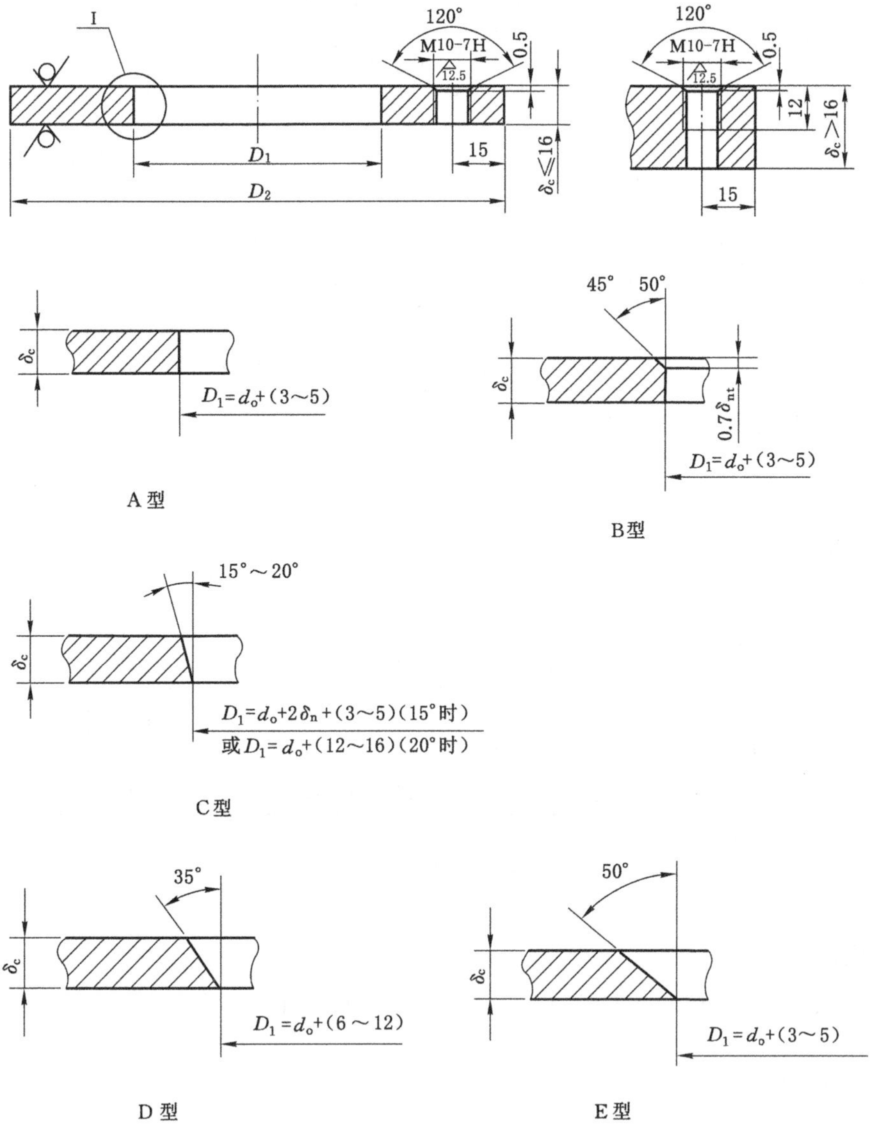

图 B-7　补强圈类型图

A 型——适用于壳体为内坡口的填角焊结构；
B 型——适用于壳体为内坡口的局部焊透结构；
C 型——适用于壳体为外坡口的全焊透结构；
D 型——适用于壳体为内坡口的全焊透结构；
E 型——适用于壳体为内坡口的全焊透结构。

表 B-29　补强圈尺寸

接管公称直径	外径 D_o	内径 D_i	厚度 δ_c/mm													
			4	6	8	10	12	14	16	18	20	22	24	26	28	30
尺寸/mm			质量/kg													
50	130	按图中的形式确定	0.32	0.48	0.64	0.80	0.96	1.12	1.28	1.43	1.59	1.75	1.91	2.07	2.23	2.57
65	160		0.47	0.71	0.95	1.18	1.42	1.66	1.89	2.13	2.37	2.60	2.84	3.08	3.31	3.55
80	180		0.59	0.88	1.17	1.46	1.75	2.04	2.34	2.63	2.92	3.22	3.51	3.81	4.10	4.38
100	200		0.68	1.02	1.35	1.69	2.03	2.37	2.71	3.05	3.38	3.72	4.06	4.40	4.74	5.08
125	250		1.08	1.62	2.16	2.70	3.24	3.77	4.31	4.85	5.39	5.93	6.47	7.01	7.55	8.09
150	300		1.56	2.35	3.13	3.91	4.69	5.48	6.26	7.04	7.82	8.60	9.38	10.2	10.9	11.7
175	350		2.23	3.34	4.46	5.57	6.69	7.80	8.92	10.0	11.1	12.3	13.4	14.5	15.6	16.6
200	400		2.72	4.08	5.44	6.80	8.16	9.52	10.9	12.2	13.6	14.9	16.3	17.7	19.0	20.4
225	440		3.24	4.87	6.49	8.11	9.74	11.4	13.0	14.6	16.2	17.8	19.5	21.1	22.7	24.3
250	480		3.79	5.68	7.58	9.47	11.4	13.3	15.2	17.0	18.9	20.8	22.7	24.6	26.5	28.4
300	550		4.79	7.18	9.58	12.0	14.4	16.8	19.2	21.6	24.0	26.3	28.7	31.1	33.5	36.0
350	620		5.90	8.85	11.8	14.8	17.7	20.6	23.6	26.6	29.5	32.4	35.4	38.3	41.3	44.2
400	680		6.84	10.3	13.7	17.1	20.5	24.0	27.4	31.0	34.2	37.6	41.0	44.5	48.0	51.4
450	760		8.47	12.7	16.9	21.2	25.4	29.6	33.9	38.J	42.3	46.5	50.8	55.0	59.2	63.5
500	840		10.4	15.6	20.7	25.9	31.1	36.3	41.5	46.7	51.8	57.0	62.2	67.4	72.5	77.7
600	980		13.8	20.6	27.5	34.4	41.3	48.2	55.1	62.0	68.9	75.7	82.6	89.5	96.4	103.3

注：1. 内径 D_i 为补强圈成形后的尺寸。

2. 表中质量为 A 型补强圈按接管公称直径计算所得的值。

B.6　焊缝结构

表中序列代号中 DU1～DU3 用于焊条电弧焊和气体保护焊。DU24～DU40 用于埋弧焊。

B.6.1　对接焊缝

表 B-30　对接焊缝尺寸

<table>
<tr><th>序列代号</th><th>焊缝形式</th><th>基本尺寸</th><th>适用范围</th><th>焊缝符号</th><th>备注</th></tr>
<tr><td>DU1</td><td>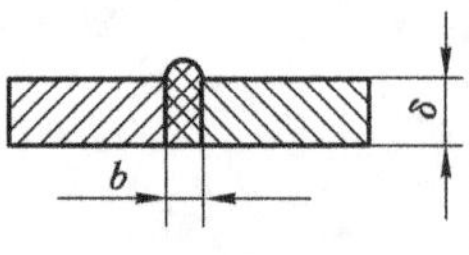</td><td><table><tr><td>δ</td><td>2～3</td><td>4</td></tr><tr><td>b</td><td>0_0^{+1}</td><td>1_0^{+1}</td></tr></table></td><td>钢板拼接，壳体纵、环焊缝</td><td>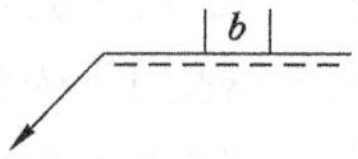</td><td></td></tr>
</table>

表 B-30(续)

序列代号	焊缝形式	基本尺寸	适用范围	焊缝符号	备注
DU2	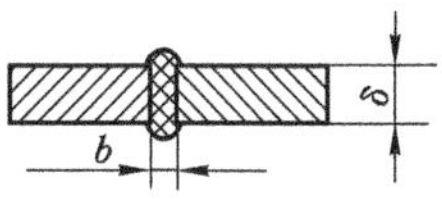	δ: 3～4, 5～6 b: 0_0^{+1}, $1_0^{+1.5}$	钢板拼接，壳体纵、环焊缝	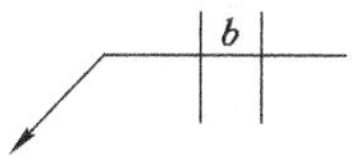	
DU3	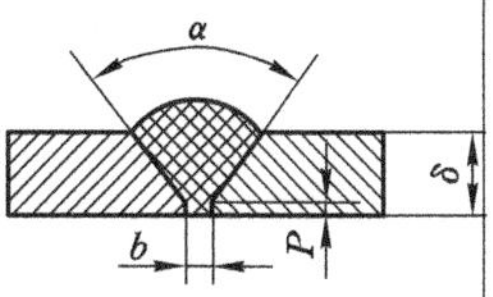	δ: 5～10, 12～20 α: 60°±5°, 50°±5° b: 1±1, 2±1 P: 1_0^{+1}, 2±1	钢板拼接，壳体纵、环焊缝	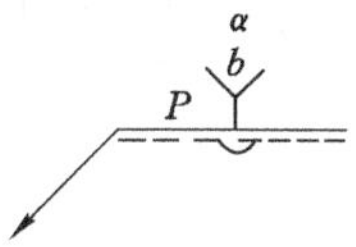	
DU4	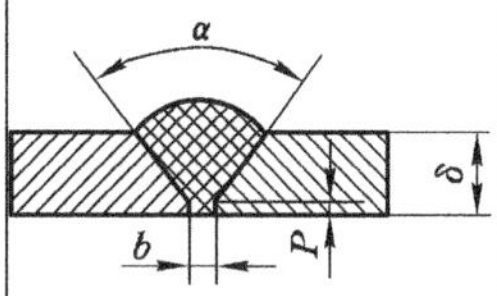	δ: 5～10, 12～20 α: 60°±5°, 50°±5° b: 1±1, 2±1 P: 1_0^{+1}, 2±1	钢板拼接，壳体纵、环焊缝	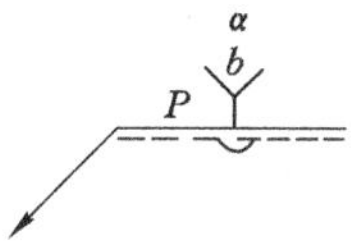	
DU5	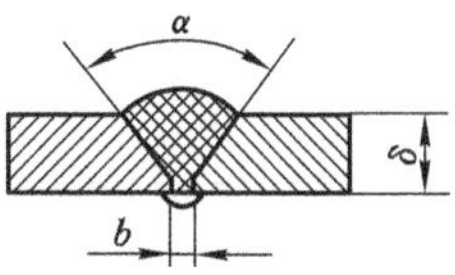	δ: 10～30 α: 35°±5° b: 2_{-2}^{+1}	钢板拼接，壳体纵、环焊缝	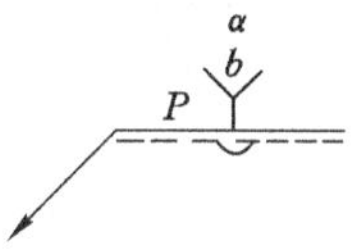	
DU6	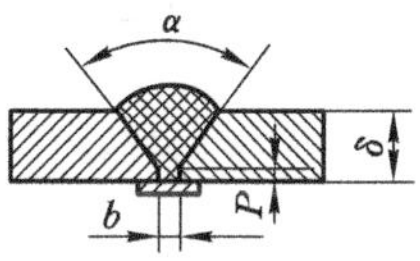	δ: 6～10, 12～26 α: 40°±5°, 35°±5° b: 7_0^{+1}, 8_0^{+1} P: 1±1, 2_0^{-1}	容器内无法施焊，且允许衬垫板	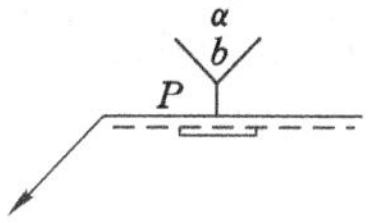	垫板尺寸自定
DU7	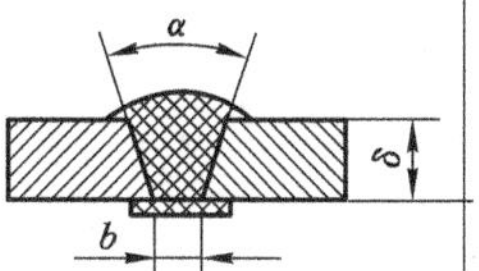	δ: 10～30 α: 25°±5° b: 7_0^{+1}	容器内无法施焊，且允许衬垫板	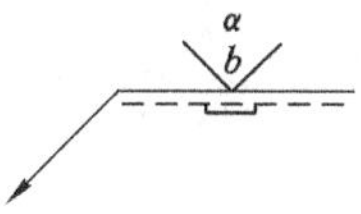	垫板尺寸自定
DU8	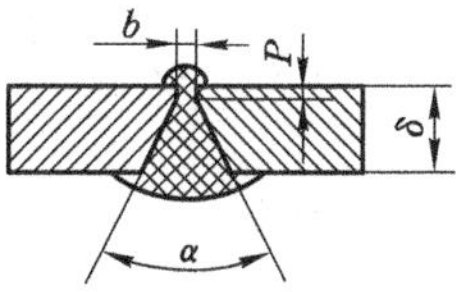	δ: 4～20 α: 60°±5° b: 1±1 P: 1.5±1	筒体 DN≥600 的纵、环焊缝	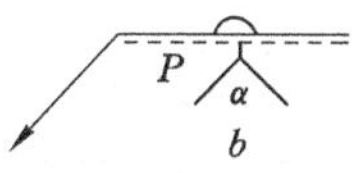	

表 B-30(续)

序列代号	焊缝形式	基本尺寸	适用范围	焊缝符号	备注
DU24	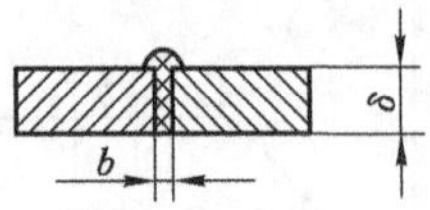	δ：4～10 b：1_{0}^{+1}	钢板拼接，壳体纵、环焊缝	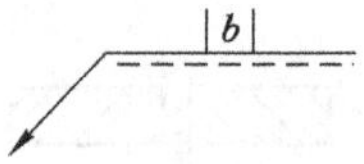	
DU25	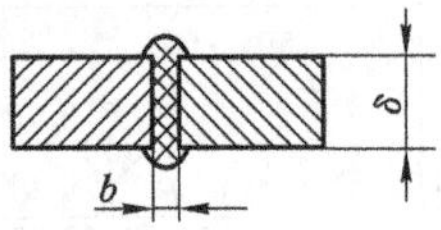	δ：6～10 | 12～18 b：0_{0}^{+1} | 1_{0}^{+1}	钢板拼接，壳体纵、环焊缝	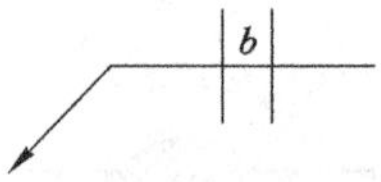	
DU26	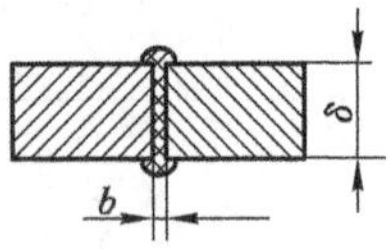	δ：4～14 b：0_{0}^{+1}	钢板拼接，壳体纵、环焊缝	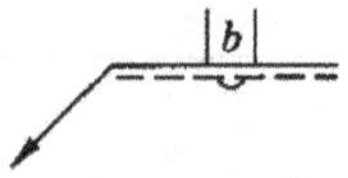	
DU27	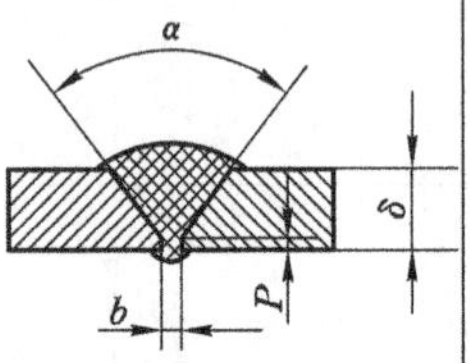	δ：16～30 α：45°～70° b：2±1 P：8_{-1}^{+2}	钢板拼接，壳体纵、环焊缝	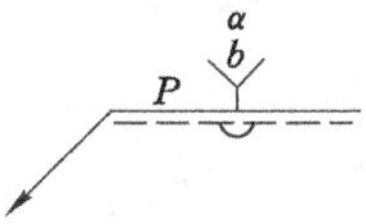	
DU28	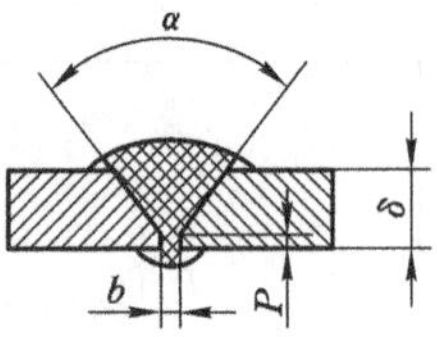	δ：10～20 | 22～30 α：(50°～70°)±5° b：2±1 P：6_{-1}^{+2}	钢板拼接，壳体纵、环焊缝	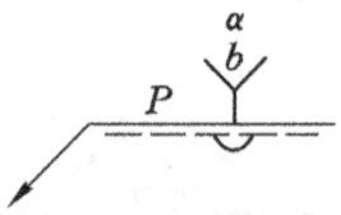	
DU29	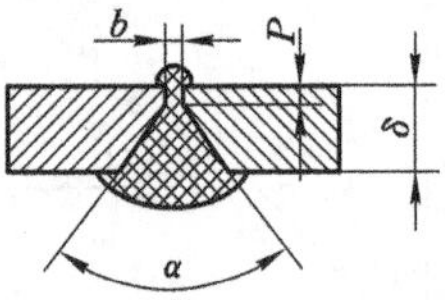	δ：6～20 α：60°±5° b：2±1 P：2～8	筒体≥DN600的纵、环焊缝	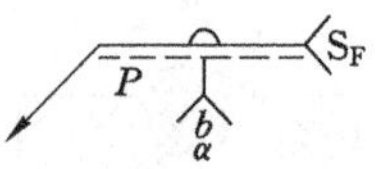	S_F表示手工封底焊
DU30	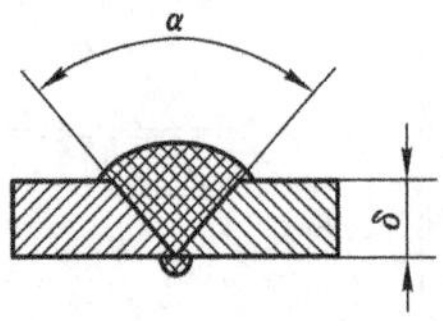	δ：20～70 α：50°±5°	壳体≥DN2 000，不用或无法用机械方法加工坡口的环焊缝	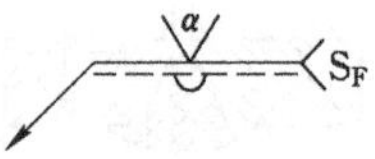	S_F表示手工封底焊

表 B-30(续)

<table>
<tr><th>序列代号</th><th>焊缝形式</th><th>基本尺寸</th><th>适用范围</th><th>焊缝符号</th><th>备注</th></tr>
<tr><td>DU31</td><td>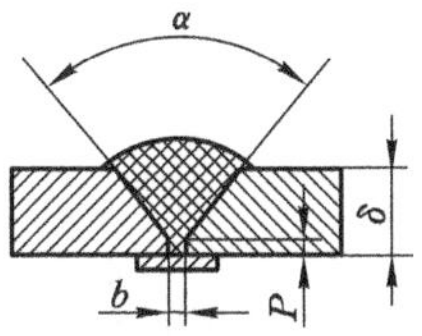
</td><td><table><tr><td>δ</td><td>6～16</td><td>18～30</td></tr><tr><td>α</td><td colspan="2">(45°～60°)±5°</td></tr><tr><td>b</td><td>2±1</td><td>4±1</td></tr><tr><td>P</td><td colspan="2">3±1</td></tr></table></td><td>壳体<DN600的纵、环焊缝</td><td>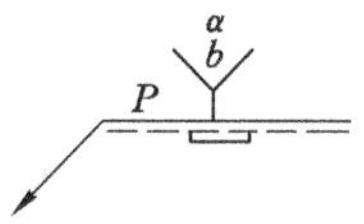
</td><td></td></tr>
<tr><td>DU32</td><td>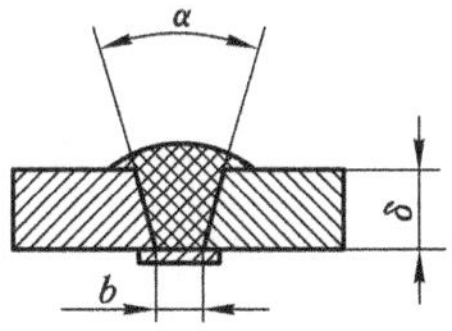
</td><td><table><tr><td>δ</td><td>8～14</td><td>16～30</td></tr><tr><td>α</td><td>40°±5°</td><td>35°±5°</td></tr><tr><td>b</td><td>4±1</td><td>6±1</td></tr></table></td><td>壳体<DN600的环焊缝</td><td>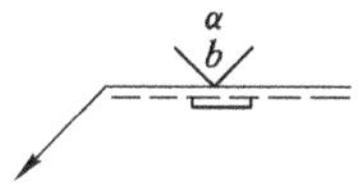
</td><td></td></tr>
</table>

B.6.2　角接焊缝

表 B-31　对接焊缝尺寸

<table>
<tr><th>序列代号</th><th>焊缝形式</th><th>基本尺寸</th><th>适用范围</th><th>焊缝符号</th><th>备注</th></tr>
<tr><td>G1</td><td>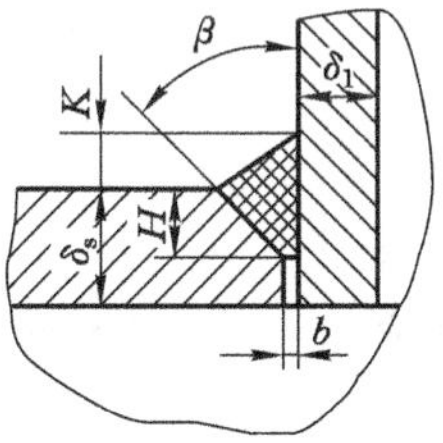
</td><td>$\beta=45°\pm5°$
$b=1\pm0.5$
$H\geqslant\delta_t$
$K\geqslant6$</td><td>① 小壁厚的容器；② 非腐蚀性介质腐蚀性容器；③ 一般 $\delta_t<\delta_s/2$</td><td>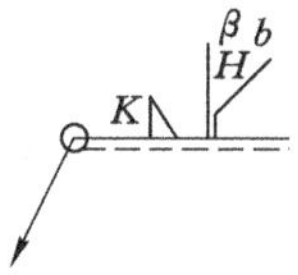
</td><td></td></tr>
<tr><td>G2</td><td>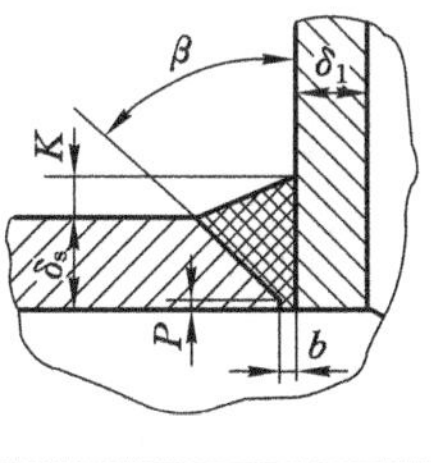
</td><td>$\beta=50°\pm5°$
$b=2+0.5$
$P=1\pm0.5$
$K\geqslant\delta_t/3$,且 $K\geqslant6$</td><td>① 低、中压压力容器；② 一般 $\delta_t\geqslant\delta_s/2$；③ 一般 δs=4～26</td><td>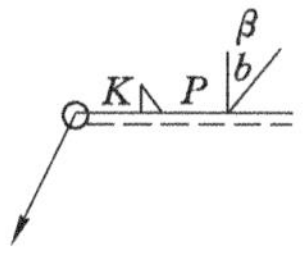
</td><td></td></tr>
<tr><td>G3</td><td>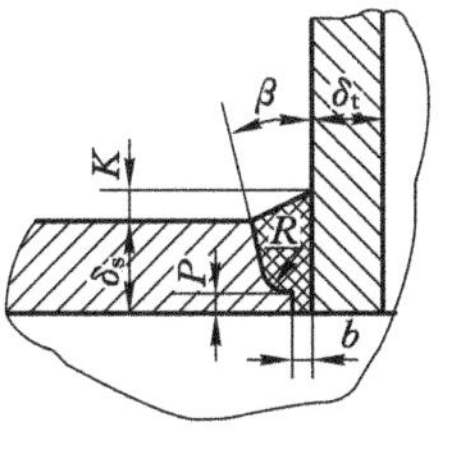
</td><td>$\beta=20°\pm2°$
$b=2\pm0.5$
$P=2\pm0.5$
$R=6\sim13$
$K\geqslant\delta_t/3$,
且 $K\geqslant6$</td><td>① 凸形封头及平盖上接管与封头间的焊缝；② 一般 $\delta_t\geqslant\delta_s/2$；③ 一般 $16<\delta_s\leqslant50$</td><td>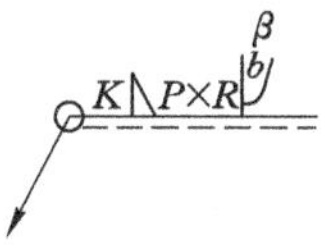
</td><td></td></tr>
</table>

表 B-31(续)

序列代号	焊缝形式	基本尺寸	适用范围	焊缝符号	备注
G4	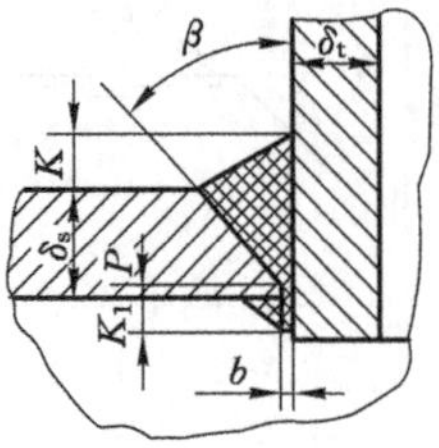	$\beta=50°\pm5°$ $b=2\pm0.5$ $P=2\pm0.5$ $K\geqslant\delta_t/3$,且 $K\geqslant6$ $K_1\geqslant4$	① 低、中、高压压力容器且内侧允许清根施焊;② 一般 $\delta_t\geqslant\delta_s/2$;③ 一般 $\delta_s=8\sim50$	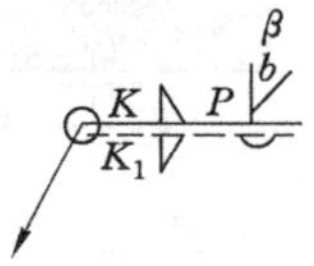	
G5	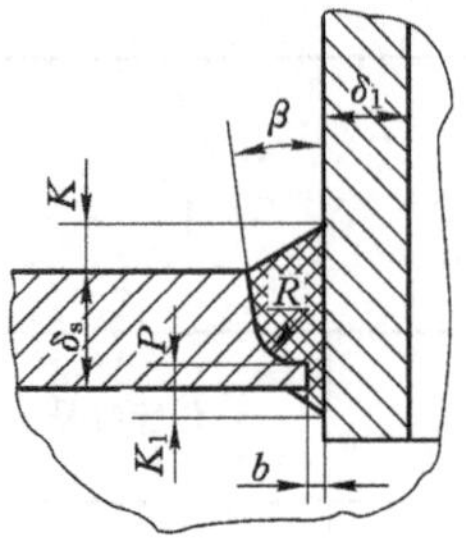	$\beta=20°\pm2°$ $b=2\pm0.5$ $P=2\pm0.5$ $R=6\sim13$ $K\geqslant\delta_t/3$, 且 $K\geqslant6$ $K_1\geqslant4$	① 凸形封头及平盖上接管与封头间的焊缝;② 一般 $\delta_t\geqslant\delta_s/2$;③ 一般 $\delta_s=8\sim50$	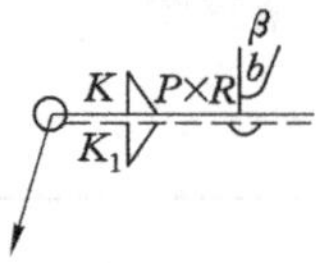	
G6	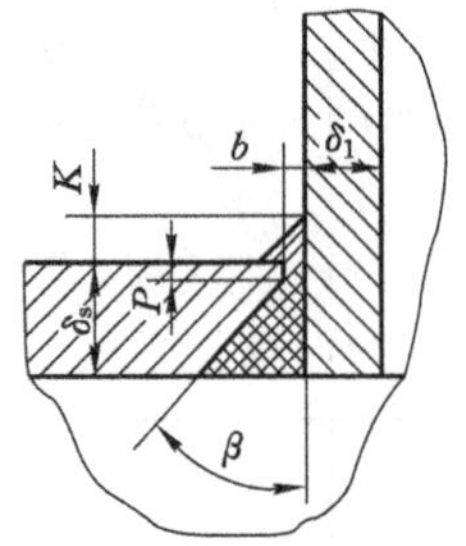	$\beta=50°\pm5°$ $b=2\pm0.5$ $P=1\pm0.5$ $K\geqslant\delta_t/3$, 且 $K\geqslant6$	① 低、中、高压压力容器且内侧允许清根施焊;② 一般 $\delta_t\geqslant\delta_s/2$;③ 一般 $\delta_s=8\sim50$	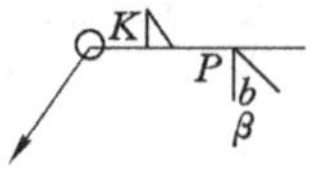	
G7	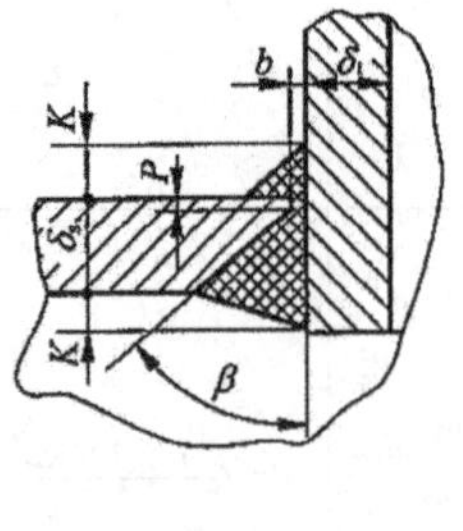	$\beta=50°\pm5°$ $b=2\pm0.5$ $P=1\pm0.5$ $K\geqslant6$	① 低、中、高压压力容器且内侧允许清根施焊;② 一般 $\delta_t\geqslant\delta_s/2$;③ 一般 $\delta_s=8\sim50$	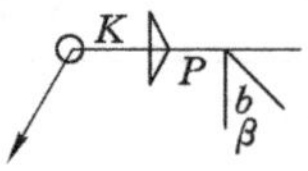	

附录 C　部分鞍式支座结构参数

C.1　轻型(A 型)鞍式支座

DN1 000～DN2 000、120°包角轻型带垫板鞍式支座结构和尺寸应符合图 C-1 和表 C-1 的规定。

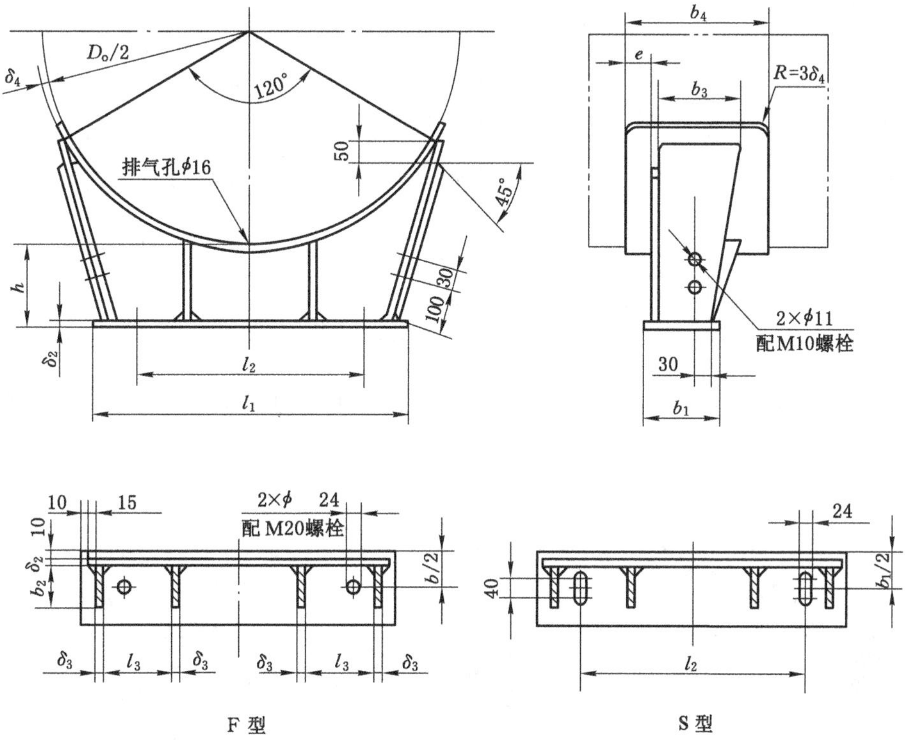

图 C-1　鞍式支座结构图

表 C-1　120°包角轻型带垫板鞍式支座的尺寸参数表(1)　　单位:mm

公称直径	允许载荷 Q/kN	鞍式支座高度 h	底板			腹板	筋板				垫板				螺栓间距				鞍式支座质量/kg
			l_1	b_1	δ_1	δ_2	l_3	b_2	b_3	δ_3	弧长	b_4	δ_4	e	间距 l_2	螺孔 d	螺纹 M	孔长 l	
1 000	158	200	760	170	10	6	170	140	200	6	1 160	320	6	57	600	24	M20	40	48
1 100	160	200	820	170	10	6	185	140	200	6	1 280	330	6	62	660	24	M20	40	52
1 200	162	200	880	170	10	6	200	140	200	6	1 390	350	6	72	720	24	M20	40	58

表 C-1(续)

公称直径	允许载荷 Q/kN	鞍式支座高度 h	底板 l_1	底板 b_1	底板 δ_1	腹板 δ_2	筋板 l_3	筋板 b_2	筋板 b_3	筋板 δ_3	垫板 弧长	垫板 b_4	垫板 δ_4	垫板 e	螺栓间距 间距 l_2	螺孔 d	螺纹 M	孔长 l	鞍式支座质量/kg
1 300	174	200	940	170	10	8	215	140	220	6	1 510	380	8	76	780	24	M20	40	79
1 400	175	200	1 000	170	10	8	230	140	220	6	1 620	400	8	86	840	24	M20	40	87
1 500	257	250	1 060	200	12	8	242	170	240	8	1 740	410	8	81	900	27	M24	45	113
1 600	259	250	1 120	200	12	8	257	170	240	8	1 860	420	8	86	960	27	M24	45	121
1 700	262	250	1 200	200	12	8	277	170	240	8	1 970	440	8	96	1 040	27	M24	45	130
1 800	334	250	1 280	220	12	10	296	190	260	8	2 090	470	10	100	1 120	27	M24	45	171
1 900	338	250	1 360	220	12	10	316	190	260	8	2 200	480	10	105	1 200	27	M24	45	182
2 000	340	250	1 420	220	12	10	331	190	260	8	2 320	490	10	110	1 260	27	M24	45	194

DN2 100～DN4 000、120°包角轻型带垫板鞍式支座结构和尺寸应符合图 C-2 和表 C-2 的规定。

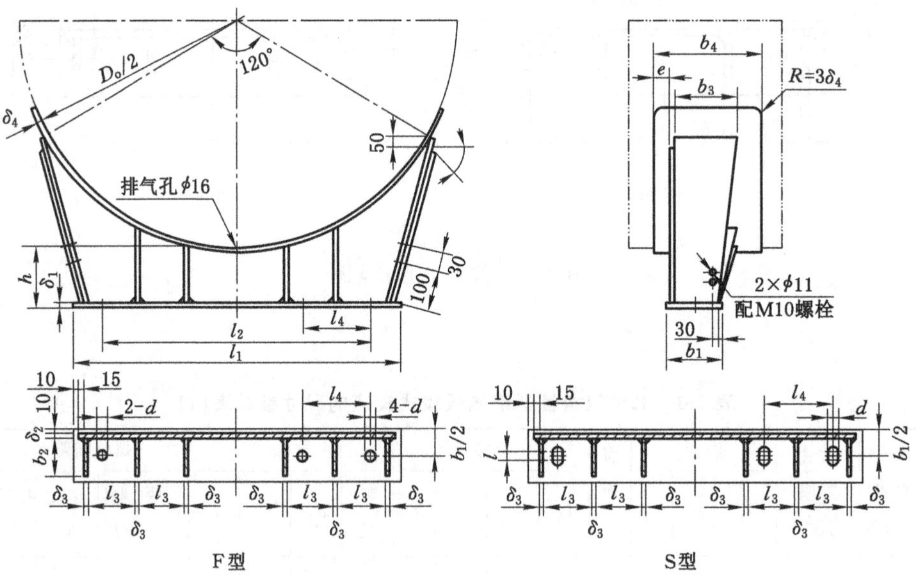

图 C-2 转型鞍式支座结构图(DN2 100～DN4 000)

表 C-2　120°包角轻型带垫板鞍式支座的尺寸参数表(2)　　单位:mm

公称直径	允许载荷 Q/kN	鞍式支座高度 h	底板			腹板	筋板				垫板				螺栓间距					鞍式支座质量/kg	增加100 mm高度增加的质量/kg
			l_1	b_1	δ_1	δ_2	l_3	b_2	b_3	δ_3	弧长	b_4	δ_4	e	间距 l_2	间距 l_4	螺孔 d	螺纹 M	孔长 l		
2 100	559	250	1 500	240	14	10	230	208	290	8	2 440	500	10	100	1 300	—	35	2-M30	50	227	19.5
2 200	564	250	1 580	240	14	10	243	208	290	8	2 550	520	10	100	1 380	—	35	2-M30	50	242	20.1
2 300	569	250	1 660	240	14	10	256	208	290	8	2 670	530	10	100	1 460	—	35	2-M30	50	255	20.7
2 400	573	250	1 720	240	14	10	266	208	290	8	2 780	540	10	100	1 520	—	35	2-M30	50	267	21.2
2 500	871	250	1 800	300	14	10	280	268	360	8	2 900	570	12	120	1 580	—	35	2-M30	50	337	24.1
2 600	878	250	1 880	300	14	10	293	268	360	8	3 020	580	12	120	1 640	—	35	2-M30	50	354	24.7
2 700	886	250	1 960	300	14	10	307	268	360	8	3 130	590	12	120	1 720	—	35	2-M30	50	371	25.3
2 800	893	250	2 040	300	14	10	320	268	360	8	3 250	600	12	120	1 800	—	35	2-M30	50	388	26.0
2 900	1 388	250	2 110	360	16	10	331	316	410	10	3 360	650	16	120	1 870	468	35	4-M30	60	526	31.3
3 000	1 398	250	2 180	360	16	10	341	316	410	10	3 480	660	16	120	1 940	485	35	4-M30	60	564	31.8
3 100	1 410	250	2 260	360	16	10	355	316	410	10	3 600	670	16	120	2 020	505	35	4-M30	60	588	32.5
3 200	1 420	250	2 340	360	16	10	368	316	410	10	3 710	680	16	120	2 100	525	35	4-M30	60	613	33.1
3 300	1 430	250	2 410	360	16	10	380	316	410	10	3 830	700	16	120	2 150	538	35	4-M30	60	640	33.6
3 400	1 645	250	2 480	380	16	12	391	335	430	10	3 940	710	16	140	2 200	550	35	4-M30	60	696	39.0
3 500	1 656	250	2 560	380	16	12	405	335	430	10	4 060	720	16	140	2 280	570	35	4-M30	60	723	39.7
3 600	1 667	250	2 640	380	16	12	418	335	430	10	4 180	730	16	140	2 360	590	35	4-M30	60	751	40.5
3 700	1 677	250	2 710	380	18	12	429	335	430	10	4 290	760	18	140	2 430	608	35	4-M30	60	854	41.1
3 800	1 945	250	2 780	380	18	12	440	335	430	12	4 410	770	18	140	2 500	625	35	4-M30	60	908	44.9
3 900	1 958	250	2 860	380	18	12	454	335	430	12	4 520	780	18	140	2 580	645	35	4-M30	60	939	45.7
4 000	1 969	250	2 940	380	18	12	467	335	430	12	4 640	790	18	140	2 660	665	35	4-M30	60	971	46.4

C.2　重型(B 型)鞍式支座

DN1 000～DN2 000、120°包角重型带垫板鞍式支座结构和尺寸应符合图 C-3 和表 C-3 的规定。

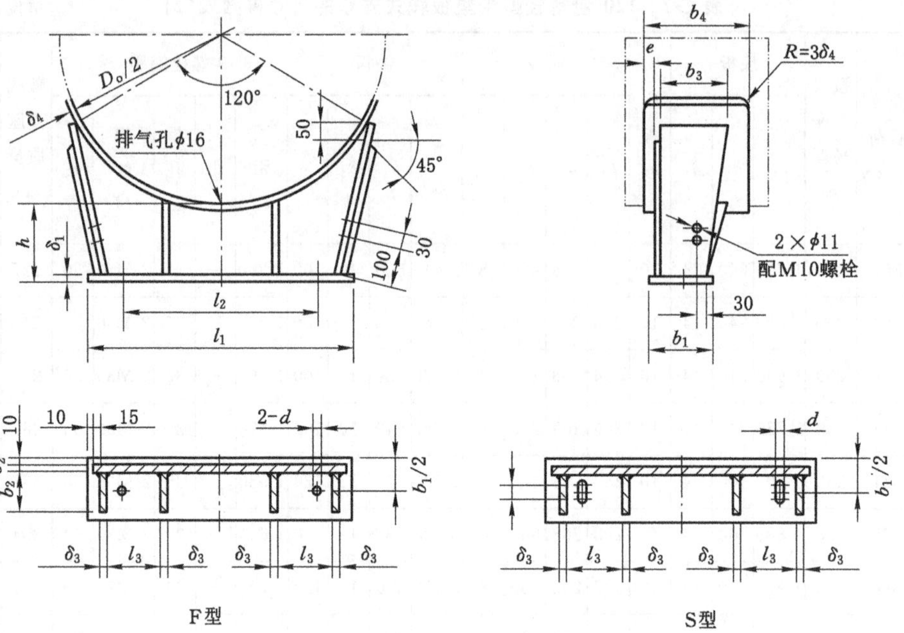

图 C-3　重型鞍式支座结构图(DN1 000～DN2 000)

表 C-3　120°包角重型带垫板鞍式支座尺寸参数表(1)　　单位:mm

公称直径	允许载荷 Q/kN	鞍式支座高度 h	底板 l_1	底板 b_1	底板 δ_1	腹板 δ_2	筋板 l_3	筋板 b_2	筋板 b_3	筋板 δ_3	垫板 弧长	垫板 b_4	垫板 δ_4	垫板 e	螺栓间距 间距 l_2	螺栓间距 间距 l_4	螺栓间距 螺孔 d	螺栓间距 螺纹 M	螺栓间距 孔长 l	鞍式支座质量/kg	增加100 mm高度增加的质量/kg
1 000	327	200	760	170	12	12	170	140	200	12	1 160	330	8	59	600	27	M24	40	77	12.2	
1 100	332	200	820	170	12	12	185	140	200	12	1 280	350	8	69	660	27	M24	40	85	12.8	
1 200	336	200	880	170	12	12	200	140	200	12	1 390	370	8	79	720	27	M24	40	94	13.4	
1 300	340	200	940	170	12	12	215	140	220	12	1 510	380	8	74	780	27	M24	40	103	13.9	
1 400	344	200	1 000	170	12	12	230	140	220	12	1 620	400	8	84	840	27	M24	40	111	14.5	
1 500	463	250	1 060	200	16	14	242	170	240	14	1 740	430	10	88	900	35	M30	45	169	18.9	
1 600	468	250	1 120	200	16	14	257	170	240	14	1 860	440	10	93	960	35	M30	45	180	19.6	
1 700	473	250	1 200	200	16	14	277	170	240	14	1 970	450	10	98	1 040	35	M30	45	193	20.4	
1 800	574	250	1 280	220	16	14	296	190	260	14	2 090	470	10	98	1 120	35	M30	45	215	22.2	
1 900	580	250	1 360	220	16	14	316	190	260	14	2 200	480	10	103	1 200	35	M30	45	230	23.1	
2 000	585	250	1 420	220	16	14	331	190	260	14	2 320	490	10	108	1 260	35	M30	45	242	23.7	

DN2 100～DN4 000、120°包角重型带垫板鞍式支座结构和尺寸应符合图 C-4 和表 C-4 的规定。

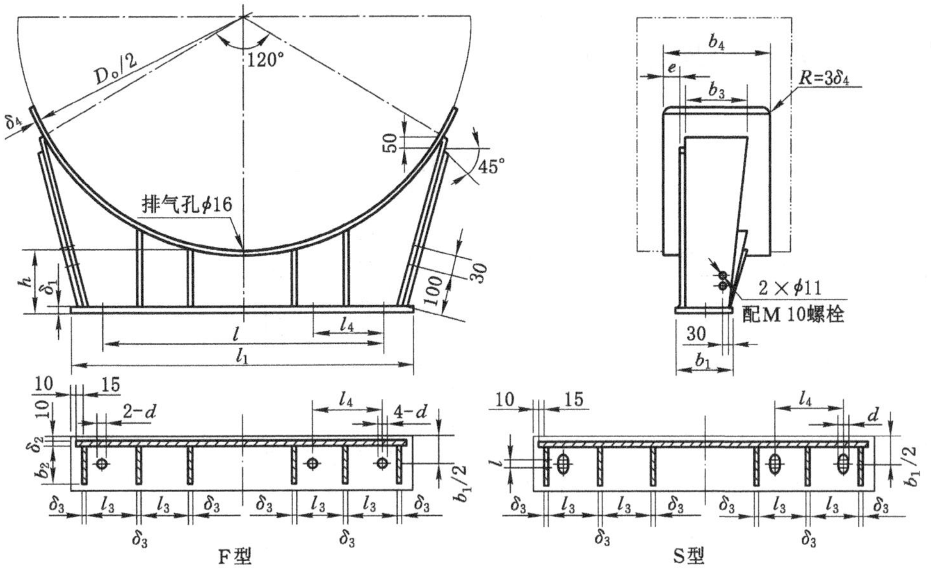

图 C-4　重型鞍式支座结构图(DN2 100～DN4 000)

表 C-4　120°包角重型带垫板鞍式支座尺寸参数表(2)　　单位:mm

公称直径	允许载荷 Q/kN	鞍式支座高度 h	底板			腹板 δ_2	筋板				垫板				螺栓间距					鞍式支座质量/kg	增加100 mm高度增加的质量/kg
			l_1	b_1	δ_1		l_3	b_2	b_3	δ_3	弧长	b_4	δ_4	e	间距 l_2	间距 l_4	螺孔 d	螺纹 M	孔长 l		
2 100	1 090	250	1 500	240	16	16	230	208	290	16	2 440	550	16	122	1 300	—	41	2-M36	50	378	34.3
2 200	1 100	250	1 580	240	16	16	243	208	290	16	2 550	570	16	132	1 380	—	41	2-M36	50	403	35.3
2 300	1 110	250	1 660	240	16	16	256	208	290	16	2 670	580	16	137	1 460	—	41	2-M36	50	424	36.3
2 400	1 120	250	1 720	240	16	16	266	208	290	16	2 780	590	16	142	1 520	—	41	2-M36	50	445	37.0
2 500	1 910	250	1 800	300	18	18	280	268	360	18	2 900	620	18	121	1 580	—	41	2-M36	50	562	47.9
2 600	1 930	250	1 880	300	18	18	293	268	360	18	3 020	630	18	126	1 640	—	41	2-M36	50	604	49.0
2 700	1 940	250	1 960	300	18	18	307	268	360	18	3 130	650	18	136	1 720	—	41	2-M36	50	636	50.1
2 800	1 960	250	2 040	300	18	18	320	268	360	18	3 250	660	18	141	1 800	—	41	2-M36	50	665	51.3
2 900	2 830	250	2 110	360	20	20	331	316	410	20	3 360	700	20	135	1 870	468	41	4-M36	60	848	62.6
3 000	2 860	250	2 180	360	20	20	341	316	410	20	3 480	710	20	140	1 940	485	41	4-M36	60	904	63.7
3 100	2 880	250	2 260	360	20	20	355	316	410	20	3 600	720	20	145	2 020	505	41	4-M36	60	941	64.9
3 200	2 900	250	2 340	360	20	20	368	316	410	20	3 710	740	20	155	2 100	525	41	4-M36	60	984	66.2
3 300	2 920	250	2 410	360	20	20	380	316	410	20	3 830	750	20	160	2 150	538	41	4-M36	60	1022	67.3
3 400	3 550	250	2 480	380	22	22	391	335	430	22	3 940	770	22	159	2 200	550	41	4-M36	60	1187	77.2
3500	3 570	250	2 560	380	22	22	405	335	430	22	4060	790	22	169	2280	570	41	4-M36	60	1240	78.6
3 600	3 600	250	2 640	380	22	22	418	335	430	22	4 180	800	22	174	2 360	590	41	4-M36	60	1 285	80.0
3 700	3 620	250	2 710	380	22	22	429	335	430	22	4 290	810	22	179	2 430	608	41	4-M36	60	1328	81.2
3 800	4 160	250	2 780	380	25	25	440	335	430	25	4410	840	24	193	2 500	625	41	4-M36	60	1 540	93.6
3 900	4 190	250	2 860	380	25	25	454	335	430	25	4 520	850	24	198	2 580	645	41	4-M36	60	1591	95.2
4 000	4 220	250	2 940	380	25	25	467	335	430	25	4 640	860	24	203	2 660	665	41	4-M36	60	1 646	96.8

附录 D　钢管常用规格品种

表 D-1　Ia 系列钢管的尺寸和理论质量

公称尺寸		外径	Sch. 5S/Sch. 5		Sch. 10S		Sch. 10		Sch. 20		Sch. 30		Sch. 40S		Sch. 40	
DN	NPS	mm	mm	kg/m	mm	kg/m	mm	kg/m	mm	kg/m	mm	kg/m	mm	kg/m	mm	kg/m
6	$\frac{1}{8}$	10.2	—	—	1.2	0.27	1.2	0.27	—	—	1.6	0.34	1.8	0.37	1.8	0.37
8	$\frac{1}{4}$	13.5	—	—	1.6	0.47	1.6	0.47	—	—	1.8	0.52	2.3	0.64	2.3	0.64
10	$\frac{3}{8}$	17.2	—	—	1.6	0.62	1.6	0.62	—	—	1.8	0.68	2.3	0.85	2.3	0.85
15	$\frac{1}{2}$	21.3	1.6	0.78	2.0	0.95	2.0	0.95	—	—	2.3	1.08	2.9	1.32	2.9	1.32
20	$\frac{3}{4}$	26.9	1.6	1.00	2.0	1.23	2.0	1.23	—	—	2.3	1.40	2.9	1.72	2.9	1.72
25	1	33.7	1.6	1.27	2.6	1.99	2.6	1.99	—	—	2.9	2.20	3.2	2.41	3.2	2.41
32	$1\frac{1}{4}$	42.4	1.6	1.61	2.9	2.82	2.9	2.82	—	—	3.2	3.09	3.6	3.44	3.6	3.44
40	$1\frac{1}{2}$	48.3	1.6	1.84	2.9	3.25	2.9	3.25	—	—	3.2	3.56	4.0	3.97	4.0	3.97
50	2	60.3	1.6	2.32	2.9	4.11	2.9	4.10	—	—	3.2	4.51	4.5	5.55	4.5	5.55
65	$2\frac{1}{2}$	76.1	2.0	6.35	3.2	5.75	3.2	5.75	—	—	4.5	7.95	5.0	8.77	5.0	8.77
80	3	88.9	2.0	4.29	3.2	6.76	3.2	6.76	—	—	5.0	10.35	5.6	11.50	5.6	11.50
100	4	114.3	2.0	5.54	3.2	8.77	3.2	8.76	—	—	5.0	13.48	6.3	16.78	6.3	16.78

公称尺寸		外径	Sch. 60		Sch. 80S		Sch. 80		Sch. 100		Sch. 120		Sch. 140		Sch. 160	
DN	NPS	mm	mm	kg/m	mm	kg/m	mm	kg/m	mm	kg/m	mm	kg/m	mm	kg/m	mm	kg/m
6	$\frac{1}{8}$	10.2	—	—	2.3	0.45	2.3	0.45	—	—	—	—	—	—	—	—
8	$\frac{1}{4}$	13.5	—	—	2.9	0.76	2.9	0.76	—	—	—	—	—	—	—	—
10	$\frac{3}{8}$	17.2	—	—	3.2	1.10	3.2	1.10	—	—	—	—	—	—	—	—
15	$\frac{1}{2}$	21.3	—	—	3.6	1.57	3.6	1.57	—	—	—	—	—	—	5.0	1.86
20	$\frac{3}{4}$	26.9	—	—	4.0	2.26	4.0	2.26	—	—	—	—	—	—	5.6	2.94
25	1	33.7	—	—	4.5	3.24	4.5	3.24	—	—	—	—	—	—	6.3	4.26
32	$1\frac{1}{4}$	42.4	—	—	5.0	4.61	5.0	4.61	—	—	—	—	—	—	6.3	5.61
40	$1\frac{1}{2}$	48.3	—	—	5.0	5.34	5.0	5.34	—	—	—	—	—	—	7.1	7.21
50	2	60.3	—	—	7.1	7.55	7.1	7.55	—	—	—	—	—	—	8.8	11.18
65	$2\frac{1}{2}$	76.1	—	—	8.0	12.08	8.0	12.08	—	—	—	—	—	—	10.0	16.30
80	3	88.9	—	—	8.8	15.96	8.8	15.96	—	—	—	—	—	—	11.0	21.13
100	4	114.3	—	—	5.6	22.90	5.6	22.90	—	—	11.0	28.02	—	—	14.2	35.05

表 D-2　Ib 系列钢管的尺寸和理论质量

公称尺寸		外径/mm	壁厚/mm																							
			1.2	1.6	1.8	2.0	2.2	2.5	2.8	3.0	3.2	3.5	4.0	4.5	5.0	5.5	6.0	6.5	7.0	7.5	8.0	8.5	9.0	9.5	10.0	11.0
DN	NPS		单位长度理论质量/(kg·m^{-1})																							
6	$\frac{1}{8}$	10	0.26	0.33	0.36	0.39	0.42	0.46	—	—	—	—	—	—	—	—	—	—	—	—	—	—	—	—		
8	$\frac{1}{4}$	14	—	0.49	0.54	0.59	0.64	0.71	0.77	0.81	0.85	0.91	0.99	—	—	—	—	—	—	—	—	—	—	—		
10	$\frac{3}{8}$	17	—	0.61	0.67	0.74	0.80	0.89	0.98	1.04	1.09	1.17	1.28	1.39	—	—	—	—	—	—	—	—	—	—		
15	$\frac{1}{2}$	22	—	0.80	0.90	0.99	1.07	1.20	1.33	1.41	1.48	1.60	1.78	1.94	2.10	—	—	—	—	—	—	—	—	—		
20	$\frac{3}{4}$	27	—	1.00	1.12	1.23	1.35	1.51	1.67	1.78	1.88	2.03	2.27	2.50	2.71	2.29	3.11	—	—	—	—	—	—	—		
25	1	34	—	1.28	1.43	1.58	1.73	1.94	2.15	2.29	2.43	2.63	2.96	3.27	3.58	3.87	4.14	4.41	—	—	—	—	—	—		
32	$1\frac{1}{4}$	42	—	1.59	1.78	1.97	2.16	2.44	2.71	2.89	3.06	3.32	3.75	4.16	4.56	4.95	5.33	5.69	—	—	—	—	—	—		
40	$1\frac{1}{2}$	48	—	1.83	2.05	2.27	2.48	2.81	3.12	3.33	3.54	3.84	4.34	4.83	5.30	5.76	6.21	6.65	7.08	—	—	—	—	—		
50	2	60	—	2.30	2.58	2.86	3.14	3.55	3.95	4.22	4.48	4.88	5.52	6.16	6.78	7.39	7.99	8.58	9.15	9.71	10.26	10.80	11.32	—		
(65)	$2\frac{1}{2}$	76	—	—	—	3.65	4.00	4.53	5.05	5.40	5.75	6.26	7.10	7.93	8.75	9.56	10.36	11.14	11.91	12.67	13.42	14.15	14.87	15.58	16.28	
80	3	89	—	—	—	4.29	4.71	5.33	5.95	6.36	6.77	7.38	8.38	9.38	10.36	11.33	12.28	13.22	14.16	15.07	15.98	16.87	17.76	18.63	19.48	21.16
100	4	114	—	—	—	5.52	6.07	6.87	7.68	8.21	8.74	9.54	10.85	12.15	13.44	14.72	15.98	17.23	18.47	19.70	20.91	22.12	23.31	24.48	25.65	27.94

附录 E　阀门参数推荐

E.1　部分类型阀门的压力等级系列推荐

E1-1　部分类型阀门的压力等级系列

阀门类型	压力等级(PN)				
闸阀(<DN300)	16	25	40	63	100
截止阀和升降式止回阀	16	25	40	63	100
旋启式止回阀	16	25	40	63	100
排污阀	10	16	25	40	63

E.2　阀门温度-压力额定值

表 E-2　PN 系列阀门标准压力级压力-温度额定值(第 1C1 组材料)

温度/℃	公称压力							
	PN2.5	PN6	PN10	PN16	PN25	PN40	PN63	PN100
	工作压力/MPa							
−10～50	0.252	0.605	1.008	1.61	2.52	4.03	6.35	10.08
50	0.247	0.593	0.988	1.58	2.47	3.95	6.22	9.88
100	0.229	0.549	0.915	1.46	2.29	3.66	5.77	9.15
150	0.223	0.535	0.892	1.43	2.23	3.57	5.62	8.92
200	0.216	0.519	0.865	1.38	2.16	3.46	5.45	8.65

注:第 1C1 组材料——铸件 WCB、锻件 A105、LF2,板材 70,管材 B70、C70,使用温度不大于 425 ℃。

表 E-3　PN 系列阀门标准压力级压力-温度额定值(第 1C3 组材料)

温度/℃	公称压力							
	PN2.5	PN6	PN10	PN16	PN25	PN40	PN63	PN100
	工作压力/MPa							
−10～50	0.236	0.567	0.945	1.51	2.36	3.78	5.95	9.45
50	0.233	0.560	0.933	1.49	2.33	3.73	5.88	9.33
100	0.222	0.534	0.890	1.42	2.22	3.56	5.61	8.90
150	0.217	0.520	0.867	1.39	2.17	3.47	5.46	8.67
200	0.211	0.505	0.842	1.35	2.11	3.37	5.30	8.42

注:1. 第 1C3 组材料——铸件 LCB,使用温度不大于 345 ℃。

2. 板材 65,管材 B65、C65,使用温度不大于 425 ℃。

表 E-4　PN 系列阀门标准压力级压力-温度额定值(第 2C2 组材料)

温度℃	公称压力							
	PN2.5	PN6	PN10	PN16	PN25	PN40	PN63	PN100
	工作压力/MPa							
−10～50	0.245	0.588	0980	1.57	2.45	3.92	6.17	9.80
50	0.237	0.570	0.950	1.52	2.37	3.80	5.98	9.50
100	0.208	0.500	0.833	1.33	2.08	3.33	5.25	8.33
150	0.190	0.456	0.760	1.22	1.90	3.04	4.79	7.60
200	0.176	0.422	0.704	1.13	1.76	2.82	4.43	7.04

注:1. 第 2C2 组材料——铸件 CF3A、CF8A,使用温度不大于 345 ℃。
2. 铸件 CF3M,使用温度不大于 455 ℃;铸件 CG8M,使用温度不大于 540 ℃。
3. 锻件 F316、F317,板材 316、317,管材 TP316、FP316。
4. 锻件 F316H、F317H,板材 316H,管材 TP316H、FP316H。

E.3　常用阀门公称通径推荐值

表 E-5　阀门公称通径　　单位:mm

阀门类型	公称通径(DN)
闸阀(<DN300)	50,65,80,100,125,150,200,250,300,350,400,450
截止阀	25,32,40,50,65,80,100,125,150
旋启式止回阀	50,65,80,100,125,150,200,250,300,350,400,450
升降式止回阀	15,20,25,32,40,50,65,80,100,125,150,200,250,300,350,400,450
排污阀	15,20,25,32,40,50,65,80,100,125,150,200,250,300,350,400,450

附录 F　部分流体管内流速

管道内各种介质常用流速范围见表 F-1。表中管道的材质除注明外,一律为钢,表中流速为推荐值。

表 F-1　常用流速的范围表

介质	工作条件或管径范围	流速/($m \cdot s^{-1}$)
饱和蒸汽	≥DN200 DN200～DN100 ≤DN100	30～40 35～25 30～15

表 F-1(续)

介质	工作条件或管径范围	流速/(m·s^{-1})
饱和蒸汽	$P \leqslant 1$ MPa	15~20
	$P=1\sim4$ MPa	20~40
	4 MPa$\leqslant P<12$ MPa	40~60
过热蒸汽	⩾DN200	40~60
	DN200~DN100	50~30
	⩽DN100	40~20
水及黏度相似的液体	$P=0.1\sim0.3$ MPa(表)	0.5~2
	$P \leqslant 1$ MPa(表)	3~0.5
	$P \leqslant 8$ MPa(表)	3~2
	$P=20\sim30$ MPa(表)	3.5~2
自来水	主管 $P=0.3$ MPa(表)	1.5~3.5
	支管 $P=0.3$ MPa(表)	1.0~1.5
液氨	真空	0.05~0.3
	$P \leqslant 0.6$ MPa(表)	0.8~0.3
	$P \leqslant 2$ MPa(表)	1.5~0.8

卧式储罐装配图和球罐装配图见二维码。